수학 좀 한다면

디딤돌 초등수학 기본 1-2

펴낸날 [초판 1쇄] 2024년 2월 28일 | **펴낸이** 이기열 | **펴낸곳** (주)디딤돌 교육 | **주소** (03972) 서울특별시 마포구 월드컵북로 122 청원선와이즈타워 | **대표전화** 02-3142-9000 | **구입문의** 02-322-8451 | **내용문의** 02-323-9166 | **팩시밀리** 02-338-3231 | **홈페이지** www.didimdol.co.kr | **등록번호** 제10-718호 | 구입한 후에는 철회되지 않으며 잘못 인쇄된 책은 바꾸어

내 실력에 딱!
최상위로 가는 '맞춤 학습 플랜'

STEP 1 On-line
나에게 맞는 공부법은?
맞춤 학습 가이드를 만나요.

교재 선택부터 공부법까지! 디딤돌에서 제공하는 시기별 맞춤 학습 가이드를 통해 아이에게 맞는 학습 계획을 세워 주세요. (학습 가이드는 디딤돌 학부모카페 '맘이가'를 통해 상시 공지합니다. cafe.naver.com/didimdolmom)

STEP 2 Book
맞춤 학습 스케줄표
계획에 따라 공부해요.

교재에 첨부된 '맞춤 학습 스케줄표'에 맞춰 공부 목표를 달성합니다.

STEP 3 On-line
이럴 땐 이렇게!
'맞춤 Q&A'로 해결해요.

궁금하거나 모르는 문제가 있다면, '맘이가' 카페를 통해 질문을 남겨 주세요. 디딤돌 수학쌤 및 선배맘님들이 친절히 답변해 드립니다.

STEP 4 Book
다음에는 뭐 풀지?
다음 교재를 추천받아요.

학습 결과에 따라 후속 학습에 사용할 교재를 제시해 드립니다. (교재 마지막 페이지 수록)

 ★ 디딤돌 플래너 만나러 가기

디딤돌 초등수학 기본 1-2

8주 완성 학습 스케줄표

짧은 기간에 집중력 있게 한 학기 과정을 완성할 수 있도록 설계하였습니다.
방학 때 미리 공부하고 싶다면 주 5일 8주 완성 과정을 이용해요.

공부한 날짜를 쓰고 하루 분량 학습을 마친 후, 부모님께 확인 check ☑를 받으세요.

1 100까지의 수

1주					2주	
월 일	월 일	월 일	월 일	월 일	월 일	월 일
8~11쪽	12~15쪽	16~19쪽	20~23쪽	24~25쪽	26~28쪽	29~31쪽

3 모양과 시각

3주				4주		
월 일	월 일	월 일	월 일	월 일	월 일	월 일
46~49쪽	50~51쪽	52~54쪽	55~57쪽	60~63쪽	64~67쪽	68~71쪽

4 덧셈과 뺄셈(2)

5주					6주	
월 일	월 일	월 일	월 일	월 일	월 일	월 일
81~83쪽	86~88쪽	89~91쪽	92~95쪽	96~98쪽	99~101쪽	102~105쪽

5 규칙 찾기 / 6 덧셈과 뺄셈(3)

7주				8주		
월 일	월 일	월 일	월 일	월 일	월 일	월 일
120~123쪽	124~129쪽	130~132쪽	133~135쪽	138~141쪽	142~145쪽	146~149쪽

MEMO

효과적인 수학 공부 비법

시켜서 억지로 ✗   내가 스스로 ○

억지로 하는 일과 즐겁게 하는 일은 결과가 달라요.
목표를 가지고 스스로 즐기면 능률이 배가 돼요.

가끔 한꺼번에 ✗   매일매일 꾸준히 ○

급하게 쌓은 실력은 무너지기 쉬워요.
조금씩이라도 매일매일 단단하게 실력을 쌓아가요.

정답을 몰래 ✗   개념을 꼼꼼히 ○

모든 문제는 개념을 바탕으로 출제돼요.
쉽게 풀리지 않을 땐, 개념을 펼쳐 봐요.

채점하면 끝 ✗   틀린 문제는 다시 ○

왜 틀렸는지 알아야 다시 틀리지 않겠죠?
틀린 문제와 어림짐작으로 맞힌 문제는
꼭 다시 풀어 봐요.

수학 좀 한다면

초등수학
기본

상위권으로 가는 기본기

$\dfrac{1}{2}$

개념 학습으로 잡는 **올바른 공부 습관!**

1 이 단원에서 꼭 알아야 할 핵심 개념!

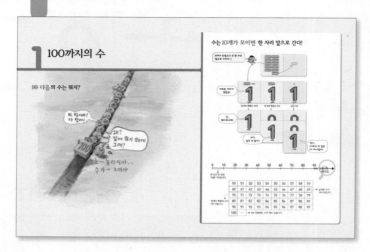

이 단원의 핵심 개념이 한 장의 사진
처럼 뇌에 남습니다.

2 한눈에 보이는 개념 정리!

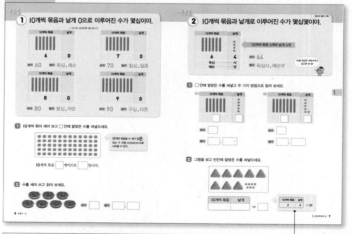

글만 줄줄 적혀 있는 개념은 이제
그만! 외우지 않아도 개념이 한눈에
이해됩니다.

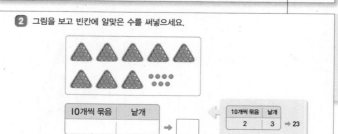

문제를 외우지 않아도 배운 개념들이
떠올라요.

3 개념으로 문제 해결!

치밀하게 짜인 연계 학습 문제들을
풀다 보면 이미 배운 내용과 앞으로
배울 내용이 쉽게 이해돼요.

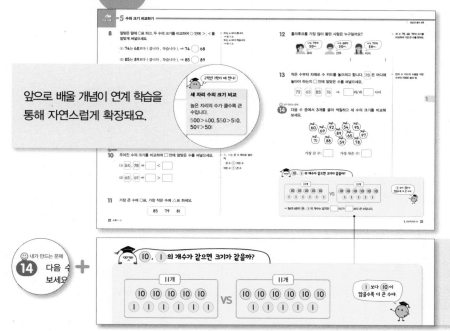

앞으로 배울 개념이 연계 학습을
통해 자연스럽게 확장돼요.

개념 이해가 완벽한지 확인하는 방법!
내가 문제를 만들어 보기!

4 발전 문제로 개념 완성!

핵심 개념을 알면 어려운 문제는 없
습니다.

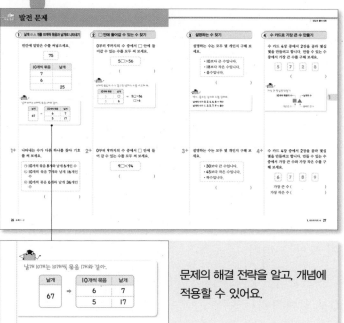

문제의 해결 전략을 알고, 개념에
적용할 수 있어요.

이 책의 **차례**

1 100까지의 수

99 다음의 수는 뭐지?

수는 10개가 모이면 한 자리 앞으로 간다!

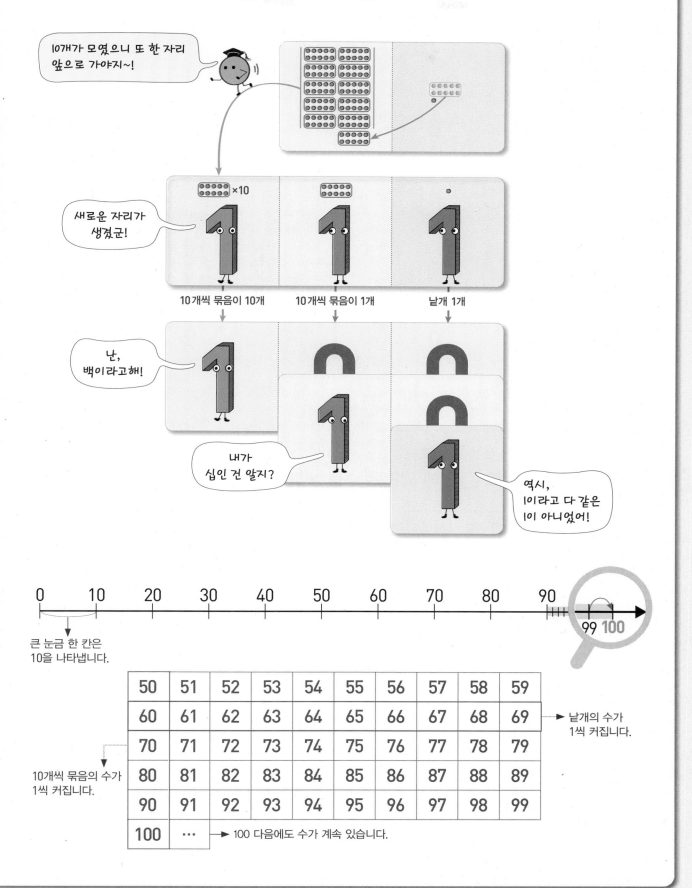

큰 눈금 한 칸은
10을 나타냅니다.

50	51	52	53	54	55	56	57	58	59
60	61	62	63	64	65	66	67	68	69
70	71	72	73	74	75	76	77	78	79
80	81	82	83	84	85	86	87	88	89
90	91	92	93	94	95	96	97	98	99
100	…

10개씩 묶음의 수가
1씩 커집니다.

낱개의 수가
1씩 커집니다.

100 다음에도 수가 계속 있습니다.

1 10개씩 묶음과 낱개 0으로 이루어진 수가 몇십이야.

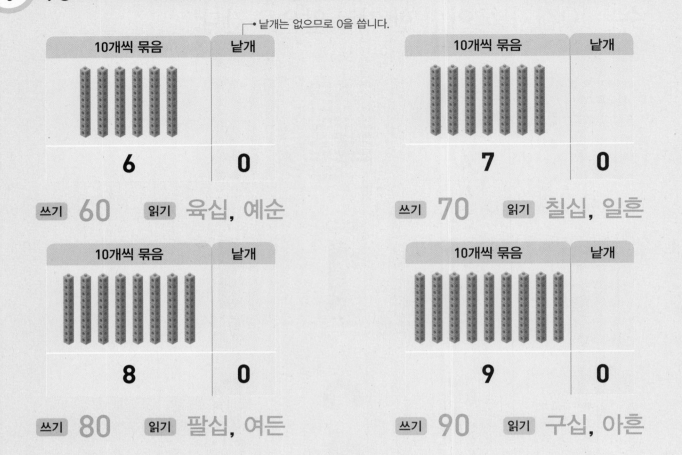

• 낱개는 없으므로 0을 씁니다.

10개씩 묶음	낱개
6	0

쓰기 60   읽기 육십, 예순

10개씩 묶음	낱개
7	0

쓰기 70   읽기 칠십, 일흔

10개씩 묶음	낱개
8	0

쓰기 80   읽기 팔십, 여든

10개씩 묶음	낱개
9	0

쓰기 90   읽기 구십, 아흔

1 10개씩 묶어 세어 보고 □ 안에 알맞은 수를 써넣으세요.

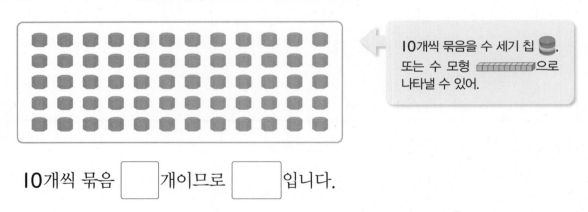

10개씩 묶음을 수 세기 칩 🔵, 또는 수 모형 ▭으로 나타낼 수 있어.

10개씩 묶음 ☐ 개이므로 ☐ 입니다.

2 수를 세어 쓰고 읽어 보세요.

쓰기 ☐   읽기 ☐, ☐

2 10개씩 묶음과 낱개로 이루어진 수가 몇십몇이야.

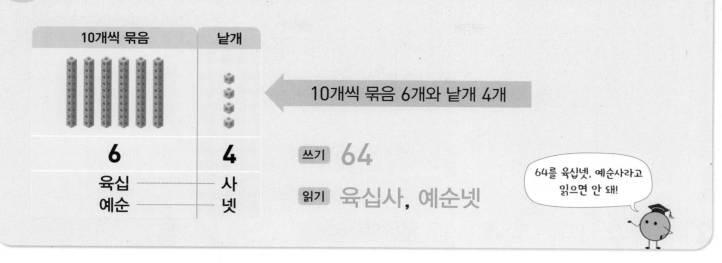

10개씩 묶음	낱개
6	**4**
육십 ⋯⋯⋯	사
예순 ⋯⋯⋯	넷

10개씩 묶음 6개와 낱개 4개

쓰기 64

읽기 육십사, 예순넷

64를 육십넷, 예순사라고 읽으면 안 돼!

---

1 □ 안에 알맞은 수를 써넣고 두 가지 방법으로 읽어 보세요.

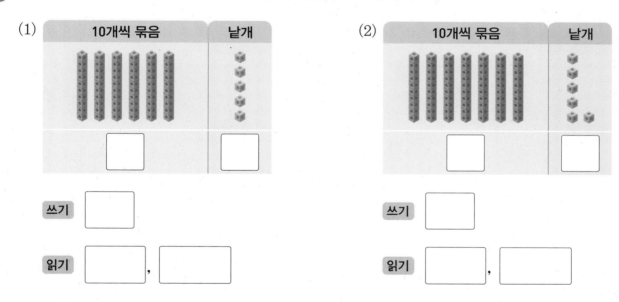

(1)

10개씩 묶음	낱개

쓰기 □

읽기 □ , □

(2)

10개씩 묶음	낱개

쓰기 □

읽기 □ , □

---

2 그림을 보고 빈칸에 알맞은 수를 써넣으세요.

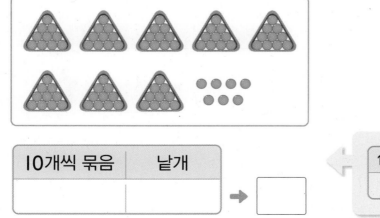

10개씩 묶음	낱개

→ □

10개씩 묶음	낱개
2	3

→ 23

1 빈칸에 알맞은 수를 써넣으세요.

(1)
60	10개씩 묶음	낱개

(2)
90	10개씩 묶음	낱개

▶ 낱개 0은 꼭 써야 할까?
0은 아무것도 없는 수이므로
50은 10개씩 묶음 5개라고
만 나타내도 돼.

2 주어진 수만큼의 분필을 ☐로 묶어 보세요.

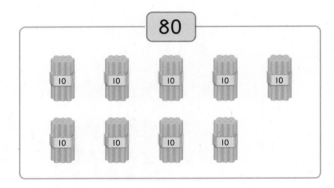

3 빈칸에 알맞은 말을 써넣으세요.

수	읽기	수	읽기
6	육	7	칠
60	육십	70	
8		9	
80		90	

▶
수	읽기	수	읽기
4	사	5	오
40	사십	50	오십

3➕ 빈칸에 알맞은 말을 써넣으세요.

수	읽기	수	읽기
6	육	7	칠
600	육백	700	

2학년 1학기 때 만나!

몇백 알아보기

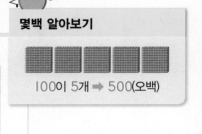

100이 5개 ➡ 500(오백)

4 알맞게 이어 보세요.

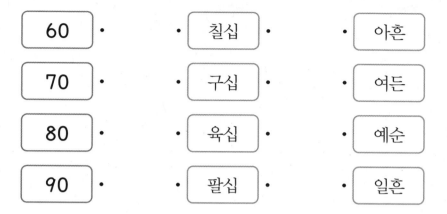

60	칠십	아흔
70	구십	여든
80	육십	예순
90	팔십	일흔

탄탄북

5 나타내는 수가 다른 하나에 ○표 하세요.

| 90 | 구십 | 일흔 | 아흔 |

▶ 구십, 일흔, 아흔을 각각 수로 나타내 봐.

내가 만드는 문제

6 한 상자에 10개씩 들어 있는 과자가 탁자 위에 5상자, 탁자 아래에 4상자 있습니다. 탁자 아래에 있는 과자 상자를 원하는 만큼 탁자 위로 옮기면 탁자 위의 과자는 모두 몇 개가 될까요?

( )

▶ 1상자를 탁자 위로 옮기면 탁자 위의 과자는
5＋1＝6 (상자)가 돼.
2상자, 3상자, 4상자를 옮기면 탁자 위의 과자는 몇 상자가 될까?

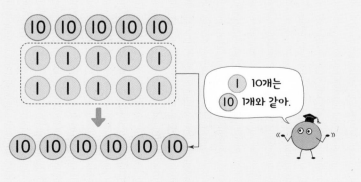

10개씩 묶음	5개	➡	
＋ 낱개	10개	➡	
10개씩 묶음	⬅	개	

7 빈칸에 알맞은 수를 써넣으세요.

(1)

72	10개씩 묶음	낱개

(2)

99	10개씩 묶음	낱개

🔗 탄탄북

8 그림을 보고 ☐ 안에 알맞은 수를 써넣으세요.

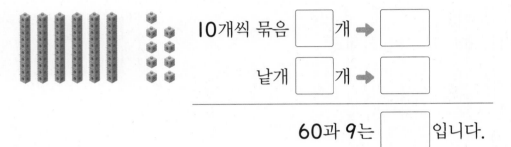

10개씩 묶음 ☐ 개 ➡ ☐

낱개 ☐ 개 ➡ ☐

60과 9는 ☐ 입니다.

▶ 10개씩 묶음과 낱개의 수를
각각 세어 봐.

9 수를 세어 쓰고 알맞게 이어 보세요.

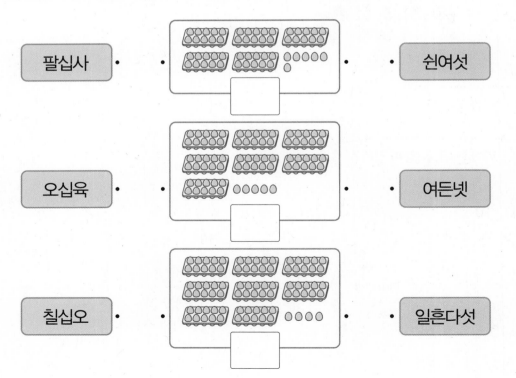

팔십사 •

• 쉰여섯

오십육 •

• 여든넷

칠십오 •

• 일흔다섯

▶ 수는 두 가지 방법으로 읽을
수 있어.

10 □ 안에 밑줄 친 숫자가 나타내는 수를 써넣으세요.

▶ ■▲ ➡ ■0과 ▲

(1)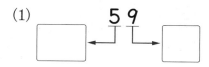

(2)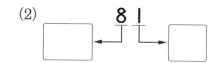

11 주어진 수에 알맞게 연결 모형 붙임딱지를 붙여 보세요.

붙임딱지

▶ ■▲
➡ 10개씩 묶음 ■개와
낱개 ▲ 개

	10개씩 묶음	낱개
63		

12 수 카드 5 , 7 을 한 번씩 사용하여 만들 수 있는 몇십몇을 모두 써 보세요.

( )

😊 내가 만드는 문제

13 ○ 안에 5부터 9까지의 수 중 하나를, △ 안에 1부터 9까지의 수 중 하나를 써넣어 수로 나타내 보세요.

10개씩 묶음 ◯ 개와 낱개 △ 개는 □ 입니다.

64를 어떻게 나타낼 수 있을까?

10개씩 묶음 6개와 낱개 4개

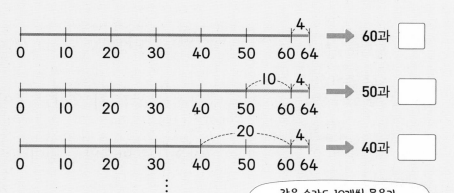

같은 수라도 10개씩 묶음과
낱개의 수를 다르게 나타낼 수 있어!

14 그림을 보고 수를 읽어 보세요.

티셔츠에 ☐ 이/가 적혀 있습니다.

15 그림을 보고 잘못 말한 사람은 누구일까요?

 66개 70개 85개

수연: 맨 왼쪽 통에 적혀 있는 수는 육십육이야.
성우: 가운데 통에 들어 있는 사탕은 여든 개네.
현영: 맨 오른쪽 통에는 사탕이 여든다섯 개 들어 있구나.

( )

▶ 사탕의 수 66, 70, 85를 각각 두 가지 방법으로 읽을 수 있어.

16 그림을 보고 수를 넣어 바르게 이야기한 것을 모두 찾아 기호를 써 보세요.

드림문구점
51주년 기념
선착순 99명 할인
꽃향기로 86

㉠ 문구점은 꽃향기로 팔십육에 있습니다.
㉡ 문구점은 생긴 지 오십일 년이 되었습니다.
㉢ 선착순으로 아흔일곱 명이 할인받을 수 있습니다.

( )

▶ 그림에서 수를 찾아 바르게 읽어 봐.

17 수를 바르게 읽은 것을 따라 길을 찾고 이야기를 완성해 보세요.

▶ 수를 바르게 읽은 것을 따라 가면서 가방 안에 넣을 수 있는 학용품을 찾아봐.

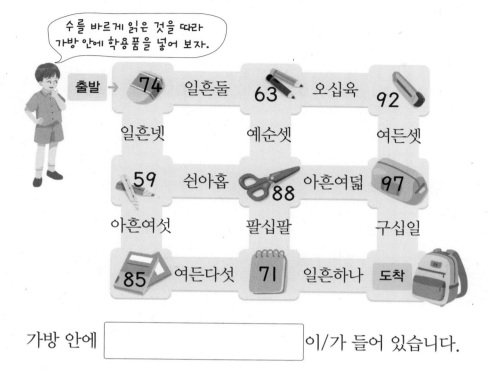

가방 안에 [   ] 이/가 들어 있습니다.

😊 내가 만드는 문제

18 51부터 99까지의 수 중에서 하나의 수를 골라 보기 와 같이 알맞은 문장을 만들어 보세요.

▶ 보기 에서 59를 오십구라고 읽은 것처럼 고른 수를 바르게 읽어 봐.

> **보기**
>
> | 59 | 우리 학교는 올해로 생긴 지 오십구 년이 되었습니다. |

고른 수 [   ] ....

 우리집 주소는 숲속로 일흔삼일까? 숲속로 칠십삼일까?

수를 읽을 때는 바르게 읽도록 합니다.

✗ 우리집 주소는
숲속로 일흔삼입니다.

⬤ 우리집 주소는
숲속로 칠십삼입니다.

수를 읽는 두 가지 방법을 섞어 읽지 않고 수를 바르게 읽도록 하자.

• 할아버지는 올해 (칠십다섯 , 일흔다섯) 살이십니다.
• 윤서는 (칠십오 , 일흔오) 일 동안 매일 줄넘기를 했습니다.

3 수를 순서대로 쓰면 낱개의 수가 1씩 커져.

● **수의 순서 알아보기**

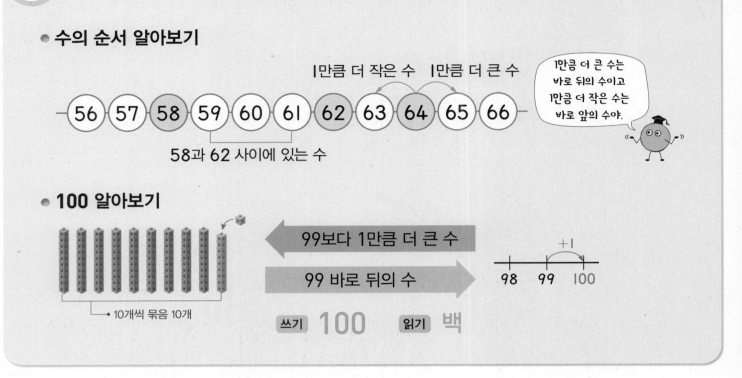

1만큼 더 작은 수   1만큼 더 큰 수

56 57 58 59 60 61 62 63 64 65 66

58과 62 사이에 있는 수

1만큼 더 큰 수는 바로 뒤의 수이고 1만큼 더 작은 수는 바로 앞의 수야.

● **100 알아보기**

→ 10개씩 묶음 10개

99보다 1만큼 더 큰 수

99 바로 뒤의 수

+1

98 99 100

쓰기 **100**   읽기 **백**

---

1 수를 순서대로 쓴 것을 보고 빈칸에 알맞은 수를 써넣으세요.

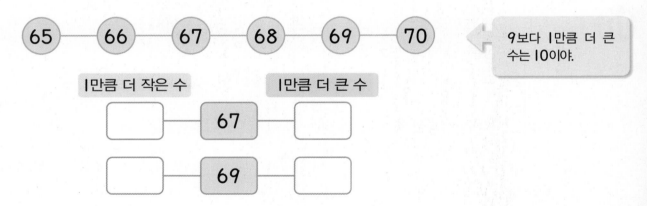

65 66 67 68 69 70

9보다 1만큼 더 큰 수는 10이야.

1만큼 더 작은 수		1만큼 더 큰 수
	67	
	69	

---

2 순서에 맞게 빈칸에 알맞은 수를 써넣으세요.

51	52	53	54		56		58	59	
61			64	65	66	67			70
71		73		75		77	78	79	
81			84	85		87			
		93		95	96		98	99	

3 그림을 보고 □ 안에 알맞은 수나 말을 써넣으세요.

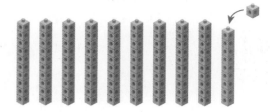

(1) **99**보다 **I**만큼 더 큰 수를 [ ] (이)라 하고 [ ] (이)라고 읽습니다.

(2) **90**보다 [ ] 만큼 더 큰 수는 **100**입니다.

4 수의 순서대로 빈칸에 알맞은 수를 써넣으세요.

(1)

(2)

5 순서에 맞게 빈칸에 알맞은 수를 써넣으세요.

(1)

(2)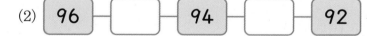

순서를 거꾸로 하여
수를 세어 봐.
16, 15, 14, …

6 86과 90 사이에 있는 수를 모두 써 보세요.

●와 ▲ 사이에 있는 수에
●와 ▲는 포함되지 않아.

( )

1. 100까지의 수 **17**

④ 먼저 10개씩 묶음의 수를 비교해 봐.

● **10개씩 묶음의 수가 다른 경우**

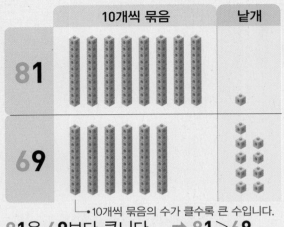

└→10개씩 묶음의 수가 클수록 큰 수입니다.

81은 69보다 큽니다. ➡ **81 > 69**

69는 81보다 작습니다. ➡ **69 < 81**

● **10개씩 묶음의 수가 같은 경우**

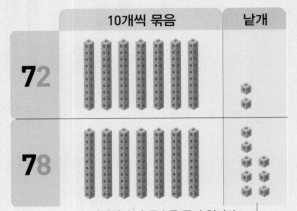

낱개의 수가 클수록 큰 수입니다. ←┘

72는 78보다 작습니다. ➡ **72 < 78**

78은 72보다 큽니다. ➡ **78 > 72**

① 그림을 보고 두 수의 크기를 비교해 보세요.

(1)
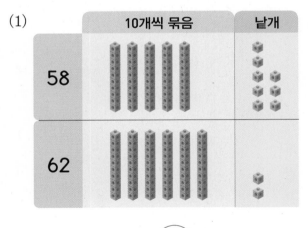

58 ◯ 62

58은 62보다 (큽니다 , 작습니다).

(2)
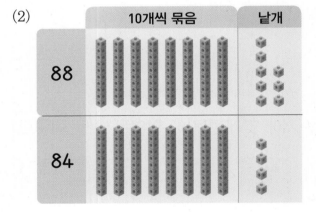

88 ◯ 84

88은 84보다 (큽니다 , 작습니다).

② ☐ 안에 알맞은 수를 써넣고 ◯ 안에 >, <를 알맞게 써넣으세요.

81 ➡ 80과 ☐
79 ➡ ☐ 와/과 9
➡ 81 ◯ 79

두 수의 크기를 비교할 때에는
>, =, < 기호를 써.

5 짝수와 홀수는 둘씩 짝을 지어 보면 알 수 있어.

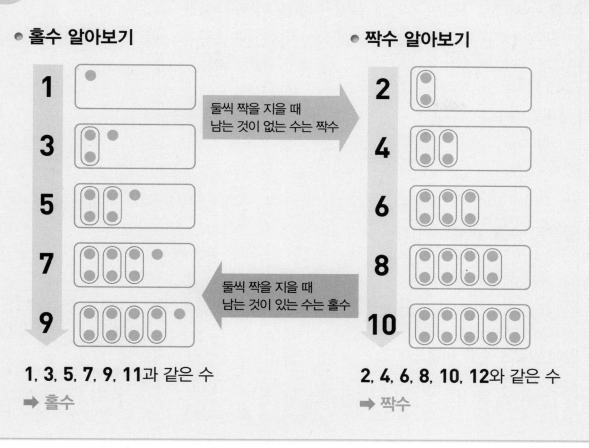

● 홀수 알아보기

둘씩 짝을 지을 때
남는 것이 없는 수는 짝수

둘씩 짝을 지을 때
남는 것이 있는 수는 홀수

1, **3**, **5**, **7**, **9**, **11**과 같은 수

➡ 홀수

● 짝수 알아보기

2, **4**, **6**, **8**, **10**, **12**와 같은 수

➡ 짝수

---

1 수를 세어 쓰고 둘씩 짝을 지어 짝수인지 홀수인지 알아보세요.

(1)

☐

(짝수 , 홀수)

(2)

☐

(짝수 , 홀수)

---

2 짝수는 노란색으로, 홀수는 파란색으로 칠해 보세요.

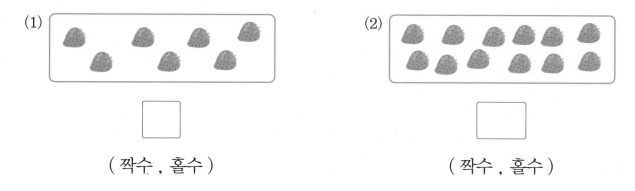

l	2	3	4	5	6	7	8	9	10
ll	12	13	14	15	16	17	18	19	20

짝수에서 낱개의 수는
0, 2, 4, 6, 8이고
홀수에서 낱개의 수는
l, 3, 5, 7, 9야.

4 수의 순서 알아보기

1 빈칸에 수를 순서대로 쓰고 □ 안에 알맞은 수를 써넣으세요.

74 ○ 76 77 ○ ○ 80

78보다 I만큼 더 큰 수는 □ 이고, I만큼 더 작은 수는

□ 입니다.

2 빈칸에 알맞은 수를 써넣으세요.

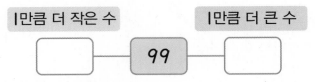

I만큼 더 작은 수		I만큼 더 큰 수
□	99	□

2➕ □ 안에 알맞은 수를 써넣으세요.

999보다 I만큼 더 큰 수는 □ 입니다.

2학년 1학기 때 만나!

1000 알아보기

999보다 I만큼 더 큰 수

쓰기 1000   읽기 천

3 수를 순서대로 이어 보세요.

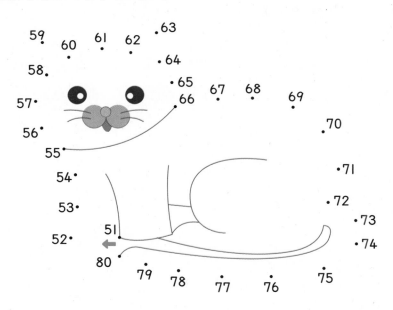

▶ 5I부터 순서대로 점을 선으로 이어 봐.

▶ 70부터 73까지의 수를 순서대로 써 봐.

4 □ 안에 알맞은 수를 써넣으세요.

70과 73 사이에 있는 수는 □ , □ 입니다.

5 순서에 맞게 빈칸에 알맞은 수를 써넣으세요.

▶ 수가 1씩 커지는 방향을 따라가.

66	67	68			71	72
	78		76	75	74	73
80	81	82	83		85	86
93	92			89	88	87
94	95		97	98		100

6 수를 순서대로 써 보세요.

▶ 주어진 수들을 순서대로 쓸 때 어떤 수를 맨 앞에 써야 하는지 찾아봐.

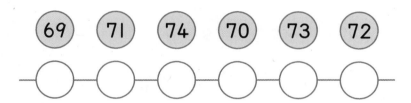

 내가 만드는 문제

7 60과 100 사이의 수 중에서 3개를 자유롭게 골라 수직선에 나타내 보세요.

▶ 60과 100 사이의 수 중에서 서로 다른 세 수를 골라 수직선에 나타내 봐.
만약 65를 골랐다면 60과 70 사이에 65를 나타내야겠지?

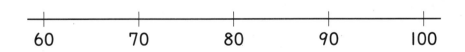

🎓 💬 수의 순서에는 어떤 규칙이 있을까?

51	52	53	54	55	56	57	58	59	60
61	62	63	64	65	66	67	68	69	70
71	72	73	74	75	76	77	78	79	80
81	82	83	84	85	86	87	88	89	90
91	92	93	94	95	96	97	98	99	100

가로가 10칸으로 되어 있는 수 배열표에서는

오른쪽으로 1칸씩 갈 때마다 (1 , 10)씩 커지고

아래로 1칸씩 내려갈 때마다 (1 , 10)씩 커집니다.

> 낱개의 수 9 다음 수는 10개씩 묶음의 수가 1만큼 더 커지고 낱개의 수가 0이 돼.
> 59 ➡ 60, 69 ➡ 70, …

8 알맞은 말에 ○표 하고, 두 수의 크기를 비교하여 ○ 안에 >, <를 알맞게 써넣으세요.

▶ ■는 ▲보다 큽니다.
➡ ■ > ▲

■는 ▲보다 작습니다.
➡ ■ < ▲

(1) 74는 68보다 (큽니다 , 작습니다). ➡ 74 ◯ 68

(2) 85는 89보다 (큽니다 , 작습니다). ➡ 85 ◯ 89

9 ○ 안에 >, =, <를 알맞게 써넣으세요.

(1) 6l ◯ 67

(2) 60과 8 ◯ 59

(3) 73 ◯ 70과 3

(4) 구십오 ◯ 오십구

9➕ ○ 안에 > 또는 <를 알맞게 써넣으세요.

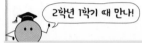

세 자리 수의 크기 비교

높은 자리의 수가 클수록 큰 수입니다.
500 > 400, 550 > 510, 509 > 501

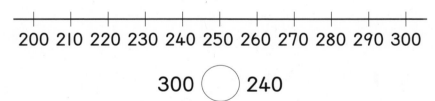

⊢―――――――――――――――⊣
200 210 220 230 240 250 260 270 280 290 300

300 ◯ 240

🔗 탄탄북

10 주어진 수의 크기를 비교하여 □ 안에 알맞은 수를 써넣으세요.

▶ >, <는 큰 수 쪽으로 벌어져.

큰 수 ⟩ 작은 수

작은 수 ⟨ 큰 수

(1) 84, 78 ➡ □ < □

(2) 65, 69 ➡ □ > □

11 가장 큰 수에 ○표, 가장 작은 수에 △표 하세요.

| 85 | 79 | 8l |

정답과 풀이 **4**쪽

12 훌라후프를 가장 많이 돌린 사람은 누구일까요?

나는 75번 돌렸어. 유미
나는 68번 돌렸어. 선우
나는 79번 돌렸어. 이서

(   )

▶ 세 수 75, 68, 79의 크기를 비교하여 가장 큰 수를 찾아봐.

13 작은 수부터 차례로 수 카드를 놓으려고 합니다. 78은 어디에 놓아야 하는지 ☐ 안에 알맞은 수를 써넣으세요.

72   65   85   76   ➡ ☐ 와/과 ☐ 사이

▶ 먼저 수 카드의 수들을 작은 수부터 차례로 놓아 봐.

😊 내가 만드는 문제

14 다음 수 중에서 **3**개를 골라 색칠하고 세 수의 크기를 비교해 보세요.

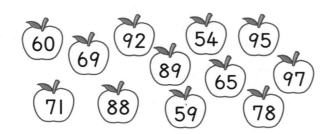

60   69   92   54   95   89   65   97   71   88   59   78

가장 큰 수: ☐   가장 작은 수: ☐

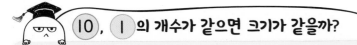

🎓 ⑩, ① 의 개수가 같으면 크기가 같을까?

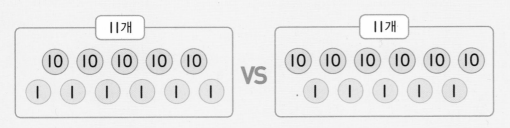

11개
⑩ ⑩ ⑩ ⑩ ⑩
① ① ① ① ① ①

VS

11개
⑩ ⑩ ⑩ ⑩ ⑩ ⑩
① ① ① ① ①

① 보다 ⑩ 이 많을수록 더 큰 수야.

➡ 56과 65의 ⑩, ① 의 개수는 같지만 ☐ 이/가 ☐ 보다 큰 수입니다.

15 수를 세어 쓰고 짝수인지 홀수인지 써 보세요.

▶ 둘씩 짝을 지어 봐.

(1) 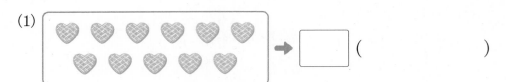 ➡ ☐ ( )

(2)  ➡ ☐ ( )

16 짝수는 빨간색으로, 홀수는 파란색으로 이어 보세요.

⑧ ⑨ ⑩ ⑪ ⑫ ⑬ ⑭ ⑮ ⑯ ⑰

17 수 배열표에서 홀수에 모두 ○표 해 보세요.

▶ 낱개의 수를 비교해 봐.
짝수: 0, 2, 4, 6, 8
홀수: 1, 3, 5, 7, 9

10	11	12	13	14	15	16
17	18	19	20	21	22	23
24	25	26	27	28	29	30
31	32	33	34	35	36	37

🔗 탄탄북

18 짝수만 모여 있는 것을 찾아 ○표 하세요.

6 11 29	20 15 32	28 14 34
( )	( )	( )

19 짝수인지 홀수인지 ○표 하세요.

▶ 먼저 수로 나타내 봐.

(1) **23** ➡ (짝수 , 홀수)   (2) 예순 ➡ (짝수 , 홀수)

(3) 구십구 ➡ (짝수 , 홀수)   (4) **30**과 **4** ➡ (짝수 , 홀수)

20 이번 달에 용훈이는 책을 11권 읽었고 수현이는 16권 읽었습니다. 책을 짝수 권 읽은 사람은 누구일까요?

(   )

21 짝수와 홀수를 구분하여 □ 안에 알맞은 수를 써넣으세요.

▶ 주어진 수를 짝수와 홀수로 나눈 후 크기를 비교해 봐.

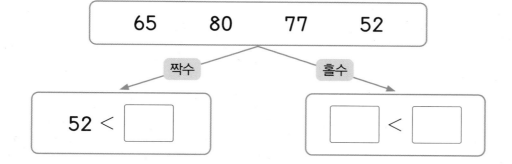

65   80   77   52

짝수   홀수

52 < □   □ < □

😊 내가 만드는 문제

22 11개의 사탕을 짝수 개와 홀수 개로 나누어 자유롭게 사탕 붙임 딱지를 붙여 보세요.

붙임딱지

▶ 짝수 개와 홀수 개로 자유롭게 나누어 붙여 봐.

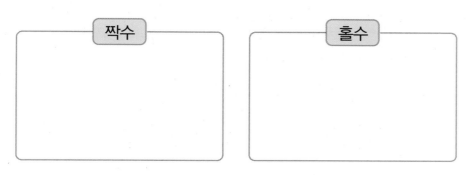

짝수   홀수

짝수와 홀수에는 어떤 규칙이 있을까?

1	2	3	4	5	6	7	8	9	10
11	12	13	14	15	16	17	18	19	20

➡ (짝수 , 홀수)는 낱개의 수가 0, 2, 4, 6, 8로 끝나고

(짝수 , 홀수)는 낱개의 수가 1, 3, 5, 7, 9로 끝나는 규칙이 있습니다.

짝수는 둘씩 짝을 지을 때 남는 것이 없는 수이고, 홀수는 둘씩 짝을 지을 때 남는 것이 있는 수야.

① 낱개 ●●▲개를 10개씩 묶음과 낱개로 나타내기

빈칸에 알맞은 수를 써넣으세요.

75

10개씩 묶음	낱개
7	
6	
	25

낱개 10개는 10개씩 묶음 1개와 같아.

낱개		10개씩 묶음	낱개
67	→	6	7
		5	17

② □ 안에 들어갈 수 있는 수 찾기

0부터 9까지의 수 중에서 □ 안에 들어갈 수 있는 수를 모두 써 보세요.

5□>56

(   )

10개씩 묶음의 수가 같으면 낱개의 수를 비교해 봐.

10개씩 묶음	낱개	
5	□	→ 5□>56
5	6	□>6

1+ 나타내는 수가 다른 하나를 찾아 기호를 써 보세요.

㉠ 10개씩 묶음 8개와 낱개 6개인 수

㉡ 10개씩 묶음 7개와 낱개 16개인 수

㉢ 10개씩 묶음 6개와 낱개 36개인 수

(   )

2+ 0부터 9까지의 수 중에서 □ 안에 들어 갈 수 있는 수를 모두 써 보세요.

9□<94

(   )

3 설명하는 수 찾기

설명하는 수는 모두 몇 개인지 구해 보세요.

> • 10보다 큰 수입니다.
> • 18보다 작은 수입니다.
> • 홀수입니다.

( )

짝수, 홀수는 낱개의 수를 살펴봐.

낱개의 수가 0, 2, 4, 6, 8 ➡ 짝수
낱개의 수가 1, 3, 5, 7, 9 ➡ 홀수

4 수 카드로 가장 큰 수 만들기

수 카드 4장 중에서 2장을 골라 몇십 몇을 만들려고 합니다. 만들 수 있는 수 중에서 가장 큰 수를 구해 보세요.

| 5 | 7 | 2 | 8 |

( )

가장 큰 몇십몇 만들기

10개씩 묶음의 수 ⟶ ■ ▲ ⟵ 낱개의 수
가장 큰 수 ⟶   ⟵ 둘째로 큰 수

3+ 설명하는 수는 모두 몇 개인지 구해 보세요.

> • 30보다 큰 수입니다.
> • 45보다 작은 수입니다.
> • 짝수입니다.

( )

4+ 수 카드 4장 중에서 2장을 골라 몇십 몇을 만들려고 합니다. 만들 수 있는 수 중에서 가장 큰 수와 가장 작은 수를 구해 보세요.

| 6 | 7 | 8 | 9 |

가장 큰 수 ( )
가장 작은 수 ( )

5 세 수의 크기 비교하기

가장 큰 수를 찾아 기호를 써 보세요.

> ㉠ 구십오
> ㉡ 10개씩 묶음 **7**개와 낱개 **3**개
> ㉢ **60**과 **5**

(   )

수로 나타낸 후 크기를 비교해 봐.

㉠ 구십오 ➡ **95**
㉡ 10개씩 묶음 **7**개와 낱개 **3**개 ➡ **73**
㉢ **60**과 **5** ➡ **65**
➡ 10개씩 묶음의 수가 큰 수가 더 큽니다. 10개씩 묶음의 수가 같으면 낱개의 수가 큰 수가 더 큽니다.

5+ 가장 큰 수를 찾아 기호를 써 보세요.

> ㉠ 여든여섯
> ㉡ 10개씩 묶음 **8**개와 낱개 **4**개
> ㉢ **80**과 **9**

(   )

6 어떤 수 구하기

어떤 수보다 **1**만큼 더 작은 수는 **71**입니다. 어떤 수는 얼마일까요?

(   )

수의 순서를 이용해 알아봐.

1만큼 더 큰 수   1만큼 더 큰 수

| 3 | 어떤 수 | 5 |

1만큼 더 작은 수   1만큼 더 작은 수

➡ (어떤 수)=(3보다 1만큼 더 큰 수)
 (3보다 1만큼 더 큰 수)=3+1=4
 (어떤 수)=4

6+ 어떤 수보다 **1**만큼 더 큰 수는 **83**입니다. 어떤 수는 얼마일까요?

(   )

단원 평가

점수 | 확인

1 그림을 보고 □ 안에 알맞은 수를 써넣으세요.

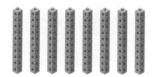

10개씩 묶음 □ 개이므로 □ 입니다.

2 다음 수를 쓰고 읽어 보세요.

> 99보다 1만큼 더 큰 수

쓰기 (   )

읽기 (   )

3 수의 순서대로 빈칸에 알맞은 수를 써넣으세요.

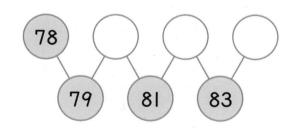

4 짝수는 빨간색으로, 홀수는 파란색으로 칠해 보세요.

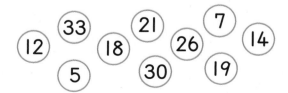

5 두 수의 크기를 비교하여 ○ 안에 >, <를 알맞게 써넣으세요.

(1) 72 ○ 75   (2) 92 ○ 85

6 나타내는 수가 다른 하나를 찾아 ○표 하세요.

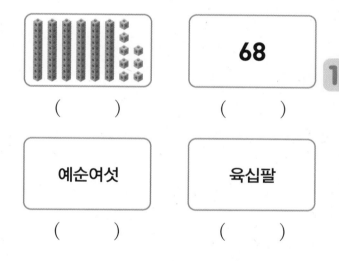

(   )   (   )

예순여섯	육십팔

(   )   (   )

7 알맞게 이어 보세요.

10개씩 묶음 6개와 낱개 3개	10개씩 묶음 9개와 낱개 7개

63	93	97

아흔일곱	육십삼	일흔셋

8 86에 대한 설명으로 잘못된 것을 모두 찾아 기호를 써 보세요.

> ㉠ 여든여섯이라고 읽습니다.
>
> ㉡ 87보다 1만큼 더 큰 수입니다.
>
> ㉢ 10개씩 묶음 8개와 낱개 6개입니다.
>
> ㉣ 둘씩 짝을 지을 때 남는 것이 하나 있습니다.

( )

[9~10] 수 배열표를 보고 물음에 답하세요.

11	12	13	14	15	16	17	18	19	20
21	22	23	24	25	26	27	28	29	30
31	32	33	34	35	36	37	38	39	40

9 11부터 20까지의 수 중에서 짝수를 모두 찾아 써 보세요.

( )

10 25부터 35까지의 수 중에서 홀수는 모두 몇 개일까요?

( )

11 수를 순서대로 쓸 때 ㉠에 알맞은 수는 얼마일까요?

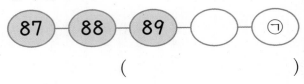

( )

12 두 수의 크기를 잘못 비교한 것은 어느 것일까요? ( )

① 65 > 56   ② 84 < 94

③ 70 > 80   ④ 76 > 72

⑤ 67 < 68

13 줄넘기를 승하는 65번, 예린이는 83번 했습니다. 줄넘기를 더 많이 한 사람은 누구일까요?

( )

14 왼쪽 수보다 큰 수를 모두 찾아 ○표 하세요.

81	80 92 85 64

정답과 풀이 6쪽 술술 서술형

15 작은 수부터 차례로 써 보세요.

| 54 | 87 | 91 | 60 |

( )

16 가장 큰 수를 찾아 기호를 써 보세요.

ㄱ 60과 1
ㄴ 육십
ㄷ 65보다 2만큼 더 작은 수

( )

17 0부터 9까지의 수 중에서 ☐ 안에 들어갈 수 있는 수를 모두 써 보세요.

6☐ > 66

( )

18 한 봉지에 10개씩 들어 있는 귤이 5봉지 있습니다. 귤이 모두 90개가 되려면 10개씩 들어 있는 귤이 몇 봉지 더 있어야 할까요?

( )

19 67보다 크고 71보다 작은 수는 모두 몇 개인지 구하려고 합니다. 풀이 과정을 쓰고 답을 구해 보세요.

풀이

답

20 90보다 5만큼 더 큰 수는 100보다 얼마만큼 더 작은 수인지 구하려고 합니다. 풀이 과정을 쓰고 답을 구해 보세요.

풀이

답

1

2 덧셈과 뺄셈(1)

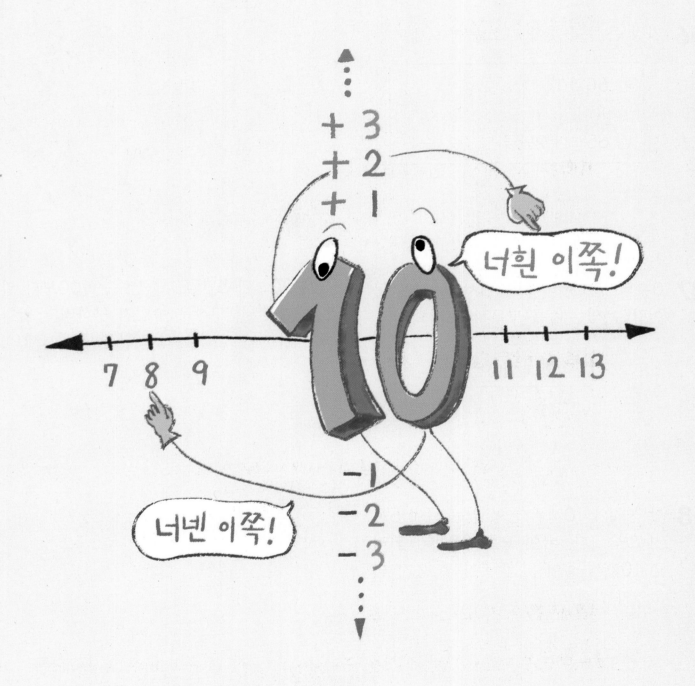

먼저, 10을 만들어서!

- 덧셈

$$8 + 5 + 2$$

10

15

- 뺄셈

$$15 - 5 - 2$$

10

8

1 세 수의 덧셈은 앞에서부터 순서대로 더하자.

$$2 + 3 = 5$$

$$\rightarrow 2 + 3 + 4 = 9$$

$$5 + 4 = 9$$

앞의 두 수를 더하고, 더해서 나온 수에 나머지 수를 더합니다.

1 그림을 보고 구슬은 모두 몇 개인지 알아보세요.

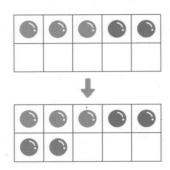

$$3 + 2 = \boxed{}$$

$$\boxed{} + 2 = \boxed{}$$

$$\rightarrow 3 + 2 + 2 = \boxed{}$$

2 ☐ 안에 알맞은 수를 써넣으세요.

(1) $3 + 1 + 2 = \boxed{}$

$$3 + 1 = \boxed{}$$

$$\boxed{} + 2 = \boxed{}$$

(2) $4 + 1 + 3 = \boxed{}$

$$4 + 1 = \boxed{}$$

$$\boxed{} + 3 = \boxed{}$$

3 ☐ 안에 알맞은 수를 써넣으세요.

(1) $5 + 1 + 2 = \boxed{}$

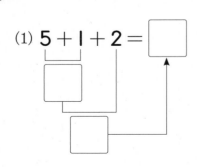

(2) $4 + 1 + 4 = \boxed{}$

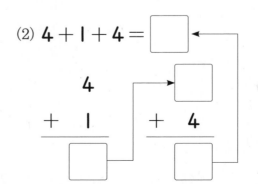

이렇게 세로셈으로 계산할 수도 있어.

② 세 수의 뺄셈은 반드시 앞에서부터 순서대로 빼자.

$$9 - 3 = 6$$

$$\downarrow \qquad 6 - 2 = 4 \qquad \rightarrow 9 - 3 - 2 = 4$$

앞의 두 수를 빼고, 빼서 나온 수에서 나머지 수를 뺍니다.

---

1 그림을 보고 남은 구슬은 몇 개인지 알아보세요.

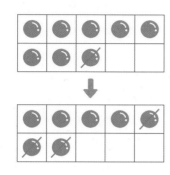

$$8 - \square = \square$$

$$\square - 3 = \square$$

$$\rightarrow 8 - 1 - 3 = \square$$

---

2 ☐ 안에 알맞은 수를 써넣으세요.

(1) $7 - 1 - 2 = \square$

$$7 - 1 = \square$$

$$\square - 2 = \square$$

(2) $8 - 2 - 1 = \square$

$$8 - 2 = \square$$

$$\square - 1 = \square$$

---

3 ☐ 안에 알맞은 수를 써넣으세요.

(1) $6 - 3 - 2 = \square$

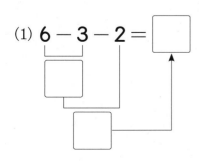

(2) $9 - 2 - 4 = \square$

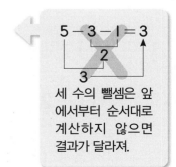

세 수의 뺄셈은 앞에서부터 순서대로 계산하지 않으면 결과가 달라져.

1 세 수의 덧셈하기

1 장난감은 모두 몇 개인지 덧셈식을 만들어 계산해 보세요.

$$\boxed{} + \boxed{} + \boxed{} = \boxed{}$$

▶ 곰 인형 4개, 장난감 자동차 2개, 장난감 로봇 3개를 더하면 모두 몇 개일까?

2 □ 안에 알맞은 수를 써넣으세요.

(1) $2 + 1 + 5 = \boxed{} + 5 = \boxed{}$

(2) $1 + 5 + 2 = \boxed{} + 2 = \boxed{}$

(3) $2 + 4 + 2 = \boxed{}$ (4) $3 + 3 + 3 = \boxed{}$

▶ 앞의 두 수를 더하고, 더해서 나온 수에 나머지 수를 더해.

3 관계있는 것끼리 이어 보세요.

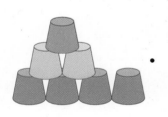 ·

· $1+3+4$ ·

· $4+2+1$ ·

· 7

· 8

· 9

▶ 층별로 쌓은 컵의 수를 세어 봐.

4 계산 결과를 비교하여 ○ 안에 >, =, <를 알맞게 써넣으세요.

(1) $1 + 2 + 4 \bigcirc 3 + 4$

(2) $3 + 1 + 2 \bigcirc 5 + 2$

▶ 왼쪽 식에서 앞의 두 수를 계산하여 오른쪽 식과 비교해 볼 수도 있어.

5 수 카드 2장을 골라 덧셈식을 완성해 보세요.

2   1   4   3

$1 + \boxed{} + \boxed{} = 7$

▶ 먼저 1에 얼마를 더해야 7이
되는지 생각해 봐.

6 오른쪽 블록에서 빨간색, 파란색, 초록색 블록은 모두 몇 개일까요?

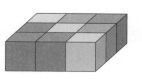

(   )

▶ 개수를 셀 때 두 번 세거나 빠뜨리지 않도록 /, ∨ 표시를 하며 세어 봐.

2

😊 내가 만드는 문제

7 보기 와 같이 계산하려고 합니다. 5부터 9까지의 수 중에서 하나를 골라 ▽ 에 써넣고 △ 에 알맞은 수를 써넣으세요.

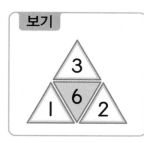

보기

▶ 3개의 △ 안의 수의 합이 가운데 ▽ 안의 수가 돼.

🎓 세 수의 덧셈은 순서를 바꾸어서 더해도 될까?

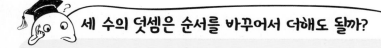

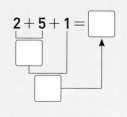

$2 + 5 + 1 = \boxed{}$

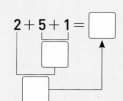

$2 + 5 + 1 = \boxed{}$

뒤의 두 수를 먼저 더해도 계산 결과는 같아.

8 □ 안에 알맞은 수를 써넣으세요.

▶ 세 수의 뺄셈은 반드시 앞에 서부터 순서대로 계산해야 해.

(1) $6 - 1 - 2 = \boxed{} - 2 = \boxed{}$

(2) $7 - 2 - 3 = \boxed{} - 3 = \boxed{}$

(3) $8 - 5 - 1 = \boxed{}$ (4) $6 - 0 - 3 = \boxed{}$

8➕ 계산해 보세요.

(1) $80 - 50 - 10$ (2) $60 - 10 - 30$

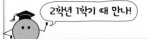
2학년 1학기 때 만나!

세 수의 계산

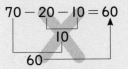
$70 - 20 - 10 = 60$
10
60

두 자리 수의 세 수의 계산 도 반드시 앞에서부터 순서 대로 계산해야 합니다.

9 관계있는 것끼리 이어 보세요.

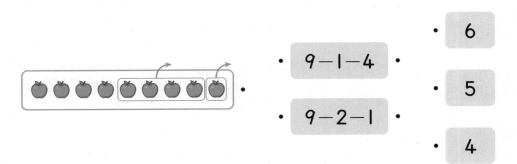

· 6

· $9 - 1 - 4$ ·

· 5

· $9 - 2 - 1$ ·

· 4

10 그림을 보고 남은 빵은 몇 개인지 뺄셈식을 만들어 보세요.

빵 7개 중에서 동생에게 3개,
언니에게 1개를 주면 몇 개 남을까?

$7 - \boxed{} - \boxed{} = \boxed{}$

탄탄북

11 계산 결과를 비교하여 ○ 안에 >, =, <를 알맞게 써넣으세요.

▶ 왼쪽 식에서 앞의 두 수를 계 산하여 오른쪽 식과 비교해 볼 수도 있어.

(1) $9 - 2 - 3 \bigcirc 7 - 3$

(2) $8 - 1 - 5 \bigcirc 6 - 5$

12 수 카드 2장을 골라 덧셈식을 완성해 보세요.

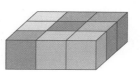

$$7 - \boxed{} - \boxed{} = 1$$

▶ 먼저 7에서 얼마를 빼야 1이 되는지 생각해 봐.

13 오른쪽 블록에서 빨간색과 파란색 블록을 빼면 남은 블록은 몇 개일까요?

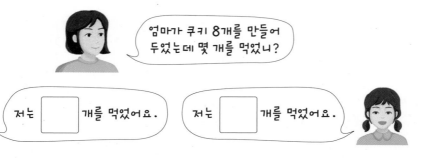

(   )

 내가 만드는 문제

14   □ 안에 수를 써넣고 남은 쿠키는 몇 개인지 구해 보세요.

엄마가 쿠키 8개를 만들어 두었는데 몇 개를 먹었니?

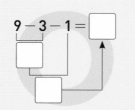 저는 □ 개를 먹었어요.

저는 □ 개를 먹었어요.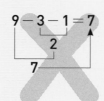

(   )

▶ 처음에 있던 쿠키가 8개니까 둘이서 먹은 쿠키는 8개와 같거나 적어야 해.

세 수의 뺄셈도 순서를 바꾸어서 빼도 될까?

$$9 - 3 - 1 = \boxed{}$$

$$9 \overset{\times}{-} 3 - 1 = 7$$

세 수의 뺄셈은 뒤의 두 수를 먼저 빼면 계산 결과가 달라져.

3 10이 되는 더하기를 해 보자.

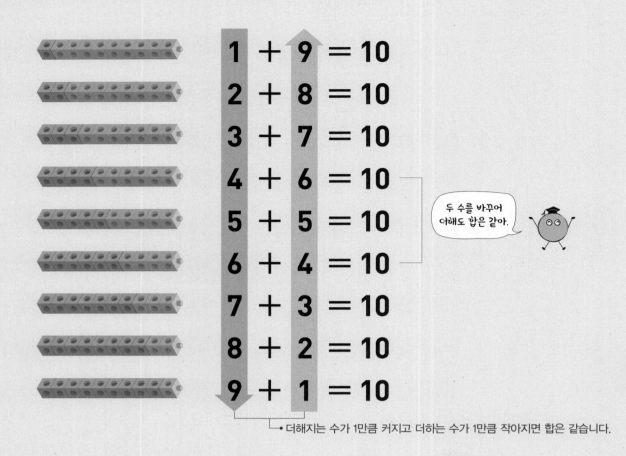

$$1 + 9 = 10$$
$$2 + 8 = 10$$
$$3 + 7 = 10$$
$$4 + 6 = 10$$
$$5 + 5 = 10$$
$$6 + 4 = 10$$
$$7 + 3 = 10$$
$$8 + 2 = 10$$
$$9 + 1 = 10$$

두 수를 바꾸어 더해도 합은 같아.

• 더해지는 수가 1만큼 커지고 더하는 수가 1만큼 작아지면 합은 같습니다.

---

1 ☐ 안에 알맞은 수를 써넣으세요.

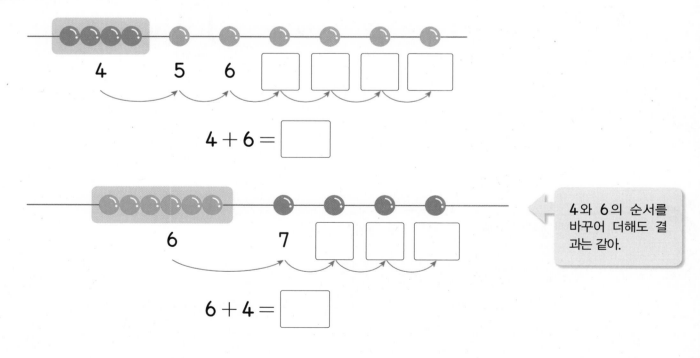

4   5   6   ☐   ☐   ☐   ☐

$$4 + 6 = \boxed{}$$

6   7   ☐   ☐   ☐

4와 6의 순서를 바꾸어 더해도 결과는 같아.

$$6 + 4 = \boxed{}$$

2 10이 되는 더하기를 해 보세요.

$1 + \boxed{} = 10$

$2 + \boxed{} = 10$

$3 + \boxed{} = 10$

$4 + \boxed{} = 10$

$5 + \boxed{} = 10$

$6 + \boxed{} = 10$

$7 + \boxed{} = 10$

$8 + \boxed{} = 10$

$9 + \boxed{} = 10$

3 그림에 맞는 덧셈식을 만들어 보세요.

(1)

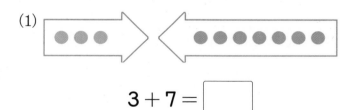

$3 + 7 = \boxed{}$

(2)

$8 + 2 = \boxed{}$

4 두 가지 색으로 색칠하고 덧셈식을 만들어 보세요.

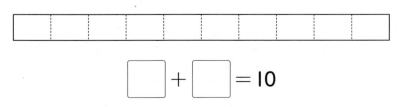

$\boxed{} + \boxed{} = 10$

4 10에서 큰 수를 뺄수록 차는 작아져.

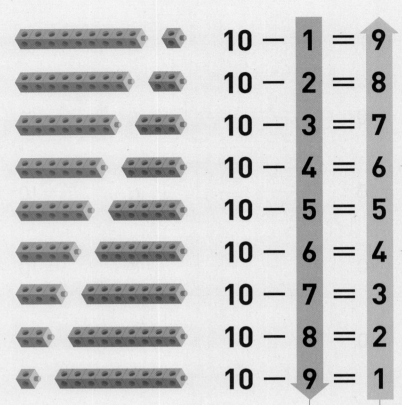

$10 - 1 = 9$

$10 - 2 = 8$

$10 - 3 = 7$

$10 - 4 = 6$

$10 - 5 = 5$

$10 - 6 = 4$

$10 - 7 = 3$

$10 - 8 = 2$

$10 - 9 = 1$

빼는 수가 4이면 뺄셈 결과는 6이고, 빼는 수가 6이면 뺄셈 결과는 4야.

• 10에서 큰 수를 뺄수록 차는 작아집니다.

1 ☐ 안에 알맞은 수를 써넣으세요.

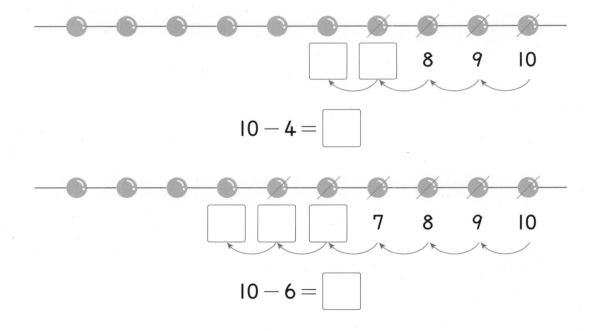

$10 - 4 =$ ☐

$10 - 6 =$ ☐

2 10에서 빼기를 해 보세요.

 $10 - \boxed{} = 9$

$10 - \boxed{} = 8$

$10 - \boxed{} = 7$

$10 - \boxed{} = 6$

$10 - \boxed{} = 5$

$10 - \boxed{} = 4$

$10 - \boxed{} = 3$

$10 - \boxed{} = 2$

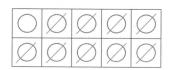 $10 - \boxed{} = 1$

3 그림을 보고 뺄셈을 해 보세요.

(1)

$10 - 2 = \boxed{}$

(2)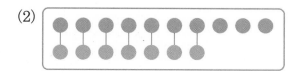

$10 - 7 = \boxed{}$

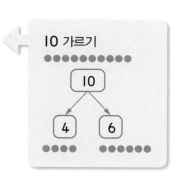

10 가르기

4 ╱을 그려 뺄셈식을 만들어 보세요.

$10 - \boxed{} = \boxed{}$

5 세 수의 덧셈에서 10이 되는 두 수를 먼저 더하면 더 쉬워.

● 앞의 두 수 먼저 더하기

$4+6+3$

$10+3=13$

이렇게 계산할 수도 있어.
$4+6+3$
10
13

● 뒤의 두 수 먼저 더하기

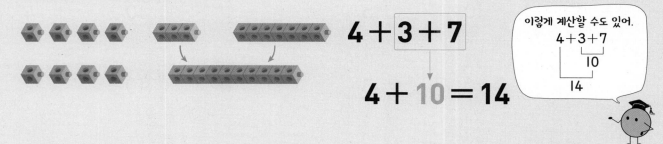

$4+3+7$

$4+10=14$

이렇게 계산할 수도 있어.
$4+3+7$
10
14

---

1 앞의 두 수로 10을 만들어 세 수를 더해 보세요.

(1) ⟨5 + 5⟩ + 7 = ☐

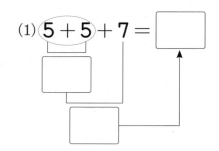

(2) ⟨8 + 2⟩ + 4 = ☐

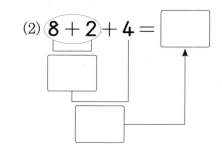

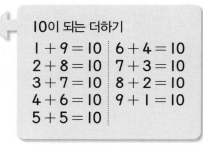

10이 되는 더하기

$1+9=10$	$6+4=10$
$2+8=10$	$7+3=10$
$3+7=10$	$8+2=10$
$4+6=10$	$9+1=10$
$5+5=10$	

---

2 뒤의 두 수로 10을 만들어 세 수를 더해 보세요.

(1) $3 + ⟨1 + 9⟩ = ☐$

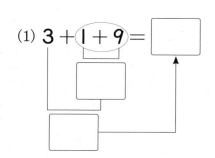

(2) $6 + ⟨7 + 3⟩ = ☐$

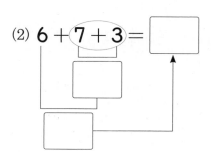

3 수 카드의 세 수를 더해 보세요.

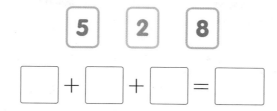

$\boxed{} + \boxed{} + \boxed{} = \boxed{}$

4 단추가 모두 몇 개인지 식으로 나타내 보세요.

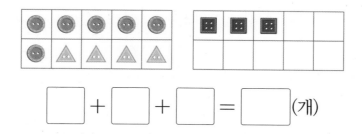

$\boxed{} + \boxed{} + \boxed{} = \boxed{}$ (개)

5 그림을 보고 □ 안에 알맞은 수를 써넣으세요.

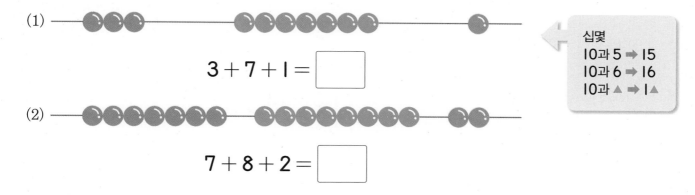

(1)

$3 + 7 + 1 = \boxed{}$

십몇
10과 5 ➡ 15
10과 6 ➡ 16
10과 ▲ ➡ 1▲

(2)

$7 + 8 + 2 = \boxed{}$

6 10을 만들어 더할 수 있는 식에 모두 ○표 하세요.

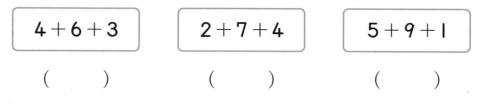

$4+6+3$ $2+7+4$ $5+9+1$

(   )   (   )   (   )

1 □ 안에 알맞은 수를 써넣으세요.

$2 + \boxed{} = 10$ $4 + \boxed{} = 10$

$5 + \boxed{} = 10$ $8 + \boxed{} = 10$

▶ 더해서 10이 되는 두 수는 1과 9, 2와 8, 3과 7, 4와 6, 5와 5야.

2 그림에 알맞은 덧셈식을 만들어 보세요.

(1)

$2 + \boxed{} = 10$

(2)

$\boxed{} + \boxed{} = 10$

3 □ 안에 알맞은 수를 써넣으세요.

(1) $1 + \boxed{} = 10$ (2) $\boxed{} + 7 = 10$

$9 + \boxed{} = 10$ $\boxed{} + 3 = 10$

▶ 두 수의 덧셈에서 두 수의 순서를 바꾸어 더해도 합은 같아.

🔗탄탄북

4 두 수를 더해서 10이 되도록 빈칸에 알맞은 수를 써넣으세요.

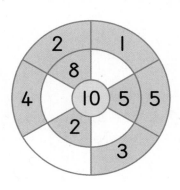

▶ 맨 바깥쪽 수와 안쪽 수를 더하면 10이 돼.

5 더해서 10이 되는 두 수를 찾아 묶고 덧셈식을 써 보세요.

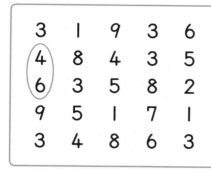

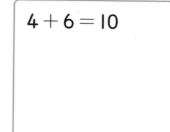

$4 + 6 = 10$

▶ ⬭, ⬮, ⬭, ⬮ 방향으로 더해서 10이 되는 두 수를 묶어 봐.

 내가 만드는 문제

6 보기 와 같이 10개의 칸에 ○와 △를 그려 덧셈식을 만들고 설명해 보세요.

보기

○ 4개와 △ 6개로
$4 + 6 = 10$을 만들었습니다.

○ ☐개와 △ ☐개로

☐ + ☐ = 10을 만들었습니다.

▶ 남는 칸이 없도록 ○와 △를 그려 넣어야 해.

 두 수를 더해서 10이 되는 방법은?

 +  =

5 + ☐ = ☐

 + 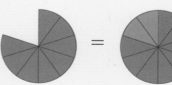 =

2 + ☐ = 10

 + =

☐ + 7 = ☐

 +  =

6 + ☐ = 10

이 외에도 여러 가지 방법이 있어.

2. 덧셈과 뺄셈(1) 47

정답과 풀이 **9**쪽

2

7 그림에 알맞은 뺄셈식을 만들어 보세요.

▶ $10 - \blacksquare = \bullet$일 때 $\blacksquare$와 $\bullet$를 더하면 10이 돼.

(1)

$$10 - 7 = \boxed{}$$

(2)

$$10 - 5 = \boxed{}$$

📎탄탄북

8 파란색 연결 모형은 빨간색 연결 모형보다 몇 개 더 많은지 알아보는 뺄셈식을 써 보세요.

(1)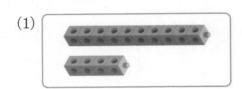

$$10 - 4 = \boxed{}$$

(2)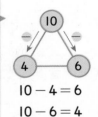

$$10 - \boxed{} = \boxed{}$$

9 ☐ 안에 알맞은 수를 써넣으세요.

(1) $10 - 8 = \boxed{}$

$10 - 2 = \boxed{}$

(2) $10 - 1 = \boxed{}$

$10 - 9 = \boxed{}$

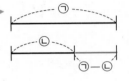

$10 - 4 = 6$
$10 - 6 = 4$

10 10에서 왼쪽 수를 뺀 값을 오른쪽 빈칸에 써넣으세요.

(1)

10	
1	
3	
5	
7	

(2)

10	
2	
4	
6	
8	

11 바둑돌이 10개씩 있습니다. 그림을 보고 주머니 안에 있는 바둑돌의 수를 구하려고 합니다. □ 안에 알맞은 수를 쓰고 관계 있는 것끼리 이어 보세요.

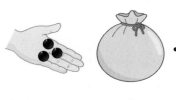

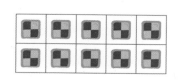

· · 10 − 6 = □

· · 10 − 3 = □

▶ 전체 바둑돌의 수 10에서 손에 있는 바둑돌의 수를 빼면 주머니 안에 있는 바둑돌의 수가 돼.

☺ 내가 만드는 문제

12 보기 와 같이 / 을 그려 뺄셈식을 만들고 설명해 보세요.

보기
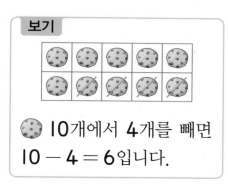

🍪 10개에서 **4**개를 빼면
10 − 4 = 6입니다.

🔲 10개에서 □개를 빼면

10 − □ = □입니다.

▶ 전체 10개에서 지운 개수만큼 빼면 몇 개가 남는지 뺄셈식으로 나타내 봐.

2

 10이 되는 더하기와 10에서 빼기는 어떤 관계가 있을까?

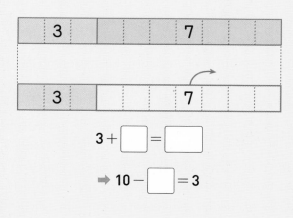

3 + □ = □

➡ 10 − □ = 3

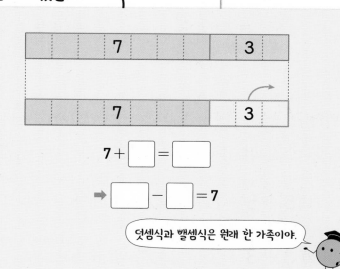

7 + □ = □

➡ □ − □ = 7

덧셈식과 뺄셈식은 원래 한 가족이야.

13 그림을 보고 덧셈식을 완성해 보세요.

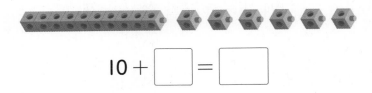

$$10 + \boxed{} = \boxed{}$$

▶ 10과 몇을 더하면 십몇이 돼.

14 계산해 보세요.

(1) $9 + 1 + 7 = \boxed{}$

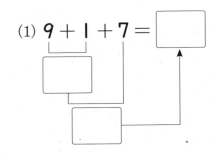

(2) $5 + 7 + 3 = \boxed{}$

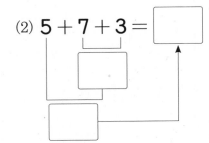

▶ 세 수의 덧셈에서 10이 되는 두 수를 먼저 계산하면 더 쉽게 계산할 수 있어.

15 관계있는 것끼리 이어 보세요.

$3+7+5$ •	• $2+10$ •	• 12
$2+9+1$ •	• $10+5$ •	• 14
$6+4+4$ •	• $10+4$ •	• 15

▶ 세 수의 덧셈에서 10이 되는 두 수를 먼저 찾고 10과 몇을 더해 봐.

16 계산 결과를 비교하여 ○ 안에 >, =, <를 알맞게 써넣으세요.

(1) $5 + 5 + 8 \bigcirc 2 + 4 + 6$

(2) $3 + 3 + 7 \bigcirc 2 + 8 + 5$

17 수 카드 2장을 골라 덧셈식을 완성해 보세요.

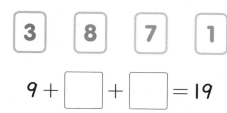

$$9 + \boxed{} + \boxed{} = 19$$

▶ 9에 얼마를 더해야 19가 되는지 생각해 봐.

18 식에 맞게 빈 접시에 귤의 수만큼 ○를 그리고 □ 안에 알맞은 수를 써넣으세요.

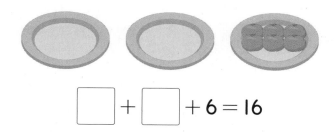

$$\boxed{} + \boxed{} + 6 = 16$$

▶ 식에서 앞의 두 수와 6의 합이 16이니까 앞의 두 수의 합은 얼마일지 생각해 봐.

 내가 만드는 문제

19 ○ 안에 1부터 9까지의 수 중에서 하나를 써넣고, 밑줄 친 두 수의 합이 10이 되도록 수를 써넣은 후, 식을 완성해 보세요.

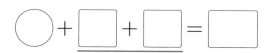

▶ ○ 안에 ▲를 써넣었다면 밑줄 친 두 수의 합이 10이니까 계산 결과는 1▲가 돼.

두 수의 덧셈을 세 수의 덧셈으로 만들 수 있을까?

뒤의 수 가르기

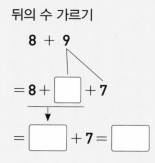

앞의 수 가르기

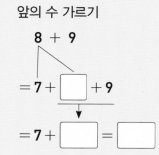

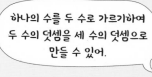

하나의 수를 두 수로 가르기하여 두 수의 덧셈을 세 수의 덧셈으로 만들 수 있어.

1 □ 안에 공통으로 들어갈 수 구하기

□ 안에 공통으로 들어갈 수를 구해 보세요.

$$2+8+\square=14$$
$$1+\square+9=14$$
$$\square+4+6=14$$

( )

10을 만들어 계산을 쉽게 하자.

$1+9=10$ $2+8=10$ $3+7=10$

$4+6=10$ $5+5=10$ $6+4=10$

$7+3=10$ $8+2=10$ $9+1=10$

2 10이 되는 더하기와 10에서 빼기

유진이는 빨간색 색종이 4장과 파란색 색종이 6장을 가지고 있었습니다. 그중에서 5장을 동생에게 주었다면 남은 색종이는 몇 장일까요?

( )

순서대로 계산해 봐.

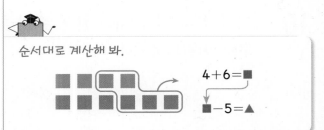

$$4+6=\blacksquare$$
$$\blacksquare-5=\blacktriangle$$

1+ □ 안에 공통으로 들어갈 수를 구해 보세요.

$$\square+9+1=17$$
$$5+\square+5=17$$
$$7+3+\square=17$$

( )

2+ 책꽂이에 위인전 8권과 과학책 2권이 꽂혀 있었습니다. 그중에서 6권을 친구에게 빌려주었다면 남아 있는 책은 몇 권일까요?

( )

③ □ 안에 들어갈 수 있는 수 구하기

1부터 9까지의 수 중에서 □ 안에 들어갈 수 있는 수를 모두 구해 보세요.

$$9 - 4 - \boxed{} > 1$$

( )

>를 =라고 생각할 때의 □를 먼저 구하자.

$8 - 2 - \boxed{} > 2, 6 - \boxed{} > 2$

$\Rightarrow 6 - \boxed{} = 2, \boxed{} = 4$

$6 - \boxed{}$는 2보다 크므로 □ 안에는 4보다 작은 수가 들어가야 합니다.

3+ 1부터 9까지의 수 중에서 □ 안에 들어갈 수 있는 가장 큰 수를 구해 보세요.

$$9 - 2 - \boxed{} > 2$$

( )

④ □ 안에 수를 넣어 세 수의 계산 완성하기

□ 안에 2부터 9까지의 수 중에서 각각 다른 수를 써넣어 식을 완성해 보세요.

$$1 + \boxed{} + \boxed{} = 8$$

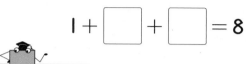

모르는 두 수를 한 묶음으로 생각하자.

$2 + (\blacksquare + \blacktriangle) = 10$

$2 + \boxed{} = 10. 2 + 8 = 10$이므로

$\boxed{} = 8 \Rightarrow \blacksquare + \blacktriangle = 8$

4+ □ 안에 1부터 9까지의 수 중에서 각각 다른 수를 써넣어 식을 완성해 보세요.

$$9 - \boxed{} - \boxed{} = 3$$

2

5 수 카드로 합이 주어진 덧셈식 만들기

수 카드 **3**장을 골라 합이 **11**이 되는 덧셈식을 만들어 보세요. (단, **3**장 중에서 **2**장은 **10**을 만듭니다.)

| 3 | 6 | 7 | 1 |

$$\boxed{} + \boxed{} + \boxed{} = 11$$

더해서 **10**이 되는 수 카드 **2**장부터 골라 봐.

더해서 **10**이 되는 두 수

➡ **1**과 **9**, **2**와 **8**, **3**과 **7**, **4**와 **6**, **5**와 **5**

10에 몇을 더하면 십몇이 됩니다.

---

6 ■에 알맞은 수 구하기

같은 모양은 같은 수를 나타냅니다. ■에 알맞은 수를 구해 보세요.

$$● + 7 = 10$$
$$■ - 2 = ●$$

(   )

알 수 있는 모양부터 차례로 구해 봐.

$$● + 8 = 10 ➡ ● = 2$$
$$■ - 4 = ● ➡ ■ - 4 = 2, ■ = 6$$

5+ 수 카드 **3**장을 골라 합이 **17**이 되는 덧셈식을 만들어 보세요. (단, **3**장 중에서 **2**장은 **10**을 만듭니다.)

| 4 | 8 | 7 | 6 |

$$\boxed{} + \boxed{} + \boxed{} = 17$$

6+ 같은 모양은 같은 수를 나타냅니다. ■에 알맞은 수를 구해 보세요.

$$● - 2 = 8$$
$$■ + 4 = ●$$

(   )

단원 평가

점수 | 확인

1 □ 안에 알맞은 수를 써넣으세요.

(1) $3 + 7 + 9 =$ □

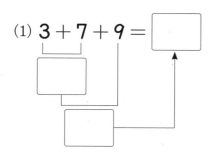

(2) $8 + 6 + 4 =$ □

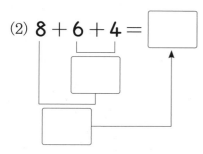

2 구슬이 모두 몇 개인지 구하는 식을 만들고 계산해 보세요.

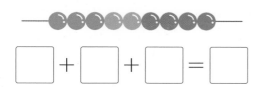

□ + □ + □ = □

3 그림을 보고 세 수의 뺄셈을 해 보세요.

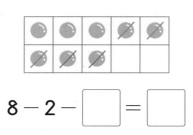

$8 - 2 -$ □ $=$ □

4 계산해 보세요.

(1) $5 + 3 + 1 =$ □

(2) $9 - 3 - 4 =$ □

5 □ 안에 알맞은 수를 써넣으세요.

(1) $10 - 6 =$ □

(2) $10 -$ □ $= 2$

6 왼쪽 수와 오른쪽 수를 더하면 10이 됩니다. 빈칸에 알맞은 수를 써넣으세요.

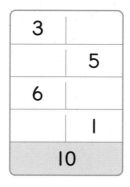

3	
	5
6	
	1
10	

7 합이 10이 되는 두 수를 ◯로 묶은 다음 세 수의 합을 구해 보세요.

(1) $8 + 2 + 7 =$ □

(2) $6 + 1 + 9 =$ □

8 ☐ 안에 알맞은 수를 써넣으세요.

(1) $2+3+7=2+$ ☐ $=$ ☐

(2) $5+5+4=$ ☐ $+4=$ ☐

9 그림을 보고 ☐ 안에 알맞은 수를 써넣으세요.

$3+$ ☐ $=10$

$7+$ ☐ $=10$

$10-3=$ ☐

$10-$ ☐ $=3$

10 귤의 수에 맞게 ○를 그리고 식으로 나타내 보세요.

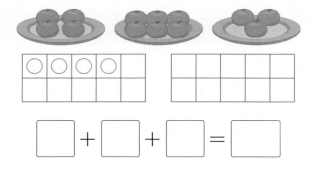

☐ $+$ ☐ $+$ ☐ $=$ ☐

11 계산 결과를 비교하여 ○ 안에 >, =, <를 알맞게 써넣으세요.

$9-2-4$ ◯ $7-5$

$9-2-4$ ◯ $3+1$

12 동화책을 수지는 10권, 연우는 8권을 읽었습니다. 수지는 연우보다 몇 권 더 많이 읽었을까요?

( )

13 계산 결과가 큰 것부터 차례로 기호를 써 보세요.

㉠ $6+4$ ㉡ $10-6$
㉢ $8-1-2$ ㉣ $2+8+1$

( )

14 빈칸에 알맞은 수를 써넣으세요.

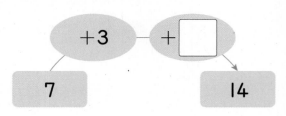

15 15를 똑같은 세 수의 합으로 나타내 보세요.

$$15 = \boxed{} + \boxed{} + \boxed{}$$

16 수 카드 중 가장 큰 수에서 나머지 두 수를 뺀 값을 구해 보세요.

$$\boxed{2} \quad \boxed{7} \quad \boxed{3}$$

(   )

17 밑줄 친 두 수의 합이 10이 되도록 ○ 안에 수를 써넣고 식을 완성해 보세요.

$$6 + \underline{8} + \bigcirc = \boxed{}$$

18 1부터 9까지의 수 중에서 □ 안에 들어 갈 수 있는 가장 작은 수를 구해 보세요.

$$8 + 2 + 7 < \square + 3 + 7$$

(   )

19 준형이는 8살이고 형은 준형이보다 2 살 더 많습니다. 동생은 형보다 4살 더 적다면 동생은 몇 살인지 풀이 과정을 쓰고 답을 구해 보세요.

풀이 _____

_____

_____

_____

답 _____

20 ●와 ■의 합을 구하려고 합니다. 풀이 과정을 쓰고 답을 구해 보세요.

$$10 - ● = 9$$
$$■ + 7 = 10$$

풀이 _____

_____

_____

_____

답 _____

3 모양과 시각

각각의 특징을 보고 모양을 알 수 있어!

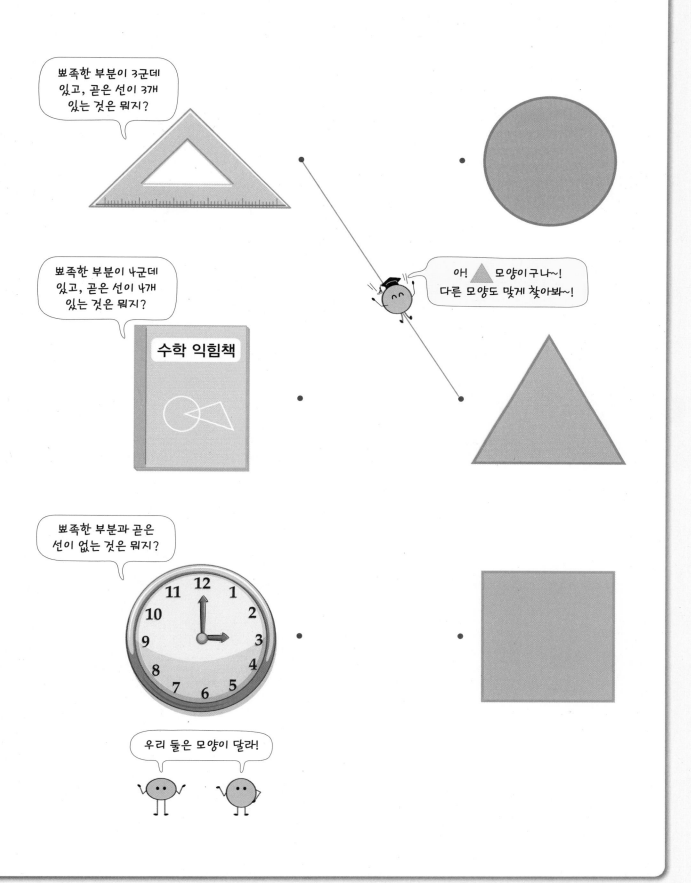

① ⊠는 ■ 모양, △는 ▲ 모양, ⑩은 ● 모양이야.

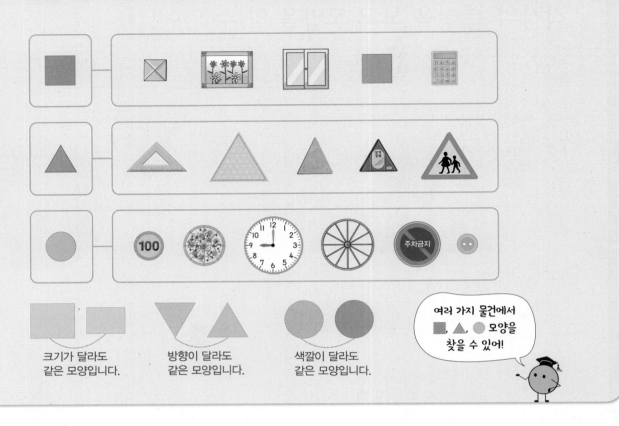

크기가 달라도 같은 모양입니다.

방향이 달라도 같은 모양입니다.

색깔이 달라도 같은 모양입니다.

여러 가지 물건에서 ■, ▲, ● 모양을 찾을 수 있어!

---

1 모양을 보고 ☐ 안에 알맞은 기호를 써넣으세요.

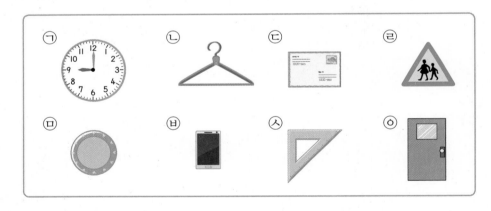

(1) ■ 모양은 ☐, ☐, ☐ 입니다.

(2) ▲ 모양은 ☐, ☐, ☐ 입니다.

(3) ● 모양은 ☐, ☐ 입니다.

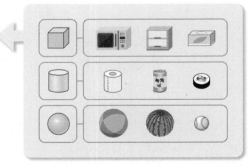

2 같은 모양끼리 이어 보세요.

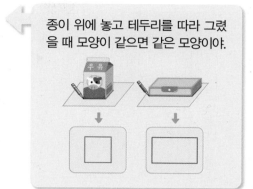
종이 위에 놓고 테두리를 따라 그렸을 때 모양이 같으면 같은 모양이야.

3 같은 모양끼리 모은 것입니다. 어떤 모양을 모은 것인지 ○표 하세요.

(1)
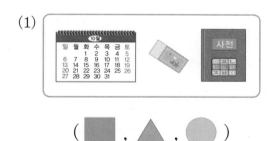

(■ , ▲ , ●)

(2)
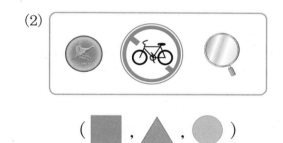

(■ , ▲ , ●)

4 같은 모양끼리 모은 것에 ○표 하세요.

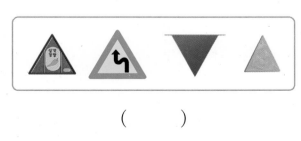

(   )

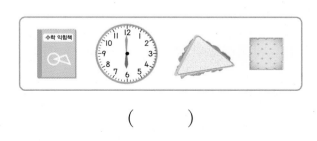

(   )

② 모양은 뾰족한 부분과 곧은 선으로 비교할 수 있어.

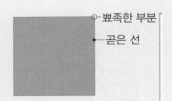

뾰족한 부분: **4**군데

곧은 선: 있음

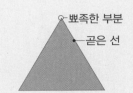

뾰족한 부분: **3**군데

곧은 선: 있음

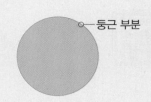

뾰족한 부분: 없음

둥근 부분: 있음

1 다음과 같이 본떴을 때 나올 수 있는 모양을 찾아 이어 보세요.

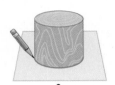

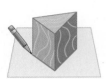

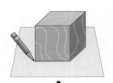

위에서 본 모양

2 모양을 보고 ☐ 안에 알맞은 기호를 써넣으세요.

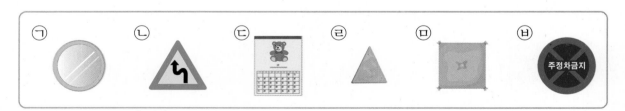

(1) 뾰족한 부분이 **4**군데 있는 모양은 ☐, ☐입니다.

(2) 뾰족한 부분이 **3**군데 있는 모양은 ☐, ☐입니다.

(3) 뾰족한 부분이 없는 모양은 ☐, ☐입니다.

3 설명하는 모양을 찾아 ◯표 하세요.

(1)

> 뾰족한 부분이 **4**군데 있습니다.

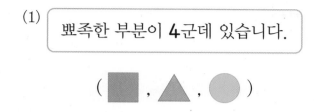

(2)

> 둥근 부분이 있습니다.

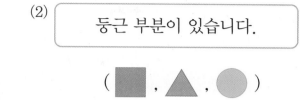

4 주어진 모양과 같은 모양을 찾아 색칠해 보세요.

5 뾰족한 부분이 **3**군데 있는 모양을 모은 사람은 누구일까요?

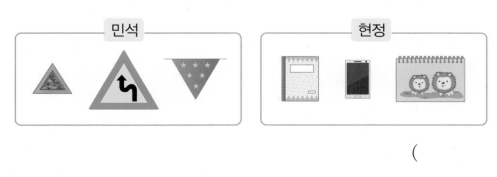

( )

3 ■, ▲, ● 모양으로 여러 가지 모양을 꾸미자.

● ■ 모양 4개, ▲ 모양 2개, ● 모양 2개로 모양 꾸미기

이외에도 여러 가지 모양을 꾸밀 수 있어!

1 모양을 보고 □ 안에 알맞은 기호를 써넣으세요.

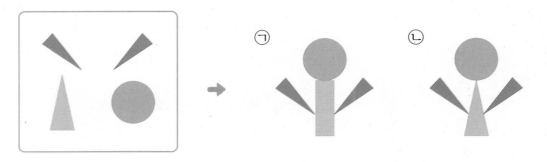

주어진 모양을 모두 이용하여 꾸민 모양은 □입니다.

2 ● 모양만 이용하여 꾸민 모양에 ○표 하세요.

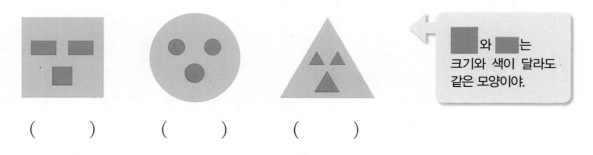

■ 와 ■ 는
크기와 색이 달라도
같은 모양이야.

(   )   (   )   (   )

3 다음 모양을 꾸미는 데 이용한 모양에 모두 ◯표 하세요.

(1)

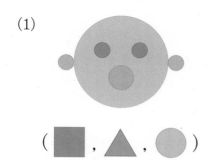

(■ , ▲ , ●)

(2)

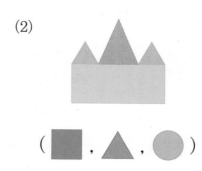

(■ , ▲ , ●)

4 물고기를 ■, ▲, ● 모양으로 꾸몄습니다. ■, ▲, ● 모양은 각각 몇 개인지 써 보세요.

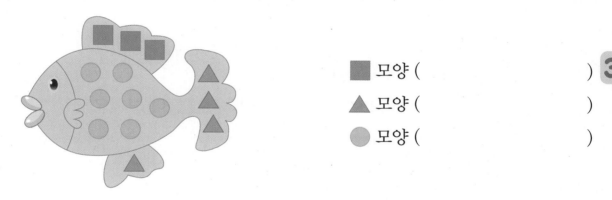

■ 모양 (   )

▲ 모양 (   )

● 모양 (   )

5 ■ 모양은 초록색, ▲ 모양은 보라색, ● 모양은 주황색으로 색칠해 보세요.

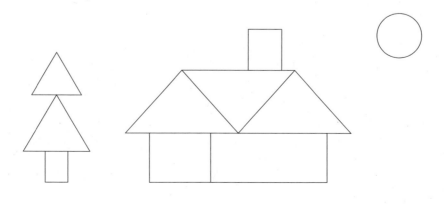

1 여러 가지 모양 찾기

1 ■ 모양에는 □표, ▲ 모양에는 △표, ● 모양에는 ○표 하세요.

(   )   (   )   (   )

2 다음 물건에서 공통으로 찾을 수 있는 모양에 ○표 하세요.

(■ , ▲ , ●)

3 주어진 모양과 같은 모양의 물건의 붙임딱지를 붙여 보세요.

붙임딱지

■ 모양	▲ 모양	● 모양

▶ 붙임딱지에서 각각의 모양과 같은 모양의 물건을 모두 찾아 붙여 봐.

🔗 탄탄북

4 왼쪽 물건과 같은 모양의 물건에 ○표 하세요.

(   )   (   )   (   )

▶ 먼저 삼각자는 ■, ▲, ● 모양 중 어떤 모양인지 알아봐.

5 모양이 다른 하나를 찾아 ◯표 하세요.

(   )   (   )   (   )   (   )

▶ ■, ▲, ● 모양 중 각각 어떤 모양인지 살펴봐.

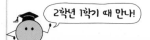

5➕ 원을 찾아 ◯표 하세요.

(   )   (   )   (   )   (   )

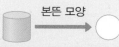

원 알아보기

본뜬 모양 →

그림과 같은 모양의 도형을 원이라고 합니다.

😊 내가 만드는 문제

6 여러 가지 물건이 있습니다. ■, ▲, ● 모양 중 한 가지 모양을 정해 ◯표 하고, 그 모양의 물건은 몇 개인지 써 보세요.

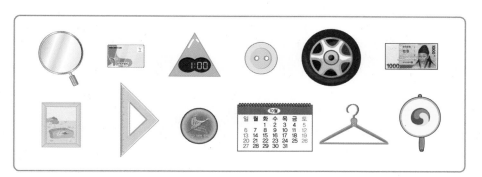

내가 정한 모양 (■ , ▲ , ●)

물건의 수 (   )

▶ 모양을 정했다면 빠뜨리거나 두 번 세지 않도록 /, ∨ 표시 등을 하면서 세어 봐.

3

■, ▲, ● 모양을 어떻게 부르면 좋을까?

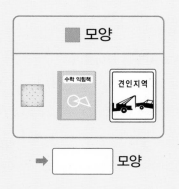

■ 모양

➡ ☐ 모양

▲ 모양

➡ ☐ 모양

● 모양

➡ ☐ 모양

난 ● 모양을 동글이라고 할래!

7 여러 가지 물건을 찰흙 위에 찍었습니다. 찍힌 모양으로 알맞은 것을 이어 보세요.

▶ 물건을 종이 위에 놓고 본떴을 때 나타나는 모양과 같은 방법으로 생각해.

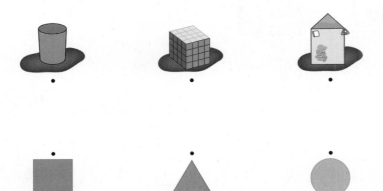

8 손으로 만든 모양을 보고 ■ 모양에는 □표, ▲ 모양에는 △표, ● 모양에는 ○표 하세요.

▶ ■, ▲, ● 모양의 특징을 생각하여 손으로 만든 모양을 살펴봐.

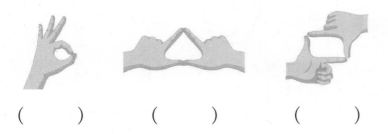

(   )   (   )   (   )

🔗 탄탄북

9 태하가 설명하는 모양을 찾아 ○표 하세요.

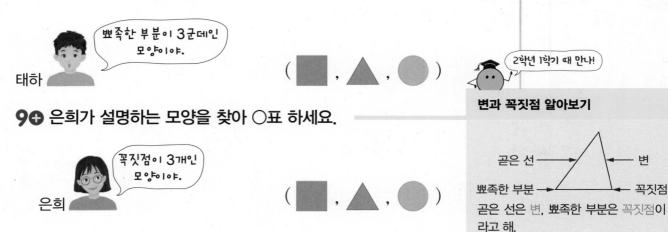

태하 : 뾰족한 부분이 3군데인 모양이야.

(■ , ▲ , ●)

9➕ 은희가 설명하는 모양을 찾아 ○표 하세요.

은희 : 꼭짓점이 3개인 모양이야.

(■ , ▲ , ●)

2학년 1학기 때 만나!

변과 꼭짓점 알아보기

곧은 선 ⟶   ⟵ 변
뾰족한 부분 ⟶   ⟵ 꼭짓점

곧은 선은 변, 뾰족한 부분은 꼭짓점이라고 해.

10 ■, ▲, ● 모양에 대해 잘못 설명한 사람의 이름을 써 보세요.

> 은수: ■ 모양은 뾰족한 부분이 **4**군데 있어.
> 창희: ▲ 모양은 곧은 선이 없어.
> 유진: ● 모양은 둥근 부분이 있어.

(   )

11 뾰족한 부분이 없는 단추는 모두 몇 개인지 써 보세요.

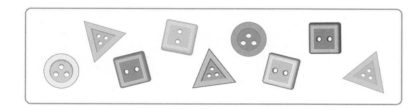

(   )

▶ 뾰족한 부분이 있는 모양은 ■ 모양과 ▲ 모양이야.

☺ 내가 만드는 문제

12 보기 와 같이 기준을 정해 붙임딱지를 붙여 보세요.

붙임딱지

▶ 뾰족한 부분, 곧은 선을 기준으로 생각해.

보기	
기준	뾰족한 부분이 **3**군데

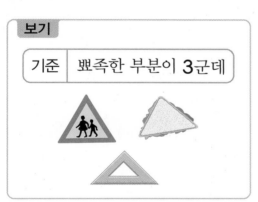

기준	

■, ▲, ● 모양은 어떤 점이 다를까?

뾰족한 부분

곧은 선

■, ▲, ● 모양의 특징을 생각해 보자.

➡ ● 모양은 ■, ▲ 모양과 달리 뾰족한 부분과 곧은 선이 (없습니다 , 있습니다).

13 어떤 모양을 이용하여 꾸민 것인지 ○표 하세요.

(1)
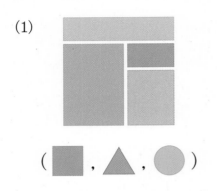

(■ , ▲ , ●)

(2)
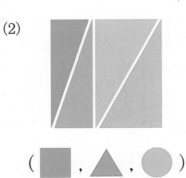

(■ , ▲ , ●)

13➕ 삼각형은 모두 몇 개일까요?

┗→ ▲ 모양을 삼각형이라고 합니다.

(   )

2학년 1학기 때 만나!

삼각형 알아보기

①   ②
③

3개의 곧은 선으로 둘러싸인 모양을 삼각형이라고 해.

14 ■ 모양과 ● 모양만을 이용하여 꾸민 모양에 ○표 하세요.

▶ ▲ 모양을 이용하지 않은 모양을 찾아봐.

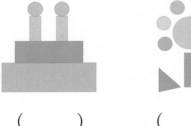  

(   )   (   )   (   )

15 다음 모양을 꾸미는 데 이용하지 않은 모양에 ○표 하세요.

▶ ■, ▲, ● 모양 중에서 만든 모양에 없는 모양을 찾아봐.

(1)
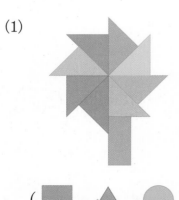

(■ , ▲ , ●)

(2)
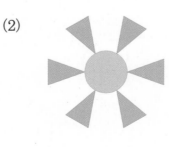

(■ , ▲ , ●)

16 ■, ▲, ● 모양을 이용하여 꽃게를 꾸몄습니다. ■, ▲, ● 모양은 각각 몇 개인지 써 보세요.

■ 모양 (　　　　　　)

▲ 모양 (　　　　　　)

● 모양 (　　　　　　)

▶ 빠뜨리거나 두 번 세지 않도록 모양별로 다른 표시를 하며 세어 봐.

🖊 탄탄북

17 모양을 꾸미는 데 가장 많이 이용한 모양에 ○표 하세요.

(■ , ▲ , ●)

☺ 내가 만드는 문제

18 ■, ▲, ● 모양의 붙임딱지를 붙여 꾸미고 싶은 모양을 만들어 보세요.

붙임딱지

▶ ■, ▲, ● 모양으로 무엇을, 어떻게 꾸밀지 생각해 본 후 모양을 만들어 봐.

3

같은 개수의 ■, ▲, ● 모양을 이용하여 몇 가지 모양을 꾸밀 수 있을까?

같은 모양, 같은 개수로 여러 가지 모양을 꾸밀 수 있어.

➡ 각각 ■ 모양 ☐ 개, ▲ 모양 ☐ 개, ● 모양 ☐ 개를 이용하여 꾸민 모양입니다.

4 짧은바늘이 1, 긴바늘이 12를 가리키면 1시야.

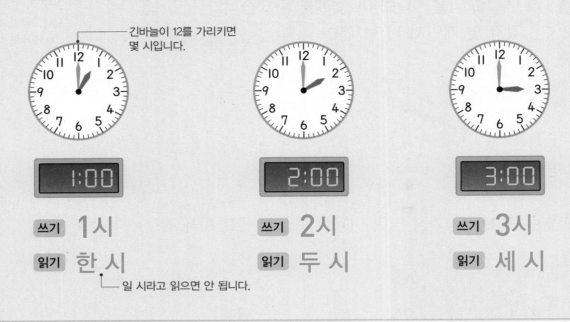

긴바늘이 12를 가리키면 몇 시입니다.

1:00

쓰기 1시

읽기 한 시

└─ 일 시라고 읽으면 안 됩니다.

2:00

쓰기 2시

읽기 두 시

3:00

쓰기 3시

읽기 세 시

---

1 시계를 보고 ☐ 안에 알맞은 수를 써넣으세요.

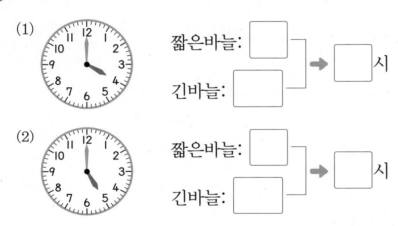

(1) 짧은바늘: ☐ 긴바늘: ☐ ➡ ☐ 시

(2) 짧은바늘: ☐ 긴바늘: ☐ ➡ ☐ 시

---

2 시계를 보고 알맞은 것끼리 이어 보세요.

7:00 9:00 6:00

디지털시계에서
:의 왼쪽은 시,
:의 오른쪽은 분을 나타내.

5 짧은바늘이 1과 2 사이, 긴바늘이 6을
가리키면 1시 30분이야.

긴바늘이 6을 가리키면
몇 시 30분입니다.

1:30

2:30

1시, 1시 30분 등을
시각이라고 해.

쓰기 **1시 30분**

읽기 **한 시 삼십 분**

쓰기 **2시 30분**

읽기 **두 시 삼십 분**

1 시계를 보고 ☐ 안에 알맞은 수를 써넣으세요.

(1)

짧은바늘: ☐ 과 ☐ 사이 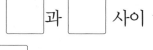 ➡ ☐ 시 ☐ 분

긴바늘: ☐

(2)

짧은바늘: ☐ 과 ☐ 사이  ➡ ☐ 시 ☐ 분

긴바늘: ☐

2 시계를 보고 알맞은 것끼리 이어 보세요.

5:30

➡ 5시 30분이야.

12:30

9:30

6:30

1 시계를 보고 몇 시인지 써 보세요.

(1)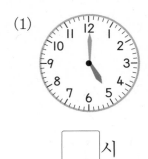

(2)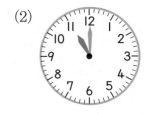

☐ 시   ☐ 시

> 시계의 긴바늘이 12를 가리 킬 때 짧은바늘이 가리키는 숫자를 읽어 몇 시라고 해.

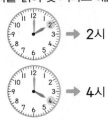

2 9시를 나타내는 시계를 모두 찾아 ○표 하세요.

( )   ( )   ( )   ( )

> 디지털시계는 수로 시각을 나타내.

3 시각에 맞게 짧은바늘을 그려 보세요.

여덟 시   아홉 시   열 시

> ■시는 짧은바늘이 ■, 긴바늘 이 12를 가리키게 그리면 돼.

3➕ ☐ 안에 알맞은 수를 써넣으세요.

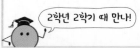

1시간 후

8시에서 1시간 후의 시각은 ☐시입니다.

2학년 2학기 때 만나!

1시간 알아보기

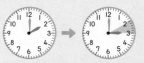

1시간: 짧은바늘이 숫자 눈 금 한 칸만큼 움직이 는 데 걸린 시간

4 7시를 잘못 나타냈습니다. 7시를 바르게 나타내 보세요.

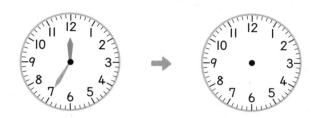

▶ 짧은바늘은 '시', 긴바늘은 '분'을 나타내.

 내가 만드는 문제

5 현수가 오늘 한 일입니다. 그림을 보고 이야기를 만들어 시각을 시계에 나타내 보세요.

▶ 현수가 야구를 한 시각과 수학 공부를 한 시각을 자유롭게 정해 봐.

현수는 ☐시에 야구를 하고, ☐시에 수학 공부를 했습니다.

더 일찍 일어난 사람은 누구일까?

민규가 일어난 시각

☐시

소희가 일어난 시각

☐시

짧은바늘이 7에서 8로 이동하니까 7시가 더 빠른 시각이야.

➡ 민규와 소희 중 더 일찍 일어난 사람은 ☐입니다.

5 몇 시 30분 알아보기

6 시계를 보고 몇 시 몇 분인지 써 보세요.

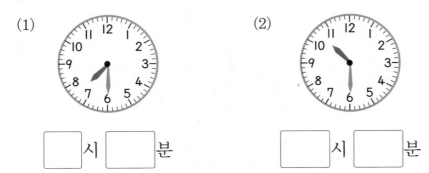

(1) ☐ 시 ☐ 분

(2) ☐ 시 ☐ 분

▶ 긴바늘이 6을 가리키면 몇 시 30분이야.

6➕ ○ 안에 알맞은 수를 써넣으세요.

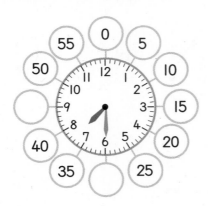

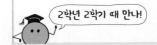
2학년 2학기 때 만나!

긴바늘이 가리키는 시각 읽기

6시 → 6시 5분

시계의 긴바늘이 숫자 눈금 한 칸만큼 움직이면 5분이 지납니다.

7 긴바늘과 짧은바늘이 바르게 그려진 시계를 찾아 ○표 하세요.

( )　　　( )　　　( )

▶ 몇 시 30분은 짧은바늘이 숫자와 숫자 사이에 있고 긴바늘이 6을 가리켜.

8 시각에 맞게 짧은바늘을 그려 보세요.

네 시 삼십 분　　다섯 시 삼십 분　　여섯 시 삼십 분

▶ 몇 시 30분은 짧은바늘이 숫자와 숫자 사이에 있고, 긴바늘이 6을 가리키게 그리면 돼.

🔗 탄탄북

9 12시 30분을 나타내는 시계를 모두 찾아 ○표 하세요.

(   )   (   )   (   )   (   )

▶
 ➡ 8시 30분
 ➡ 9시 30분

: 의 오른쪽은 분을 나타내.

😊 내가 만드는 문제

10 몇 시 30분을 정하여 시계에 나타내고 그 시각에 하고 싶은 일을 써 보세요.

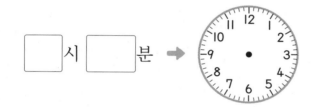

▶ 몇 시 30분에서 짧은바늘은 숫자와 숫자 사이를 가리켜.

5시 30분   11시 30분

하고 싶은 일 ....

3

🎓 **민규와 소희가 각각 공부를 끝낸 시각을 알아볼까?**

• 민규는 4시에 공부를 시작하여 30분 후에 끝냈습니다.

시작한 시각   끝낸 시각

4시   □시 □분

 ■시에서 30분 후는 긴바늘이 12에서 6으로 움직여.

• 소희는 4시에 공부를 시작하여 1시간 후에 끝냈습니다.

시작한 시각   끝낸 시각

4시   □시

■시에서 1시간 후는 짧은바늘이 숫자 눈금 한 칸을 움직여.

발전 문제

개념 완성

1 색종이를 점선을 따라 자르기

색종이를 점선을 따라 잘랐습니다. ■ 모양과 ▲ 모양은 각각 몇 개일까요?

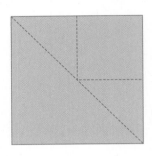

■ 모양 (   )

▲ 모양 (   )

선을 따라 그리면서 어떤 모양인지 생각해 봐.

2 이용한 모양의 수 비교하기

모양을 꾸미는 데 ■ 모양은 ▲ 모양보다 몇 개 더 많이 이용했나요?

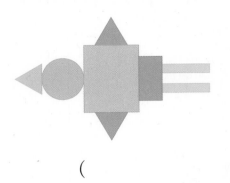

(   )

각 모양의 개수를 셀 때에는 빠뜨리지 않게 표시를 하면서 세어 봐.

→ ● 모양에 ○표 해 보면 ● 모양은 2개입니다.

1+ 색종이를 점선을 따라 잘랐습니다. ■ 모양과 ▲ 모양은 각각 몇 개일까요?

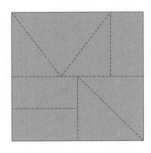

■ 모양 (   )

▲ 모양 (   )

2+ 모양을 꾸미는 데 ■ 모양은 ● 모양보다 몇 개 더 많이 이용했나요?

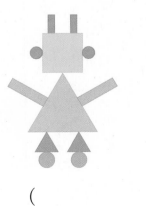

(   )

3 선을 그어 ■, ▲ 모양으로 꾸미기

■ 모양과 ▲ 모양을 이용하여 모양을
꾸몄습니다. 어떻게 꾸민 것인지 선을
그어 보세요.

답은 여러 가지가 될 수 있습니다.

여러 가지 방법으로 선을 그어 ■ 모양과 ▲ 모양을
만들어 봐.

➡ 답은 여러 가지가 될 수 있습니다.

4 시각과 시각 사이의 시각 찾기

낮 12시와 낮 2시 30분 사이의 시각이
아닌 것을 찾아 기호를 써 보세요.

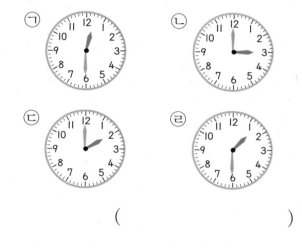

(   )

그림으로 나타내 시각을 찾아봐.

3+ ■ 모양과 ▲ 모양을 이용하여 모양을
꾸몄습니다. 어떻게 꾸민 것인지 선을
그어 보세요.

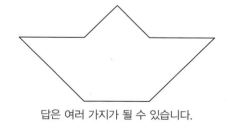
답은 여러 가지가 될 수 있습니다.

4+ 낮 3시 30분과 낮 5시 사이의 시각을
모두 찾아 기호를 써 보세요.

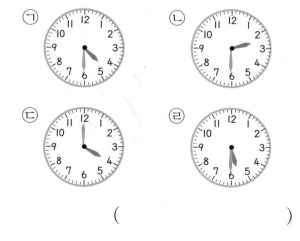

(   )

3. 모양과 시각 **79**

⑤ 설명하는 시각 구하기

설명하는 시각을 써 보세요.

> - 시계의 긴바늘이 12를 가리킵니다.
> - 4시 30분보다 늦고 5시 30분보다 빠른 시각입니다.

( )

긴바늘이 12를 가리키면 몇 시야.

| 10시 | 11시 | 12시 |

| 11시 보다 빠른 시각 ← | | 11시 보다 늦은 시각 → |
| 11시 이전 시각 | | 11시 이후 시각 |

5+ 설명하는 시각을 써 보세요.

> - 시계의 긴바늘이 6을 가리킵니다.
> - 7시보다 늦고 8시보다 빠른 시각입니다.

( )

⑥ 거울에 비친 시계의 시각 알아보기

시계를 거울에 비추어 보았더니 다음과 같았습니다. 시계가 나타내는 시각을 써 보세요.

( )

물체를 거울에 비추면 왼쪽과 오른쪽이 바뀌어 보여.

6+ 시계를 거울에 비추어 보았더니 다음과 같았습니다. 시계가 나타내는 시각을 써 보세요.

( )

단원 평가

점수 | 확인

1 ▲ 모양을 찾아 ○표 하세요.

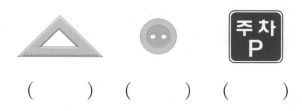

(   )   (   )   (   )

2 같은 모양끼리 이어 보세요.

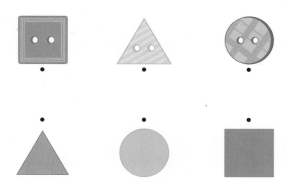

3 시계를 보고 몇 시인지 써 보세요.

(   )

4 어떤 모양을 만든 것인지 찾아 ○표 하세요.

(■ , ▲ , ●)

5 9시 30분을 나타내는 시계에 ○표 하세요.

(   )   (   )

6 ■ , ▲ , ● 모양은 각각 몇 개일까요?

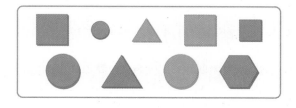

■ 모양	▲ 모양	● 모양
☐개	☐개	☐개

7 ▲ 모양을 본뜰 수 있는 물건에 ○표 하세요.

(   )   (   )   (   )

8 설명에 맞는 모양을 모두 찾아 ○표 하세요.

- 뾰족한 부분이 있습니다.
- 곧은 선이 있습니다.

(■ , ▲ , ●)

9 시계를 보고 바르게 읽은 것에 ○표 하세요.

(여섯 시 , 열두 시 삼십 분)

10 설명하는 시각을 써 보세요.

> • 9시와 10시 사이입니다.
> • 시계의 긴바늘이 6을 가리킵니다.

( )

11 바르게 말한 사람의 이름을 써 보세요.

( )

12 7시 30분에 한 일을 써 보세요.

( )

13 연수, 정민, 상현이가 각각 간식을 먹은 시각입니다. 다른 시각에 간식을 먹은 사람은 누구일까요?

( )

14 잘못 설명한 사람의 이름을 써 보세요.

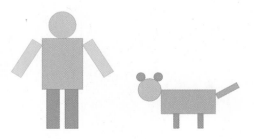

> 연서: 사람 모양은 ■, ● 모양을 이용 했어.
> 하진: 강아지 모양은 ■, ▲ 모양을 이용했어.

( )

15 다음 모양을 꾸미는 데 가장 적게 이용한 모양에 ○표 하세요.

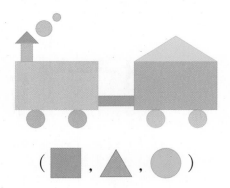

(■ , ▲ , ●)

16 규림이가 오래달리기를 1시 30분에 시작해서 3시에 끝냈습니다. 오래달리기를 시작한 시각과 끝낸 시각을 각각 시계에 나타내 보세요.

시작한 시각  끝낸 시각

17 모양을 꾸미는 데 ■ 모양은 ▲ 모양보다 몇 개 더 많이 이용했나요?

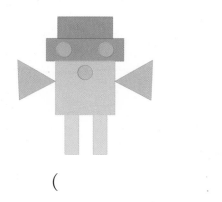

(   )

18 ■ 모양과 ▲ 모양을 이용하여 모양을 꾸몄습니다. 어떻게 꾸민 것인지 선을 그어 보세요.

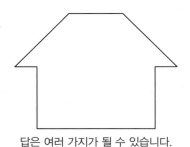

답은 여러 가지가 될 수 있습니다.

19 뾰족한 부분이 없고 둥근 부분이 있는 모양은 몇 개인지 구하려고 합니다. 풀이 과정을 쓰고 답을 구해 보세요.

풀이

답

20 지수와 윤후가 아침에 일어난 시각입니다. 더 늦게 일어난 사람은 누구인지 풀이 과정을 쓰고 답을 구해 보세요.

지수   윤후

풀이

답

4 덧셈과 뺄셈(2)

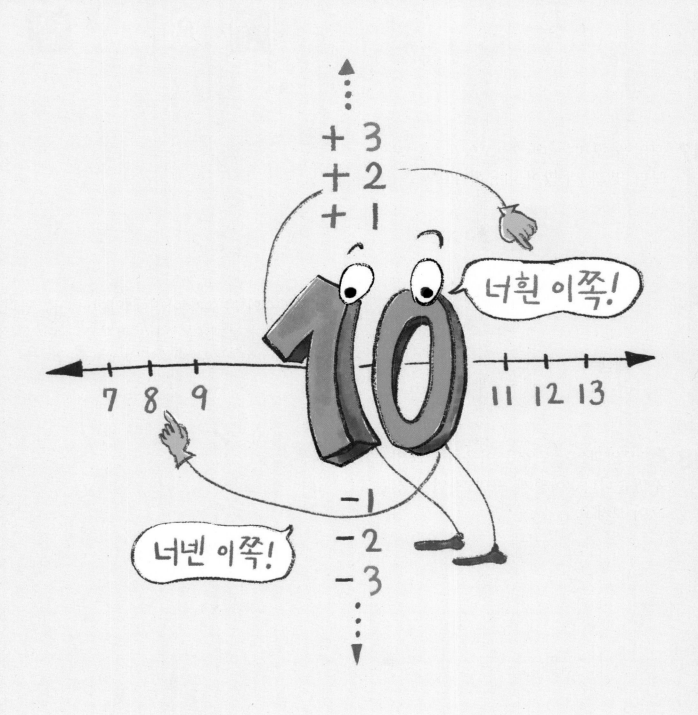

먼저, 10을 만들어서!

- 덧셈

$$8 + 7$$

$$5 \quad 2$$

$$10$$

$$15$$

- 뺄셈

$$15 - 7$$

$$5 \quad 2$$

$$10$$

$$8$$

1 덧셈은 이어 세거나 그림을 그려 계산할 수 있어.

- **7+4의 계산**

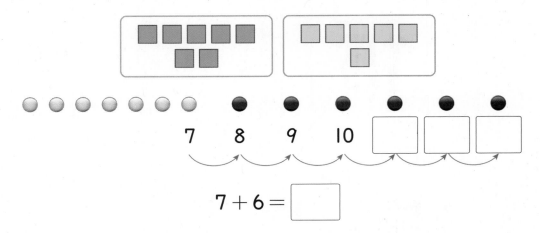

7에서 **4**만큼 이어 세면 **8**, **9**, **10**, **11**이므로 **11**입니다.

○ **7**개를 그리고 △ **3**개를 그려 **10**을 만든 후 남은 **1**개를 더 그리면 **11**이 됩니다.

$$7+4=11$$

1 색종이는 모두 몇 장인지 이어 세기로 덧셈을 해 보세요.

7   8   9   10

$$7+6=\boxed{}$$

2 귤과 토마토는 모두 몇 개인지 △를 그려 덧셈을 해 보세요.

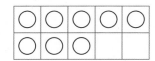
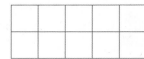

먼저 **10**을 만들고 나머지를 그려 봐.

$$8+5=\boxed{}$$

2 수를 가르기한 후 10을 만들어 덧셈을 하자.

● **뒤의 수를 가르기하여 더하기**

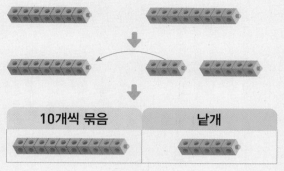

10개씩 묶음	낱개

$7 + 8$

3　5

$7 + 8 = 15$

> 7과 더하여 10을 만들기 위해 뒤의 수 8을 3과 5로 가르기하자.

● **앞의 수를 가르기하여 더하기**

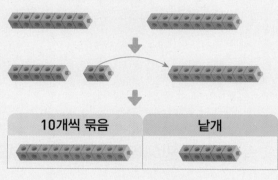

10개씩 묶음	낱개

$7 + 8$

5　2

$7 + 8 = 15$

> 8과 더하여 10을 만들기 위해 앞의 수 7을 5와 2로 가르기하자.

4

1 6 + 9를 여러 가지 방법으로 계산해 보세요.

(1) 6과 더하여 10을 만들어 계산하기

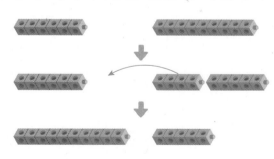

$6 + 9$

4　□

$6 + 9 = \boxed{}$

> 9를 가르기하여 6과 더해 10을 만들고 남은 수를 더해.

(2) 9와 더하여 10을 만들어 계산하기

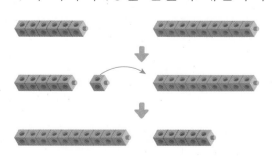

$6 + 9$

5　□

$6 + 9 = \boxed{}$

> 6을 가르기하여 9와 더해 10을 만들고 남은 수를 더해.

2 그림을 보고 ☐ 안에 알맞은 수를 써넣으세요.

(1)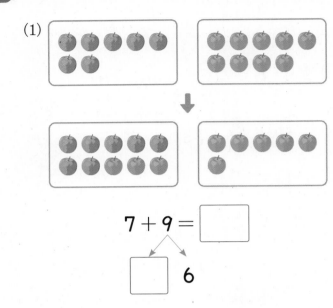

(2)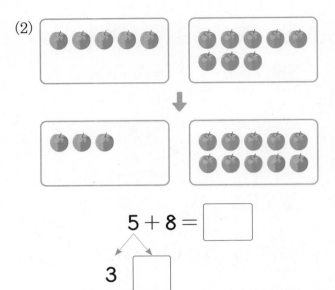

$$7 + 9 = \boxed{}$$

$$\boxed{} \quad 6$$

$$5 + 8 = \boxed{}$$

$$3 \quad \boxed{}$$

3 친구들이 8 + 6을 어떻게 계산할지 이야기하고 있습니다. ☐ 안에 알맞은 수를 써넣으세요.

8에 2를 더해 10을 먼저 만들었어.

6과 4를 더해 10을 먼저 만들었어.

5와 5를 더해 10을 먼저 만들었어.

$$8 + 6 = \boxed{}$$

$$2 \quad \boxed{}$$

$$8 + 6 = \boxed{}$$

$$\boxed{} \quad 4$$

$$8 \quad + \quad 6 = \boxed{}$$

$$5 \quad \boxed{} \quad 5 \quad \boxed{}$$

4 덧셈을 해 보세요.

(1) $7 + 6 = \boxed{}$

(2) $6 + 8 = \boxed{}$

(3) $8 + 9 = \boxed{}$

(4) $9 + 9 = \boxed{}$

큰 수를 가르기하는 것과 작은 수를 가르기하는 것 중 어느 것이 더 편리한지 생각해 봐.

3 덧셈에서 여러 가지 규칙을 찾자.

$9 + 1 = 10$
$9 + 2 = 11$
$9 + 3 = 12$
$9 + 4 = 13$

같은 수에 **1**씩 커지는 수를 더하면 합도 **1**씩 커집니다.

$9 + 9 = 18$
$8 + 9 = 17$
$7 + 9 = 16$
$6 + 9 = 15$

1씩 작아지는 수에 같은 수를 더하면 합도 **1**씩 작아집니다.

$6 + 7 = 13$
$7 + 6 = 13$

두 수를 서로 바꾸어 더해도 합은 같습니다.

---

1 ☐ 안에 알맞은 수를 써넣으세요.

(1) $6 + 4 = \boxed{}$
$6 + 5 = \boxed{}$
$6 + 6 = \boxed{}$
$6 + 7 = \boxed{}$

(2) $7 + 9 = \boxed{}$
$6 + 9 = \boxed{}$
$5 + 9 = \boxed{}$
$4 + 9 = \boxed{}$

(3) $8 + 9 = \boxed{}$
$9 + 8 = \boxed{}$

---

2 덧셈을 해 보세요.

(1) $7 + 5 = \boxed{}$
↓ +2   ↓ +2
$9 + 5 = \boxed{}$

(2) $8 + 6 = \boxed{}$
↓ −2   ↓ −2
$6 + 6 = \boxed{}$

(3) $4 + 7 = \boxed{}$
↓ +2   ↓ +2
$4 + 9 = \boxed{}$

(4) $7 + 9 = \boxed{}$
↓ −2   ↓ −2
$7 + 7 = \boxed{}$

1 흰색 바둑돌 6개와 검은색 바둑돌 5개는 모두 몇 개인지 이어 세기로 구해 보세요.

▶ 6에서 5만큼 이어 세어 봐. 7, 8, 9, …

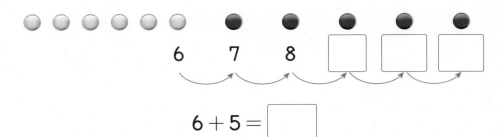

$$6 + 5 = \boxed{}$$

2 빈칸에 붙임딱지를 붙이고 도넛은 모두 몇 개인지 구해 보세요.

붙임딱지

▶ 먼저 왼쪽 수판에 ● 붙임딱지 7개를 붙여 봐. 그런 다음 왼쪽 수판의 빈칸부터 ● 붙임딱지를 모두 붙여 봐.

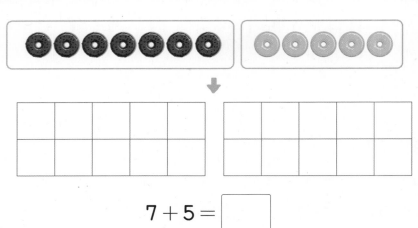

$$7 + 5 = \boxed{}$$

3 두 사람이 모은 빈병은 모두 몇 개인지 세어 보세요.

▶ 9에서 3만큼 이어 세어 봐.

빈병 9개를 모았어.

나는 3개를 모았어.

빈병은 모두 $\boxed{}$ 개입니다.

4 주스병은 모두 몇 개인지 구해 보세요.

▶ 5에서 8만큼 이어 세거나 수판에 그림을 그려 세어 봐.

주스병은 모두 $\boxed{}$ 개입니다.

5 오리는 모두 몇 마리인지 구해 보세요.

▶ 오리가 연못 안에 8마리, 연못 밖에 4마리 있어.

식 $8 +$ □ $=$ □   답 ....

6 서아와 지우가 모은 우유갑은 모두 몇 개인지 구해 보세요.

▶ 지우가 모은 우유갑도 7개야.

나는 우유갑 7개를 모았어. 너는?

서아

나도 너와 같은 개수로 모았어.

지우

식 □ $+$ □ $=$ □   답 ....

 내가 만드는 문제

7 2부터 9까지의 수 중에서 한 수를 정해 그 수만큼 점을 그리고 덧셈을 해 보세요.

▶ 9에 그린 점의 수만큼 더하는 덧셈식을 완성해 봐.

4

$\Rightarrow 9 +$ □ $=$ □

 하나씩 세기보다 더 편리한 방법은 뭘까?

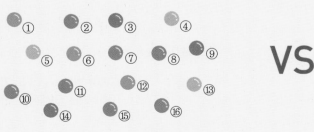

• 하나씩 세기

VS

$\Rightarrow$ 1, 2, 3, 4, 5, 6, 7, 8, 9, 10,

□, □, □, □, □, □

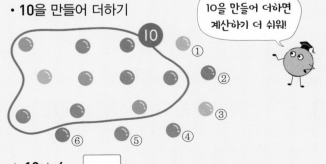

• 10을 만들어 더하기

10을 만들어 더하면 계산하기 더 쉬워!

$\Rightarrow 10 + 6 =$ □

8　☐ 안에 알맞은 수를 써넣으세요.

(1) 6 + 5 = ☐

4　☐

(2) 9 + 4 = ☐

3　☐

8➕　☐ 안에 알맞은 수를 써넣으세요.

14　+　17　= ☐

10 + ☐ + 10 + ☐ = ☐

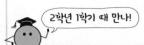
2학년 1학기 때 만나!

여러 가지 방법으로 덧셈하기

56　+　29

50　6　　20　9

= 50 + 20 + 6 + 9

= 70 + 15

= 85

9　관계있는 것끼리 이어 보세요.

| 8 + 6 | 5 + 7 | 9 + 6 |

| 9 + 1 + 5 | 8 + 2 + 4 | 2 + 3 + 7 |

▶ 앞의 수를 10으로 만들기 위해 뒤의 수를 가르기하거나 뒤의 수를 10으로 만들기 위해 앞의 수를 가르기해 봐.

🔗 탄탄북

10　☐ 안에 알맞은 수를 써넣으세요.

(1) 8 + 3 = 10 + ☐ = ☐

(2) 7 + 9 = ☐ + 10 = ☐

▶ 앞이나 뒤의 수를 가르기하여 10이 되는 덧셈식을 만들어 계산해.

11 도화지에 색종이 **6**장을 붙인 다음 **7**장을 더 붙였습니다. 도화지에 붙인 색종이는 모두 몇 장인지 구해 보세요.

식 ☐ + ☐ = ☐   답 _____

▶ 처음에 도화지에 붙인 색종이 수와 나중에 붙인 색종이 수를 더해야 해.

12 쟁반 위에 단팥빵 **9**개, 초코빵 **5**개가 있습니다. 쟁반 위에 있는 빵은 모두 몇 개인지 구해 보세요.

식 _____   답 _____

😊 내가 만드는 문제

13 같은 색 구슬에서 수를 각각 한 개씩 골라 덧셈식을 완성해 보세요.

▶ 같은 색 구슬에서 수를 한 개씩 골라 덧셈식 ●+●=● 을 만드는 거니까 합은 ●에 있는 수 11, 13, 17 중 하나가 되어야겠지?

4

두 수의 덧셈에서 앞의 수를 가르기할까? 뒤의 수를 가르기할까?

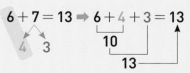

$6 + 7 = 13 \Rightarrow 6 + 4 + 3 = 13$
  4 3   10
         13

$6 + 7 = 13 \Rightarrow 3 + 3 + 7 = 13$
  3 3   10
            13

계산하기 더 편리한 수를 가르기하면 돼!

➡ 뒤의 수를 가르기한 덧셈식과 앞의 수를 가르기한 덧셈식의 결과는 (같습니다 , 다릅니다).

14 □ 안에 알맞은 수를 써넣으세요.

(1) $6 + 5 = 11$

$6 + 6 = \boxed{}$

$6 + 7 = \boxed{}$

$6 + 8 = \boxed{}$

(2) $9 + 8 = 17$

$8 + 8 = \boxed{}$

$7 + 8 = \boxed{}$

$6 + 8 = \boxed{}$

▶ 같은 수에 1씩 커지는 수를 더하면 합도 1씩 커져. 또 1씩 작아지는 수에 같은 수를 더하면 합도 1씩 작아져.

15 □ 안에 알맞은 수를 써넣어 덧셈식을 완성해 보세요.

(1)

$7 + 6 = 13$

$\boxed{} + 6 = 15$

(2)

$7 + 4 = \boxed{}$

$4 + \boxed{} = 11$

🔗 탄탄북

16 합이 12인 식에 모두 색칠해 보세요.

		5+5		
	6+4	6+5	6+6	
7+3	7+4	7+5	7+6	7+7
	8+4	8+5	8+6	
		9+5		

▶ 1씩 커지는 수에 1씩 작아지는 수를 더하면 합이 같으니까 ／ 방향으로 합이 같아.

17 ○ 안에 >, =, <를 알맞게 써넣으세요.

(1) $9 + 7$ ◯ 16

(2) $7 + 6$ ◯ 13

$9 + 8$ ◯ 16

$7 + 5$ ◯ 13

18 두 수의 합이 작은 식부터 순서대로 이어 보세요.

▶ 앞의 수 또는 뒤의 수가 1씩 커지면 합도 1씩 커져.

$7 + 8 = \boxed{}$ •

시작
• $4 + 8 = 12$

$8 + 5 = \boxed{}$ •

• $8 + 6 = \boxed{}$

• $8 + 8 = \boxed{}$

😊 내가 만드는 문제

19 (몇) + (몇)이 13이 되도록 □ 안에 알맞은 수를 써넣으세요.

$6 + \boxed{} = 13$ $\boxed{} + \boxed{} = 13$

▶ 합이 13이 되는 (몇) + (몇)을 찾아봐.

4

합이 15인 (몇)+(몇)을 찾는 방법은?

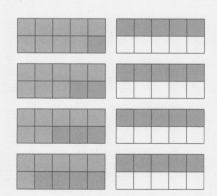

$9 \quad + \boxed{} = 15$

$8 \quad + \boxed{} = 15$

$7 \quad + \boxed{} = 15$

$6 \quad + \boxed{} = 15$

합이 같을 때
앞의 수가 1씩 작아지면
뒤의 수는 1씩 커져.

4 뺄셈은 거꾸로 세거나 연결 모형에서 빼서 계산할 수 있어.

12−5의 계산

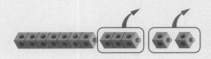

7 8 9 10 11 12

12부터 **5**만큼 거꾸로 세면 **11**, **10**, **9**, **8**, **7**이므로 **7**입니다.

연결 모형의 낱개에서 **2**개를 빼고 **10**개씩 묶음에서 **3**개를 더 빼면 **7**개가 남습니다.

$$12 - 5 = 7$$

1 남은 사과는 몇 개인지 거꾸로 세어 구해 보세요.

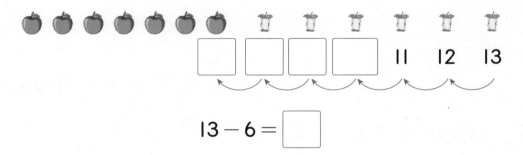

11　12　13

$$13 - 6 = \boxed{}$$

2 어항에 남은 물고기는 몇 마리인지 연결 모형에서 빼서 구해 보세요.

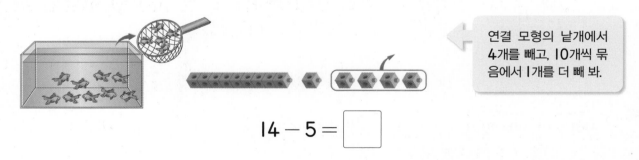

연결 모형의 낱개에서 **4**개를 빼고, **10**개씩 묶음에서 **1**개를 더 빼 봐.

$$14 - 5 = \boxed{}$$

3 지우개는 풀보다 몇 개 더 많은지 하나씩 짝을 지어 구해 보세요.

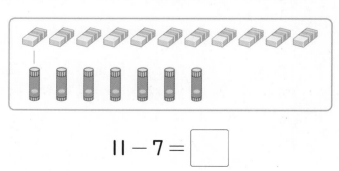

$$11 - 7 = \boxed{}$$

5 수를 가르기한 후 10을 만들어 뺄셈을 하자.

● 뒤의 수를 가르기하여 빼기

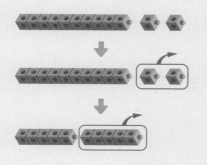

2   5 →2를 빼고
5를 더 뺍니다.

$12 - 7 = 5$

7을 2와 5로 가르기한 후
12에서 먼저 2를 빼서
10을 만들고 10에서 5를
더 빼야 해.

● 앞의 수를 가르기하여 빼기

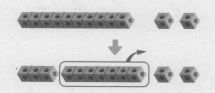

12 — 7

10   2 →10에서 7을 빼고
남은 2를 더합니다.

$12 - 7 = 5$

12를 10과 2로 가르기한 후
10에서 한 번에 7을 빼고,
남은 2를 더해야 해.

1 14 — 6을 여러 가지 방법으로 계산해 보세요.

(1) 낱개 **4**개를 먼저 빼서 계산하기

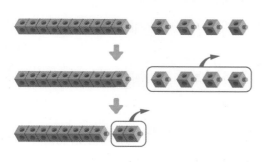

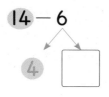

14 — 6

4   □

$14 - 6 = □$

뒤의 수 6을 앞의 수 14의
낱개의 수와 같은 수로 가르
기해 봐.

(2) 10개씩 묶음에서 한 번에 빼서 계산하기

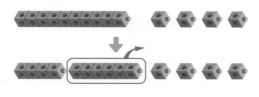

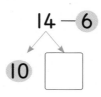

14 — 6

10   □

$14 - 6 = □$

앞의 수 14를 10개씩 묶음
의 수와 낱개의 수로 가르기
해 봐.

2 그림을 보고 □ 안에 알맞은 수를 써넣으세요.

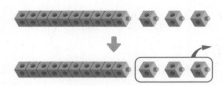

$13 - 3 =$ ☐

3 그림을 보고 □ 안에 알맞은 수를 써넣으세요.

(1)

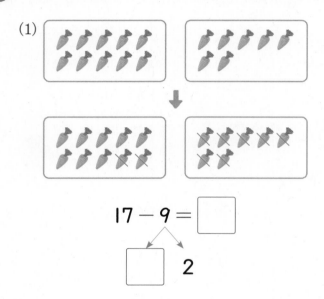

$17 - 9 =$ ☐

☐   2

(2)

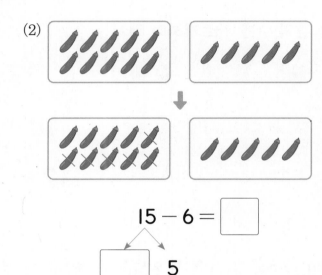

$15 - 6 =$ ☐

☐   5

4 □ 안에 알맞은 수를 써넣으세요.

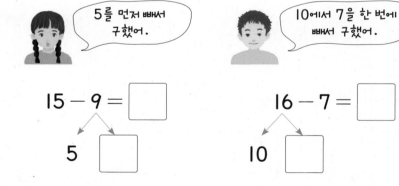

5를 먼저 빼서 구했어.

10에서 7을 한 번에 빼서 구했어.

$15 - 9 =$ ☐

5   ☐

$16 - 7 =$ ☐

10   ☐

5 뺄셈을 해 보세요.

(1) $15 - 7 =$ ☐

(2) $16 - 9 =$ ☐

(3) $13 - 8 =$ ☐

(4) $18 - 9 =$ ☐

앞의 수를 가르기하는 것과 뒤의 수를 가르기하는 것 중 어느 것이 더 편리한지 생각해 봐.

6 뺄셈에서 여러 가지 규칙을 찾자.

$13 - 6 = 7$
$13 - 7 = 6$
$13 - 8 = 5$
$13 - 9 = 4$

같은 수에서 **1**씩 커지는 수를 빼면 차는 **1**씩 작아집니다.

$11 - 6 = 5$
$12 - 6 = 6$
$13 - 6 = 7$
$14 - 6 = 8$

1씩 커지는 수에서 같은 수를 빼면 차도 **1**씩 커집니다.

$11 - 6 = 5$
$12 - 7 = 5$
$13 - 8 = 5$
$14 - 9 = 5$

1씩 커지는 수에서 **1**씩 커지는 수를 빼면 차는 같습니다.

1 □ 안에 알맞은 수를 써넣으세요.

(1)
$15 - 6 = \boxed{}$
$15 - 7 = \boxed{}$
$15 - 8 = \boxed{}$
$15 - 9 = \boxed{}$

(2)
$12 - 5 = \boxed{}$
$13 - 6 = \boxed{}$
$14 - 7 = \boxed{}$
$15 - 8 = \boxed{}$

2 뺄셈을 해 보세요.

(1)
$14 - 6 = \boxed{}$
$\downarrow +1 \qquad +1$
$15 - 6 = \boxed{}$

(2)
$11 - 8 = \boxed{}$
$\downarrow +1 \qquad -1$
$11 - 9 = \boxed{}$

(3)
$17 - 9 = \boxed{}$
$\downarrow -1 \qquad -1$
$16 - 9 = \boxed{}$

(4)
$15 - 6 = \boxed{}$
$\downarrow +2 \quad \downarrow +2$
$17 - 8 = \boxed{}$

4 뺄셈 알아보기

1 거꾸로 세어 뺄셈을 해 보세요.

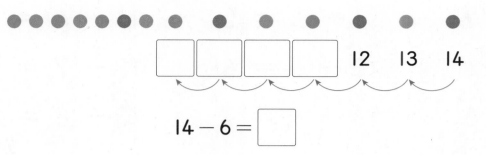

14 − 6 = ☐

▶ 14부터 6만큼 거꾸로 세어 봐.
13, 12, 11, …

2 /을 그려 뺄셈을 해 보세요.

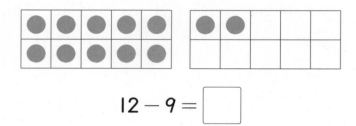

12 − 9 = ☐

3 도넛 14개 중에서 5개를 먹는다면 남는 도넛은 몇 개인지 구해 보세요.

남은 도넛은 ☐ 개입니다.

▶ 도넛 5개에 /을 그려 계산해 봐.

4 귤 13개, 키위 7개가 있습니다. 귤이 몇 개 더 많은지 하나씩 짝을 지어 구해 보세요.

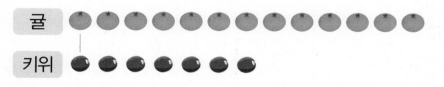

13 − 7 = ☐

▶ 하나씩 짝을 지었을 때 남는 것이 더 많은 거야.

5 초코우유가 딸기우유보다 몇 개 더 많은지 구해 보세요.

▶ 많은 것의 수에서 적은 것의 수를 빼야 해.

식 $18 -$ ⬜ $=$ ⬜   답 _____

6 남는 병의 수를 구해 보세요.

▶ 전체 병의 수에서 분리배출 할 병의 수를 빼야 해.

병이 모두 11개 있어.

금이 간 병 3개는 분리배출 해야지.

식 ⬜ $-$ ⬜ $=$ ⬜   답 _____

 내가 만드는 문제

7 5부터 9까지의 수 중에서 한 수를 정해 그 수만큼 구슬에 ╱을 그려 뺄셈을 해 보세요.

▶ 15에서 ╱을 그린 구슬의 수 만큼 빼는 뺄셈식을 완성해 봐.

   ➡ $15 -$ ⬜ $=$ ⬜

4

🎓 처음보다 늘어나면 무조건 덧셈으로 구해야 할까?

초콜릿이 5개 있었는데 언니가 몇 개를 더 주어서 12개가 되었습니다. 언니가 준 초콜릿은 몇 개일까요?

○가 12개가 될 때까지 ○를 이어 그려 봅니다.

 ➡

처음보다 수가 늘어났지만 어떤 것을 구하느냐에 따라 덧셈으로 구할 수도 있고 뺄셈으로 구할 수도 있어.

➡ 언니가 준 초콜릿의 수를 구하는 식은 (5 + 12 = 17 , 12 - 5 = 7)입니다.

8 14 − 9를 두 가지 방법으로 계산해 보세요.

14 − 9 = ☐

☐   5

14 − 9 = ☐

10   ☐

▶ 빼서 10이 되도록 뒤의 수를 가르기하거나 10에서 뺄 수 있도록 앞의 수를 가르기해 봐.

9 관계있는 것끼리 이어 보세요.

11 − 5 ·   · 9

16 − 9 ·   · 7

13 − 4 ·   · 6

10 빈칸에 알맞은 수를 써넣으세요.

(1) 17 −8→ ☐

−7 ↘ ☐ −1 ↗

(2) 12 −7→ ☐

−2 ↘ ☐ −5 ↗

🔗 탄탄북

11 바르게 계산한 사람은 누구일까요?

윤지
17 − 9 = 10 + 2 = 12
        7 2

동건
17 − 9 = 1 + 7 = 8
10 7

(   )

12 소윤이는 가지고 있는 동화책 16권 중에서 9권을 기증했습니다. 남은 동화책은 몇 권인지 구해 보세요.

식 $\boxed{} - \boxed{} = \boxed{}$ 답 _____

13 창희가 공책 5권을 더 샀더니 공책이 모두 14권이 되었습니다. 처음에 가지고 있던 공책은 몇 권이었는지 구해 보세요.

식 _____   답 _____

▶ 전체 공책의 수에서 더 산 공책 수를 빼야 해.

☺ 내가 만드는 문제

14 같은 색 풍선에서 수를 각각 한 개씩 골라 뺄셈식을 완성해 보세요.

▶ 같은 색 풍선에서 수를 한 개씩 골라 뺄셈식 🎈 − 🎈 = 🎈 을 만드는 거니까 차는 🎈에 있는 수 6, 7, 8, 9 중 하나가 되어야겠지?

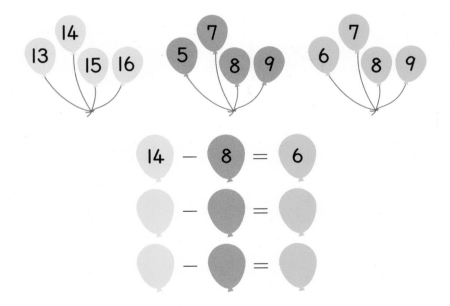

4

두 수의 뺄셈에서 뒤의 수를 가르기하여 뺄셈할 때 무엇을 주의해야 할까?

$13 - 7 = ?$ ➡ $13 - 3 - 4 = 6$
　　　 3　4　　　 10　　6

$13 - 7 = ?$ ➡ $13 - 3 + 4 = 14$
　　　 3　4　　　 10 ✗ 14

뒤의 수를 가르기하여 뺄셈할 때 +인지, −인지 주의해야 해!

➡ 뒤의 수를 가르기하여 뺄셈하는 과정은 $13 - 7 = 13 - \boxed{} - \boxed{} = 10 - \boxed{} = 6$입니다.
　　　　　　　　　　　　　　　　　3　4

15 ☐ 안에 알맞은 수를 써넣으세요.

(1) $14 - 9 = 5$

$14 - 8 = \boxed{}$

$14 - 7 = \boxed{}$

$14 - 6 = \boxed{}$

(2) $13 - 8 = 5$

$14 - 8 = \boxed{}$

$15 - 8 = \boxed{}$

$16 - 8 = \boxed{}$

▶ 같은 수에서 1씩 작아지는 수를 빼면 차는 1씩 커져. 또 1씩 커지는 수에서 같은 수를 빼면 차도 1씩 커져.

16 ☐ 안에 알맞은 수를 써넣으세요.

(1) $15 - 9 = 6$
$\downarrow +2$
$\boxed{} - 9 = 8$

(2) $15 - 8 = \boxed{}$
$\downarrow -2$
$13 - 8 = \boxed{}$

(3) $16 - 6 = 10$
$\downarrow +2$
$16 - 8 = \boxed{}$

(4) $16 - 9 = \boxed{}$
$\downarrow -2 \quad \downarrow -2$
$14 - 7 = \boxed{}$

🔗 탄탄북

17 차가 9가 되도록 ☐ 안에 알맞은 수를 써넣으세요.

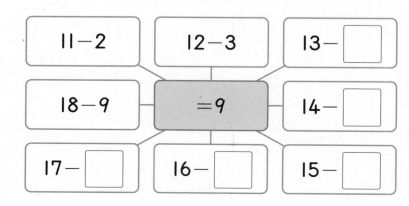

▶ 1씩 커지는 수에서 1씩 커지는 수를 빼면 차는 같아.

18 차가 **7**인 식에 모두 색칠해 보세요.

		11－6		
	12－5	12－6	12－7	
13－4	13－5	13－6	13－7	13－8
	14－5	14－6	14－7	
		15－6		

▶ 1씩 커지는 수에서 1씩 커지는 수를 빼면 차가 같으니까 ＼ 방향으로 차가 같아.

19 차가 같은 식을 찾아 ○, △, □표 하세요.

(13－5)	△14－8△	□13－6□
12－6	15－8	15－7
16－8	11－5	14－7

 내가 만드는 문제

20 (십몇) － (몇)이 **6**이 되도록 □ 안에 알맞은 수를 써넣으세요.

15 － □ ＝ 6 □ － □ ＝ 6

▶ 차가 6이 되는 (십몇) － (몇)을 찾아봐.

차가 **5**인 (십몇)－(몇)을 찾는 방법은?

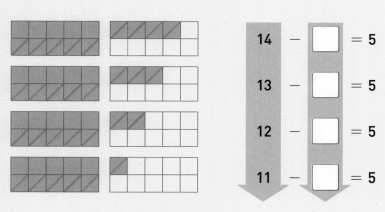

14 － □ ＝ 5

13 － □ ＝ 5

12 － □ ＝ 5

11 － □ ＝ 5

차가 같을 때 빼지는 수가 1씩 작아지면 빼는 수도 1씩 작아져.

① 빈칸에 알맞은 식 써넣기

빈칸에 알맞은 식을 써넣으세요.

6+5	6+6	6+7
7+5		7+7
	8+6	8+7
9+5	9+6	

더해지는 수와 더하는 수가 어떻게 변하는지 살펴봐.

| 1+1 | ― | 2+2 | ― | 3+3 | ― | 4+4 |

➡ 더해지는 수와 더하는 수가 각각 1씩 커집니다.

② 합이 가장 큰(작은) 덧셈식 만들기

수 카드 2장을 골라 덧셈식을 만들려고 합니다. 합이 가장 큰 덧셈식을 만들고 계산해 보세요.

8 4 6 7 3

□ + □ = □

합이 크려면 더하는 두 수가 커야 해.

1, 2, 3의 크기를 비교하면 3>2>1입니다.

1+2=3<1+3=4<2+3=5

➡ 가장 큰 수와 둘째로 큰 수를 더하면 합이 가장 큽니다.

1+ 빈칸에 알맞은 식을 써넣으세요.

11-5	11-6	11-7
12-5	12-6	
	13-6	13-7
14-5	14-6	

2+

수 카드 2장을 골라 덧셈식을 만들려고 합니다. 합이 가장 작은 덧셈식을 만들고 계산해 보세요.

9 5 6 7 8

□ + □ = □

③ 차가 가장 큰(작은) 뺄셈식 만들기

색이 다른 수 카드를 한 장씩 골라 뺄셈식을 만들려고 합니다. 차가 가장 큰 뺄셈식을 만들고 계산해 보세요.

| 12 | 15 | 6 | 8 |

☐ − ☐ = ☐

차가 크려면 큰 수에서 작은 수를 빼야 해.

4, 5, 6의 크기를 비교하면 6>5>4입니다.
5−4=1<6−4=2, 6−5=1<6−4=2
➡ 가장 큰 수에서 가장 작은 수를 빼면 차가 가장 큽니다.

④ ☐ 안에 들어갈 수 있는 수 찾기

☐ 안에 들어갈 수 있는 수를 모두 찾아 ○표 하세요.

$$7 + 6 > \square$$

(11 , 12 , 13 , 14)

☐ 안에 들어갈 수 있는 수는 왼쪽보다 작아야 해.

2+3>☐   ☐ 안에 들어갈 수 있는 수는
  ↓   ➡ 5보다 작은 수이므로 가능한 수는
5>☐   4, 3, 2, 1, 0이야.

3+ 색이 다른 수 카드를 한 장씩 골라 뺄셈식을 만들려고 합니다. 차가 가장 작은 뺄셈식을 만들고 계산해 보세요.

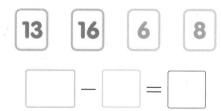

☐ − ☐ = ☐

4+ ☐ 안에 들어갈 수 있는 수를 모두 찾아 ○표 하세요.

$$\square > 8 + 7$$

(14 , 15 , 16 , 17)

5 □ 안에 알맞은 수 구하기

□ 안에 알맞은 수를 구해 보세요.

$$7 + 9 = \square + 8$$

(   )

"="는 양쪽이 같음을 나타내.

$3 + 5 = \square + 6$
$\quad\quad +1$

더하는 수가 1만큼 더 커졌는데 합이 같으니까 더해지는 수는 1만큼 더 작아져야 해.

➡ □ 안에 알맞은 수는 2입니다.

5+ □ 안에 알맞은 수를 구해 보세요.

$$15 - 9 = 13 - \square$$

(   )

6 상자에서 나오는 수 구하기

다음과 같이 5를 넣으면 11이 나오는 상자가 있습니다. 이 상자에 8을 넣으면 얼마가 나올까요?

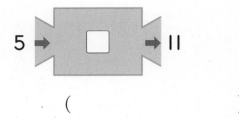

(   )

상자에서 나오는 수가 커지면 덧셈이고 작아지면 뺄셈이야.

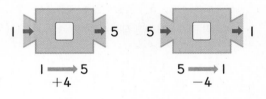

6+ 다음과 같이 15를 넣으면 6이 나오는 상자가 있습니다. 이 상자에 12를 넣으면 얼마가 나올까요?

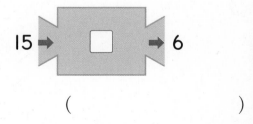

(   )

단원 평가

점수 | 확인

1 그림을 보고 ☐ 안에 알맞은 수를 써넣으세요.

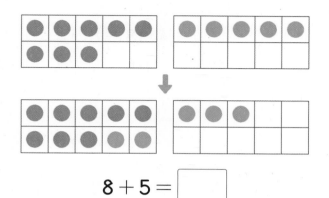

$8 + 5 =$ ☐

2 뺄셈식에 맞게 ╱을 그리고 ☐ 안에 알맞은 수를 써넣으세요.

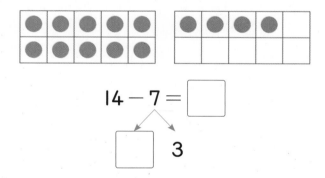

$14 - 7 =$ ☐

☐ 3

3 관계있는 것끼리 이어 보세요.

9 + 6 ·   · 6 + 4 + 1

4 + 8 ·   · 2 + 2 + 8

6 + 5 ·   · 9 + 1 + 5

4 ☐ 안에 알맞은 수를 써넣으세요.

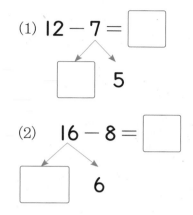

(1) $12 - 7 =$ ☐

☐ 5

(2) $16 - 8 =$ ☐

☐ 6

5 덧셈을 해 보세요.

$8 + 9 =$ ☐

$8 + 8 =$ ☐

$8 + 7 =$ ☐

6 뺄셈을 해 보세요.

$18 - 9 =$ ☐

$16 - 8 =$ ☐

$14 - 7 =$ ☐

7 합이 더 큰 것에 ○표 하세요.

9 + 4		7 + 8
( )		( )

8 빈칸에 알맞은 수를 써넣으세요.

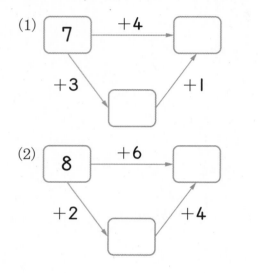

(1)

7 ── +4 ──→ ☐

+3 ↘ ☐ ↗ +1

(2)

8 ── +6 ──→ ☐

+2 ↘ ☐ ↗ +4

9 빈칸에 알맞은 수를 써넣으세요.

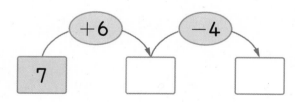

7 ──(+6)──→ ☐ ──(−4)──→ ☐

10 색이 같은 구슬에 쓰인 두 수의 합을 구해 보세요.

9 5 6 8 7 4

● ( )
● ( )
● ( )

11 차가 큰 것부터 차례로 기호를 써 보세요.

㉠ 11 − 5
㉡ 13 − 8
㉢ 16 − 9

( )

12 합이 13이 되는 두 수를 찾아 ○표 하세요.

6, 5		8, 6		9, 4

13 수 카드 3장으로 서로 다른 뺄셈식을 만들어 보세요.

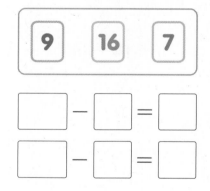

9	16	7

☐ − ☐ = ☐

☐ − ☐ = ☐

14 차가 7인 식에 모두 색칠해 보세요.

14−7	14−8	14−9
15−7	15−8	15−9
16−7	16−8	16−9

15 ○ 안에 >, =, <를 알맞게 써넣으세요.

(1) 8 + 5 ◯ 13

8 + 6 ◯ 13

(2) 14 − 6 ◯ 8

14 − 7 ◯ 8

16 수 카드 2장을 골라 합이 가장 큰 덧셈식을 만들고 계산해 보세요.

□ + □ = □

17 재형이는 8살입니다. 형은 재형이보다 5살 더 많고, 누나는 형보다 4살 더 적습니다. 누나는 몇 살인지 구해 보세요.

( )

18 □ 안에 알맞은 수를 구해 보세요.

12 − 5 = 16 − □

( )

정답과 풀이 22쪽 술술 서술형

19 과일 상자에 사과가 6개, 배가 14개 들어 있습니다. 사과를 7개 더 샀다면 사과와 배 중 어느 것이 더 많은지 풀이 과정을 쓰고 답을 구해 보세요.

풀이 _____

_____

_____

답 _____

20 두 수를 골라 차가 가장 큰 뺄셈식을 만들고 계산하려고 합니다. 풀이 과정을 쓰고 답을 구해 보세요.

| 9 | 12 | 7 | 15 |

풀이 _____

_____

_____

답 _____

5 규칙 찾기

규칙을 찾으면 다음을 알 수 있어!

1	2	3	4	5	6	7	8	9	10
11	12	13	14	15	16	17	18	19	■
21	22	23	24	25	26	27	28	29	30
31	32	33	34	35	36	37	38	39	40
41	42	43	44	45	46	47	48	49	50
51	52	53	54	55	56	57	58	59	60
61	62	63	64	65	66	67	68	69	70
71	72	73	74	75	76	77	78	79	80
81	82	83	84	85	86	87	88	89	90
91	92	93	94	95	●	97	98	99	100

■에 올 수는 20입니다.

●에 올 수는 96입니다.

오른쪽으로 1칸 갈 때마다 1씩 커지는 규칙이야!

아래쪽으로 1칸 갈 때마다 10씩 커지는 규칙이야!

① 어떤 모양이나 색이 반복되는지 찾아보자.

● 모양이 반복되는 경우

➡ ★ 과 ♥ 가 반복됩니다.

● 색이 반복되는 경우

➡ ★, ☆, ☆ 이 반복됩니다.

---

1 규칙을 알아보세요.

(1)

➡ ■ 와 [ ] 이/가 반복됩니다.

(2)

➡ 초록색과 [ ] 이/가 반복됩니다.

---

2 규칙을 찾아 빈칸에 알맞은 그림을 그리고 색칠해 보세요.

(1)

(2)

---

3 보기 와 같이 반복되는 부분을 ⬭ 로 표시해 보세요.

보기

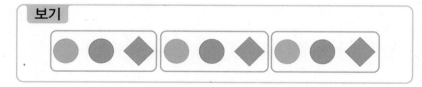

처음에 나왔던 모양이 다시 나오는 곳을 찾아보면서 반복되는 모양을 묶어 봐.

(1)

(2)

2 반복되게 놓아 규칙을 만들어 보자.

● **물건으로 규칙 만들기**

➡ 🎩, 🧦이 반복되는 규칙을 만들었습니다.

➡ 흰색 바둑돌, 검은색 바둑돌, 검은색 바둑돌이 반복되는 규칙을 만들었습니다.

● **모양으로 규칙 만들기**

➡ 첫째 줄은 ●, ■, ■가 반복되고 둘째 줄은 ■, ■, ●가 반복되는 규칙을 만들었습니다.

> 물건, 모양, 색 등을 순서대로 놓아 다양한 규칙을 만들어 보자.

1 두 가지 색으로 규칙을 만들어 색칠해 보세요.

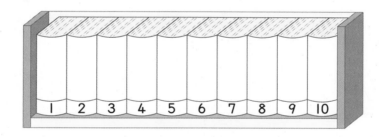

2 연필과 지우개(✏️, 🧽)로 규칙을 만들어 보세요.

붙임딱지

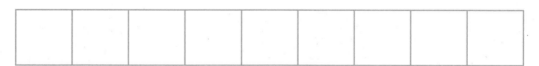

3 초록색과 노란색으로 규칙을 만들어 무늬를 색칠해 보세요.

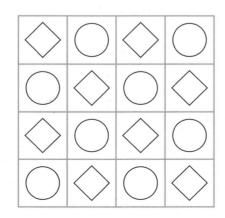

> 무늬를 색칠한 후 정한 규칙에 맞는지 살펴봐.

1 반복되는 부분을 ☐로 표시하고 규칙을 말해 보세요.

규칙 과일은 _____ 이/가 반복됩니다.

2 규칙에 따라 빈칸에 알맞은 그림을 그려 보세요.

반복되는 모양을 찾아봐.

(1) | ★ | ♥ | ♥ | ★ | ♥ | ♥ | ★ | | |

(2) | ↑ | ↑ | → | ↑ | ↑ | → | | | → |

🔗 탄탄북

3 규칙에 따라 빈칸에 알맞은 모양을 그리고 색칠해 보세요.

반복되는 색을 찾아봐.

(1) | ▲ | ▲ | ▲ | ▲ | ▲ | ▲ | ▲ | | |

(2) | ● | ● | ● | ● | ● | ● | | | ● |

4 규칙을 바르게 설명한 것에 ○표 하세요.

색이 반복되는 규칙과 모양이 반복되는 규칙이 있어.

• 색은 노란색, 빨간색, 노란색이 반복됩니다. (   )

• 개수는 1개, 2개, 1개가 반복됩니다. (   )

5 규칙을 잘못 말한 사람을 찾아 이름을 써 보세요.

▶ 오이와 당근이 어떻게 반복되는지 찾아봐.

(   )

:) **내가 만드는 문제**

6 그림에서 규칙을 찾아 자유롭게 써 보세요.

▶ 건물, 나무, 자동차에서 규칙을 찾아봐.

규칙 ....

주변에서 찾을 수 있는 규칙은 어떤 것이 있을까?

보행자 안전 난간이나 타일의 무늬에서도 규칙을 찾을 수 있어.

주변을 둘러보면 보도블록, 횡단보도, 체스판, [   ]에서 규칙적인 모양이나 무늬를 찾을 수 있어.

7 바둑돌(◉, ●)로 규칙을 만들어 보세요.

붙임딱지

▶ 흰색 바둑돌과 검은색 바둑돌로 반복되는 규칙을 만들어 봐.

8 규칙을 만들어 장갑을 색칠해 보세요.

▶ 2가지, 3가지 색으로 반복되는 규칙을 만들어 봐.

9 규칙을 만들어 무늬를 꾸몄습니다. ☐ 안에 알맞은 수를 써넣으세요.

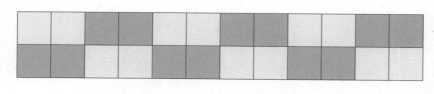

첫째 줄은 노란색 ☐ 칸, 초록색 ☐ 칸이 반복되고,

둘째 줄은 초록색 ☐ 칸, 노란색 ☐ 칸이 반복되는 규칙을

만들었습니다.

▶ 규칙은 한 가지가 아니야. ☐, ☐가 반복되는 규칙도 있어.

10 보기 의 모양을 이용하여 규칙에 따라 무늬를 꾸며 보세요.

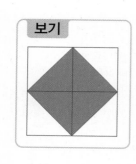

보기

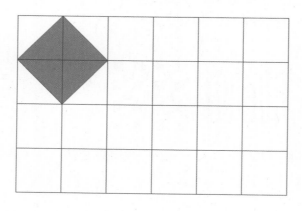

▶ ◢ 모양을 어떤 규칙에 따라 색칠한 것인지 알아봐.

탄탄북

11 규칙에 따라 알맞게 색칠해 보세요.

▶ 노란색과 빨간색을 어떤 규칙으로 색칠했는지 알아봐.

12 다음은 어떤 모양을 반복하여 만든 무늬인지 찾아 색칠해 보세요.

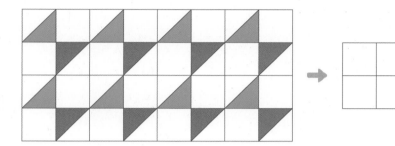

😊 내가 만드는 문제

13 ◇, ○ 모양을 이용하여 여러 가지 규칙을 만들어 무늬를 꾸며 보세요.

▶ ◇, ○ 모양으로 반복되는 규칙을 만들어 무늬를 꾸며 봐.

🎓 **2가지의 색으로 몇 가지 무늬를 꾸밀 수 있을까?**

• 로 무늬 꾸미기

주황색과 보라색이 반복되는 무늬입니다.

☐색, ☐색, ☐색이 반복되는 무늬입니다.

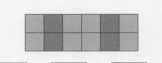

☐색, ☐색, ☐색이 반복되는 무늬입니다.

2가지의 색으로 여러 가지 무늬를 꾸밀 수 있어.

3 수가 반복되거나 커지는 규칙을 찾아보자.

● 반복되는 규칙

2 — 5 — 2 — 5 — 2 — 5 — 2 — 5

➡ 2와 5가 반복됩니다.

> 5 다음에 다시 처음 수 2가 나오네.

● 커지는 규칙

1 — 3 — 5 — 7 — 9 — 11 — 13 — 15

➡ 1부터 시작하여 2씩 커집니다.

> 처음 수가 다시 나오지는 않지만 수가 커지네.

1 규칙을 찾아 □ 안에 알맞은 수를 써넣으세요.

(1)

8 — 4 — 8 — 4 — 8 — 4 — 8 — 4

규칙 □ 와/과 □ 이/가 반복됩니다.

(2)

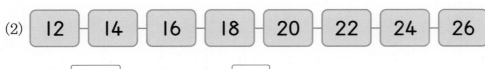

12 — 14 — 16 — 18 — 20 — 22 — 24 — 26

규칙 □ 부터 시작하여 □ 씩 커집니다.

2 규칙에 따라 빈칸에 올 수를 찾아 ○표 하세요.

(1) 10 — 20 — 10 — 20 — 10 — 20 — 10 — □   (10 , 20)

(2) 1 — 3 — 5 — 1 — 3 — 5 — 1 — □   (1 , 3 , 5)

3 규칙에 따라 빈칸에 알맞은 수를 써넣으세요.

(1)

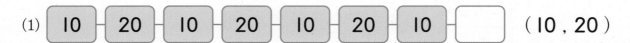

10 — 15 — 20 — □ — 30 — □ — 40 — 45

> 몇씩 커지거나 작아지는 규칙인지 찾아봐.

(2)

22 — 19 — 16 — 13 — □ — 7 — □ — 1

4 수 배열표에서는 여러 방향으로 규칙을 찾을 수 있어.

1	2	3	4	5	6	7	8	9	10
11	12	13	14	15	16	17	18	19	20
21	22	23	24	25	26	27	28	29	30
31	32	33	34	35	36	37	38	39	40
41	42	43	44	45	46	47	48	49	50
51	52	53	54	55	56	57	58	59	60
61	62	63	64	65	66	67	68	69	70
71	72	73	74	75	76	77	78	79	80
81	82	83	84	85	86	87	88	89	90
91	92	93	94	95	96	97	98	99	100

➡ ☐에 있는 수는 11부터 시작하여 → 방향으로 1씩 커집니다.

➡ ☐에 있는 수는 2부터 시작하여 ↓ 방향으로 10씩 커집니다.

➡ ▨에 있는 수는 5부터 시작하여 5씩 커집니다.

╱ , ╲ 방향으로도 규칙을 찾아볼까?

---

1 수 배열표를 보고 색칠한 수의 규칙으로 알맞은 것을 모두 찾아 기호를 써 보세요.

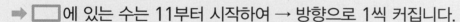

61	62	63	64	65	66	67	68	69	70
71	72	73	74	75	76	77	78	79	80
81	82	83	84	85	86	87	88	89	90

㉠ 색칠한 수는 모두 홀수입니다.

㉡ 색칠한 수는 63부터 3씩 커집니다.

㉢ 색칠한 수는 63부터 2씩 커집니다.

㉣ 색칠한 수는 홀수와 짝수가 반복됩니다.

짝수는 낱개의 수가
0, 2, 4, 6, 8이고
홀수는 낱개의 수가
1, 3, 5, 7, 9야.

(   )

2 수 배열표를 보고 □ 안에 알맞은 수를 써넣으세요.

1	2	3	4	5	6	7	8	9	10
11	12	13	14	15	16	17	18	19	20
21	22	23	24	25	26	27	28	29	30
31	32	33	34	35	36	37	38	39	40
41	42	43	44	45	46	47	48	49	50
51	52	53	54	55	56	57	58	59	60
61	62	63	64	65	66	67	68	69	70
71	72	73	74	75	76	77	78	79	80
81	82	83	84	85	86	87	88	89	90
91	92	93	94	95	96	97	98	99	100

(1) □에 있는 수는 31부터 시작하여 → 방향으로 □ 씩 커집니다.

(2) □에 있는 수는 8부터 시작하여 ↓ 방향으로 □ 씩 커집니다.

(3) ━━에 있는 수는 1부터 시작하여 ＼ 방향으로 □ 씩 커집니다.

(4) ━━에 있는 수는 10부터 시작하여 ／ 방향으로 □ 씩 커집니다.

3 규칙에 따라 색칠해 보세요.

11	12	13	14	15	16	17	18	19	20
21	22	23	24	25	26	27	28	29	30
31	32	33	34	35	36	37	38	39	40
41	42	43	44	45	46	47	48	49	50

5 규칙을 모양이나 수로 나타내 보자.

➡  을 ●, 🔺을 ▲로 나타내기

| ● | ▲ | ● | ▲ | ● | ▲ | ● | ▲ | ● | ▲ |

규칙을 모양과 수로 나타낼 수 있어!

➡ 을 **0**, 을 **3**으로 나타내기

| 0 | 3 | 0 | 3 | 0 | 3 | 0 | 3 | 0 | 3 |

---

1 규칙을 찾아 ☐ 안에 알맞은 말을 써넣고 규칙에 따라 △, ○로 나타내 보세요.

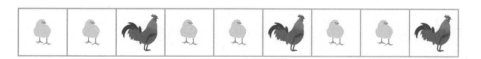

(1) 동물이 [   ], [   ], [   ] 이/가 반복됩니다.

(2)

| △ | △ | ○ | △ | △ | ○ | | | |

---

2 규칙을 찾아 빈칸에 알맞은 그림이나 수를 넣어 보세요.

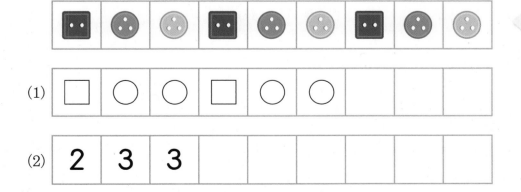

단추의 모양과 구멍 수의 규칙을 각각 찾아봐.

(1)

| ☐ | ○ | ○ | ☐ | ○ | ○ | | | |

(2)

| 2 | 3 | 3 | | | | | | |

3 수 배열에서 규칙 찾기

1 규칙에 따라 빈칸에 알맞은 수를 써넣으세요.

▶ 수가 반복되는 규칙인지 수가 커지는 규칙인지 찾아봐.

(1) [3]—[5]—[3]—[5]—[ ]—[ ]—[3]

(2) [6]—[10]—[5]—[6]—[10]—[5]—[ ]

(3) [2]—[5]—[8]—[11]—[14]—[ ]—[ ]

(4) [34]—[32]—[30]—[ ]—[ ]—[24]—[22]

2 규칙에 맞지 않은 수에 ×표 하세요.

▶ 몇씩 작아지는지 알아봐.

(1) [10]—[9]—[8]—[4]—[6]—[5]

(2) [50]—[45]—[40]—[35]—[20]—[25]

3 규칙에 따라 빈칸에 알맞은 수를 써넣으세요.

[ ]씩 커집니다.

[ ]씩 커집니다.

11	12	13	14	15
21	22	23		
31		33		35
41	42		44	

4 수 배열에서 규칙을 찾아 써 보세요.

규칙 │□│부터 시작하여 │□│씩 커집니다.

🔗탄탄북

5 규칙에 따라 빈칸에 알맞은 수를 써넣으세요.

▶ 양쪽의 수를 어떻게 해야 가운데 수가 되는지 알아봐.

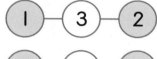　

😊 내가 만드는 문제

6 자유롭게 규칙을 정하여 빈칸에 수를 써넣으세요.

▶ 수가 커지거나 작아지는 규칙을 만들어 봐.

5

🎓 규칙은 반드시 한 가지 방법으로만 표현될까?

규칙1 1부터 │□│씩 커지는 규칙입니다.

규칙2 1부터 │□│씩 뛰어 세는 규칙입니다.

규칙3 1부터 홀수만 순서대로 나오는 규칙입니다.

한 가지 수 배열을
여러 가지 다른 규칙으로
표현할 수 있어.

7 규칙에 따라 색칠해 보세요.

33	34	35	36	37	38	39	40
41	42	43	44	45	46	47	48
49	50	51	52	53	54	55	56

8 색칠한 수의 규칙을 찾아 □ 안에 알맞은 수를 써넣으세요.

11	12	13	14	15	16	17	18
19	20	21	22	23	24	25	26
27	28	29	30	31	32	33	34

규칙 □ 부터 시작하여 □ 씩 커집니다.

> ▶ 색칠한 수는
> 12, 16, 20, 24, 28, 32야.

9 규칙에 따라 빈칸에 알맞은 수를 써넣으세요.

61	62	63	64	65	66	67		69
70			73	74		76	77	78
79	80	81		83	84	85		

> ▶ 오른쪽과 아래로 각각 몇씩 커지는지 알아봐.

9➕ 덧셈표에서 규칙을 찾아 빈칸에 알맞은 수를 써넣으세요.

+	1	2	3	4	5	6	7	8
1	2	3		5	6	7		9
2	3		5	6		8	9	10

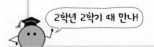

2학년 2학기 때 만나!

덧셈표에서 규칙 찾아보기

+	0	1	2	3	4	5	6	7
0	0	1	2	3	4	5	6	7
1	1	2	3	4	5	6	7	8
2	2	3	4	5	6	7	8	9

}+1
}+1

+1 +1 +1 +1 +1 +1 +1

덧셈표에서는 오른쪽으로 갈수록, 아래로 내려갈수록 각각 1씩 커집니다.

10 서로 다른 규칙이 되도록 빈칸에 알맞은 수를 써넣으세요.

1	2	3	4
5	6		8
9			12
	14	15	

1	5	9	13
2	6	10	
3	7		
4		12	16

▶ 두 수 배열표에서 각각 4 다음 5, 8 다음 9, 12 다음 13의 위치를 찾아봐.

😊 내가 만드는 문제

11 수 배열표에서 규칙을 정하여 색칠하고 규칙을 써 보세요.

11	12	13	14	15	16	17	18	19	20
21	22	23	24	25	26	27	28	29	30
31	32	33	34	35	36	37	38	39	40
41	42	43	44	45	46	47	48	49	50
51	52	53	54	55	56	57	58	59	60

▶ 시작하는 수와 몇씩 뛰어 셀지를 정해 봐.

규칙　[　] 부터 시작하여 [　] 씩 커집니다.

🎓 **두 수 배열표에서 규칙은 어떻게 다를까?**

1부터 9까지 배열된 수 배열표에서 규칙을 찾아보자.

↓ 방향으로 1씩 커집니다.

↘ 방향으로 [　] 씩 커집니다.

↓ 방향으로 1씩 작아집니다.

↘ 방향으로 [　] 씩 커집니다.

수 배열은 여러 가지 규칙으로 표현할 수 있어.

5

12 규칙에 따라 ○, □로 나타내 보세요.

(1)
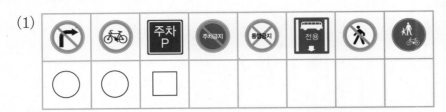

○	○	□					

(2)

□	○	□					

▶ (1) 교통 안전 표지판 모양에서 규칙을 찾아봐.

탄탄북
13 규칙에 따라 빈칸에 알맞은 수를 써넣으세요.

(1)

4	2	2	4	2				

(2)

4	1	3						

▶ (1) 🐕 — 4
🐦 — 2
로 나타낸 거야.

14 규칙을 모양과 수로 나타낼 때 ★에 알맞은 모양과 수에 각각 ○표 하세요.

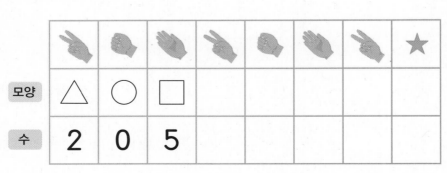

								★
모양	△	○	□					
수	2	0	5					

모양 (△ , ○ , □), 수 (2 , 0 , 5)

▶ 먼저 ★에 해당하는 손 모양을 알아야 해.

15 규칙에 따라 몸으로 표현한 것입니다. 모양이나 수를 이용하여 서로 다른 두 가지 방법으로 나타내 보세요.

모양	○	×	×	○	×	×			
수									

▶ 몸으로 표현한 규칙을 여러 가지 모양이나 수로 바꾸어 표현해 봐.

😊 내가 만드는 문제

16 붙임딱지로 자유롭게 규칙을 만든 다음 만든 규칙에 따라 트럭은 4, 오토바이는 2로 나타내 보세요.

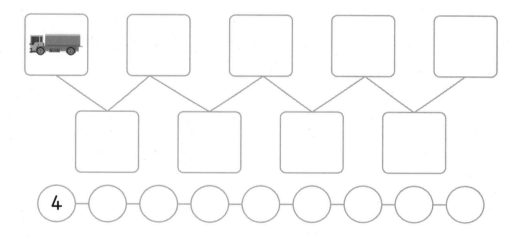

▶ ⋁⋀↗ 방향으로 규칙을 만들어 봐.

 반복되는 규칙을 한눈에 쉽게 알 수 있을까?

전래 동요 '길로 길로 가다가'를 소고를 치면서 불러 봅니다.

길로 길로 가다가 못을 하나 주웠네 주은 못을 남 줄까 낫이나 만들지

🪘 🪘 🪘 🪘 🪘 🪘 🪘 🪘 🪘 🪘 🪘 🪘 🪘 🪘 🪘 🪘   🪘: 북편치기 🪘: 테치기

· 규칙에 따라 🪘 — ○, 🪘 — □로 나타내 봅니다.

| ○ | □ | □ | □ | ○ | ○ | □ | □ | □ | | | | | | | |

· 규칙에 따라 🪘 — 1, 🪘 — 2로 나타내 봅니다.

| 1 | 2 | 2 | 2 | 1 | 2 | 2 | 2 | | | | | | | | |

규칙을 그림이나 수로 나타내면 말로 설명하는 것보다 한눈에 쉽게 알 수 있어.

1 규칙을 여러 가지 방법으로 나타내기

규칙에 따라 수로 나타낼 때 ㉠, ㉡에 알맞은 수의 합을 구해 보세요.

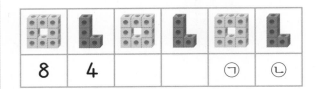

8	4			㉠	㉡

( )

규칙을 찾아 수와 모양으로 나타낼 수 있어. 이때 수와 모양도 같은 규칙으로 놓아야 해.

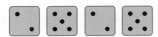

수	2	5	2	5
모양	○	×	○	×

1+

규칙에 따라 수로 나타낼 때 ㉠, ㉡에 알맞은 수의 합을 구해 보세요.

10	㉠		4	㉡

( )

2 완성한 무늬에서 모양의 개수 구하기

규칙에 따라 무늬를 완성했을 때 완성한 무늬에서 ◇와 🌙는 각각 몇 개인지 세어 보세요.

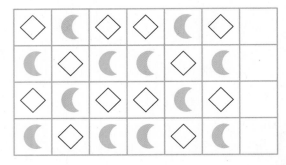

◇ ( ), 🌙 ( )

완성한 무늬에서 모양이 각각 몇 개인지 세어 봐.

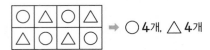 ➡ ○4개, △4개

2+

규칙에 따라 무늬를 완성했을 때 완성한 무늬에서 ☆과 ♡는 각각 몇 개인지 세어 보세요.

☆ ( ), ♡ ( )

③ 수 배열에서 규칙 찾기

보기 와 같은 규칙에 따라 빈칸에 알맞은 수를 써넣으세요.

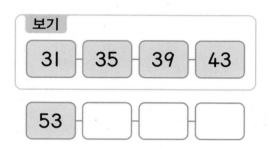

보기

| 31 | 35 | 39 | 43 |

| 53 | | | |

반복되는 규칙인지 커지는 규칙인지 찾아봐.

반복되는 규칙 ➡

| 2 | 4 | 2 | 4 |

커지는 규칙 ➡

| 2 | 4 | 6 | 8 |

④ 수 배열에서 여러 가지 규칙 찾기

오른쪽 수 배열에 대한 설명 중 옳지 않은 것을 찾아 기호를 써 보세요.

○ **2**부터 시작하여 ╱ 방향으로 **1**씩 커집니다.

○ **2**부터 시작하여 ╲ 방향으로 **3**씩 커집니다.

○ **11**부터 시작하여 ← 방향으로 **2**씩 커집니다.

( )

╱방향, ╲방향, ╱방향, ╲방향, →방향, ←방향으로 커지는 규칙인지 작아지는 규칙인지 확인해.

5

3⁺ 보기 와 같은 규칙에 따라 빈칸에 알맞은 수를 써넣으세요.

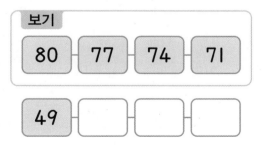

보기

| 80 | 77 | 74 | 71 |

| 49 | | | |

4⁺ 오른쪽 수 배열에 대한 설명 중 옳지 않은 것을 찾아 기호를 써 보세요.

○ **1**부터 시작하여 ╱ 방향으로 **2**씩 커집니다.

○ **1**부터 시작하여 ╲ 방향으로 **3**씩 커집니다.

○ **7**부터 시작하여 → 방향으로 **2**씩 커집니다.

( )

⑤ 규칙에 따라 알맞은 시각 나타내기

규칙에 따라 넷째 시계에 긴바늘과 짧은
바늘을 그려 보세요.

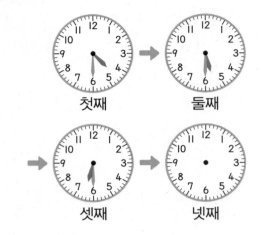

첫째 → 둘째

→ 셋째 → 넷째

긴바늘과 짧은바늘 중 움직인 바늘을 알아보자.

첫째 → 둘째 → 셋째

➡ 짧은바늘이 숫자 한 칸씩 움직이므로 넷째 시계가 나타내는
시각은 **4**시입니다.

5+ 규칙에 따라 넷째 시계에 긴바늘과 짧은
바늘을 그려 보세요.

첫째 → 둘째

→ 셋째 → 넷째

⑥ 극장의 좌석 번호 찾기

극장 의자는 규칙에 따라 번호가 붙어
있습니다. 지현이의 자리는 다열 셋째
좌석입니다. 몇 번 좌석일까요?

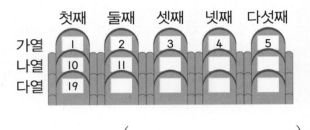

	첫째	둘째	셋째	넷째	다섯째
가열	1	2	3	4	5
나열	10	11			
다열	19				

(   )

주어진 좌석이 어디인지부터 먼저 찾아봐.

	첫째	둘째	셋째	넷째
가열				
나열				
다열				

└ 다열 둘째 좌석

→ 방향으로 **1**씩 커지고 ↓ 방향으로 **9**씩 커집니다.

6+ 극장 의자는 규칙에 따라 번호가 붙어
있습니다. 철현이의 자리는 다열 넷째
좌석입니다. 몇 번 좌석일까요?

	첫째	둘째	셋째	넷째	다섯째
가열	31	32	33	34	35
나열	36	37			
다열					

(   )

단원 평가

점수 | 확인

1 규칙에 따라 흰색 바둑돌과 검은색 바둑돌을 놓을 때 빈칸에 알맞은 바둑돌은 무슨 색일까요?

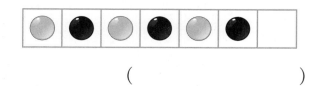

( )

2 규칙에 따라 빈칸에 알맞은 그림에 ○표 하세요.

(♥ , ♥)

3 규칙에 따라 빈칸에 알맞은 그림을 그려 보세요.

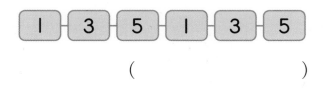

4 규칙에 따라 5 다음에 올 수를 구해 보세요.

| 1 | 3 | 5 | 1 | 3 | 5 | |

( )

5 규칙에 따라 색칠한다면 빈칸에 무슨 색을 칠해야 할까요?

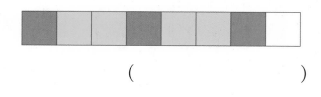

( )

6 규칙에 따라 빈칸에 알맞은 수를 써넣으세요.

| 2 | 6 | 10 | 14 | 18 | |

7 규칙에 따라 ○와 △로 나타내 보세요.

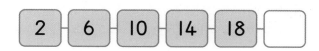

8 규칙에 따라 빈칸에 알맞은 수를 써넣으세요.

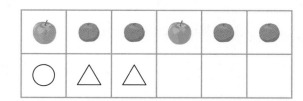

9 꽃을 어떤 규칙으로 놓았는지 빈칸에 알맞은 말을 써넣으세요.

➡ 빨간색 꽃, ☐ 꽃, ☐ 꽃이 반복되게 놓았습니다.

10 규칙에 따라 신호등이 켜질 때 여덟째에 켜지는 신호등의 색은 무슨 색일까요?

첫째

( )

11 규칙에 따라 ㉠에 알맞은 수를 구해 보세요.

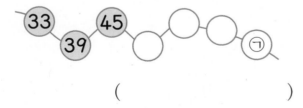

( )

12 규칙에 따라 빈칸에 ●을 알맞게 그려 넣으세요.

13 규칙에 따라 놓지 않은 것을 찾아 기호를 써 보세요.

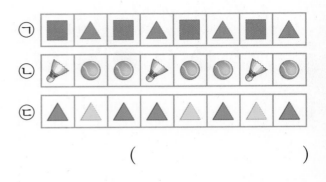

( )

14 규칙에 따라 빈칸을 알맞게 색칠해 보세요.

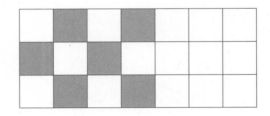

15 규칙에 따라 알맞게 색칠하여 무늬를 완성해 보세요.

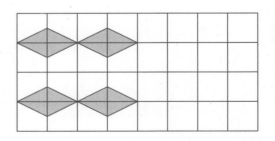

[16~17] 수 배열표를 보고 물음에 답하세요.

1	2	3	4	5	6	7	8
9	10	11	12	13	14	15	16
17	18	19	20	21	22	23	24
25	26	27	28	29	30	31	32
33	34	35	36	37	38	39	40

16 ——에 있는 수는 어떤 규칙이 있는지 써 보세요.

☐ 부터 시작하여 ☐ 씩 커집니다.

17 ——에 있는 수는 어떤 규칙이 있는지 써 보세요.

☐ 부터 시작하여 ☐ 씩 커집니다.

18 규칙에 따라 ♥와 ★에 알맞은 수를 각각 구해 보세요.

50			53			56
		59			62	
	♥			★		

♥ (　　　　), ★ (　　　　)

19 보기 와 같은 규칙에 따라 빈칸에 알맞은 수를 써넣으려고 합니다. 풀이 과정을 쓰고 답을 구해 보세요.

보기

| 23 | 19 | 15 | 11 | 7 |

| 32 | | | | |

풀이 _____

_____

_____

20 규칙에 따라 빈칸에 알맞은 주사위와 ㉠에 알맞은 수를 구하려고 합니다. 풀이 과정을 쓰고 답을 구해 보세요.

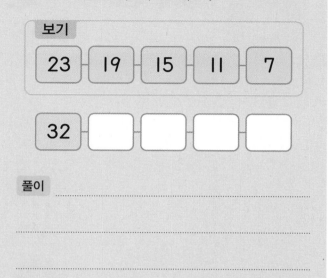

풀이 _____

_____

_____

답　주사위 (　　　　), ㉠ (　　　　)

6 덧셈과 뺄셈(3)

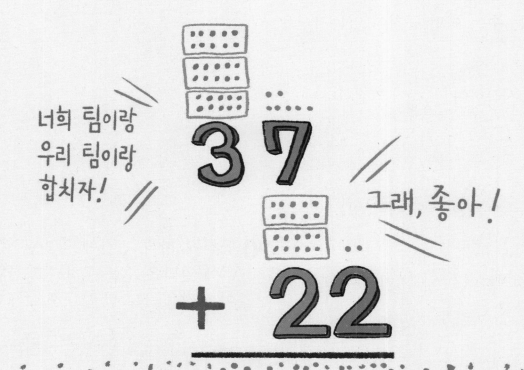

같은 자리에 있는 수끼리!

• **37 + 22**

$$+ \begin{array}{cc} 3 & 7 \\ 2 & 2 \\ \hline 5 & 9 \end{array}$$

❷ 30+20=50   ❶ 7+2=9

• **37 - 22**

$$- \begin{array}{cc} 3 & 7 \\ 2 & 2 \\ \hline 1 & 5 \end{array}$$

❷ 30-20=10   ❶ 7-2=5

10개씩 묶음끼리!

낱개끼리!

① 일 모형의 수끼리 줄을 맞추어 더하자.

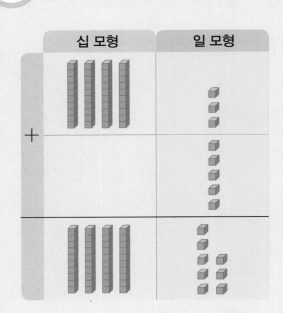

10개씩 묶음은 십 모형으로, 낱개는 일 모형으로 나타내.

일 모형의 수끼리 줄을 맞추어 씁니다.

일 모형의 수끼리 더하여 일 모형의 자리에 씁니다.

십 모형의 수를 그대로 내려씁니다.

---

1 그림을 보고 덧셈을 해 보세요.

(1)

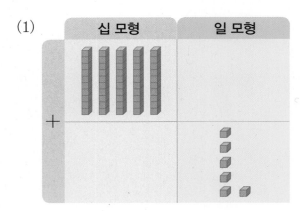

```
  5 0
+   6
─────
```

(2)

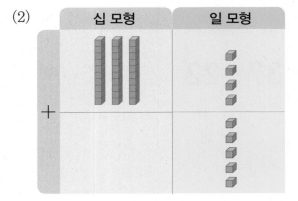

```
  3 4
+   5
─────
```

---

2 덧셈을 해 보세요.

(1)
```
  4 6
+   3
─────
```

(2)
```
  8 1
+   5
─────
```

(3) $60 + 8 =$ ☐

(4) $7 + 72 =$ ☐

2 일 모형은 일 모형끼리, 십 모형은 십 모형끼리 더하자.

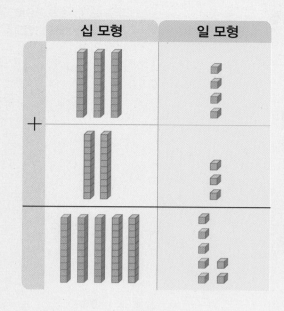

$$\begin{array}{r} 3\ 4 \\ +\ 2\ 3 \\ \hline \end{array} \rightarrow \begin{array}{r} 3\ 4 \\ +\ 2\ 3 \\ \hline 7 \end{array} \rightarrow \begin{array}{r} 3\ 4 \\ +\ 2\ 3 \\ \hline 5\ 7 \end{array}$$

십 모형의 수끼리, 일 모형의 수끼리 줄을 맞추어 씁 니다.

일 모형의 수끼리 더하여 일 모형의 자리에 씁니다.

십 모형의 수끼리 더하여 십 모형의 자리에 씁니다.

---

1 그림을 보고 덧셈을 해 보세요.

(1)

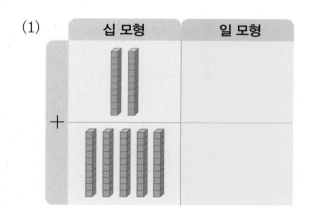

$$\begin{array}{r} 2\ 0 \\ +\ 5\ 0 \\ \hline \square\ \square \end{array}$$

(2)

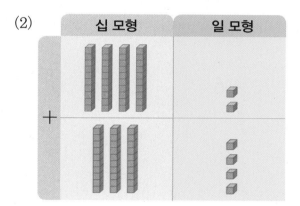

$$\begin{array}{r} 4\ 2 \\ +\ 3\ 4 \\ \hline \square\ \square \end{array}$$

---

2 덧셈을 해 보세요.

(1)
$$\begin{array}{r} 4\ 0 \\ +\ 2\ 3 \\ \hline \square \end{array}$$

(2)
$$\begin{array}{r} 5\ 1 \\ +\ 2\ 7 \\ \hline \square \end{array}$$

(3) $25 + 60 = \square$

(4) $46 + 52 = \square$

1 (몇십몇) + (몇)

1 그림을 보고 □ 안에 알맞은 수를 써넣으세요.

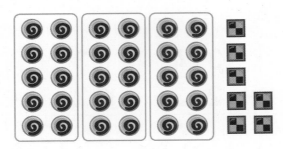

$$30 + 7 = \boxed{}$$

▶ 이어 세기로 구하기, △를 그려 구하기, 수 모형으로 구하기 등 여러 가지 방법으로 구할 수 있어.

2 덧셈을 해 보세요.

(1)
$$\begin{array}{r} 6\ 5 \\ +\ \ \ 3 \\ \hline \boxed{} \end{array}$$

(2)
$$\begin{array}{r} 7 \\ +\ 4\ 0 \\ \hline \boxed{} \end{array}$$

(3) $73 + 6 = \boxed{}$

(4) $4 + 52 = \boxed{}$

▶ ▲ + ■●는
■● + ▲와 같은 방법으로 계산해.

3 딸기우유가 31개, 바나나우유가 8개 있습니다. 딸기우유와 바나나우유는 모두 몇 개일까요?

식 $31 + \boxed{} = \boxed{}$ 답 _____

▶ 답을 쓸 때 계산 결과에 단위 '개'를 붙여서 쓰는 것 잊지 마.

🔗 탄탄북

4 계산에서 잘못된 곳을 찾아 바르게 계산해 보세요.

$$\begin{array}{r} 2\ 5 \\ +\ 3 \\ \hline 5\ 5 \end{array}$$ ➡ $\boxed{}$

▶ (몇십몇) + (몇)에서 낱개의 수끼리 더해야 하니까 세로셈으로 쓸 때 낱개의 수끼리 줄을 맞추어 써야 해.

5 지영이는 어제 동화책을 **42**쪽 읽었고 오늘은 어제보다 **3**쪽 더 읽었습니다. 지영이는 오늘 동화책을 몇 쪽 읽었을까요?

▶ 42보다 3만큼 더 큰 수를 생각해.

 식 _____ 답 _____

6 타일을 붙여서 벽을 꾸몄습니다. 빨간색 타일과 노란색 타일은 모두 몇 개일까요?

▶ 초록색 타일의 수는 세지 않아도 돼.

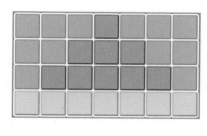

(   )

 내가 만드는 문제

7 보라색 상자와 초록색 상자에서 공을 한 개씩 꺼내어 공에 적힌 두 수의 합을 구해 보세요.

▶ 보라색 상자와 초록색 상자에서 수를 하나씩 골라 봐.

42 50 21   7 6 4

☐ + ☐ = ☐

왜 낱개의 수끼리 줄을 맞추어 써야 할까?

$$\begin{array}{r} 7\ \ 6 \\ +\ \ \cancel{\ \ 2} \\ \hline 9\ \ 6 \end{array}$$

$$\begin{array}{r} 7\ \ 6 \\ +\ \ \ \ 2 \\ \hline \ \ \ \ \ \ \end{array}$$

줄을 맞추어 쓰지 않으면 틀린 계산 결과가 나와.

➡ 낱개의 수끼리 더해야 하므로 2는 76의 6과 나란히 줄을 맞추어 써야 합니다.

8 그림을 보고 □ 안에 알맞은 수를 써넣으세요.

$$30 + 15 = \boxed{}$$

9 덧셈을 해 보세요.

(1)
$$\begin{array}{r} 4\ 4 \\ +\ 3\ 1 \\ \hline \boxed{} \end{array}$$

(2)
$$\begin{array}{r} 1\ 7 \\ +\ 5\ 0 \\ \hline \boxed{} \end{array}$$

(3) $20 + 60 = \boxed{}$

(4) $35 + 23 = \boxed{}$

▶ (몇십몇) + (몇십몇)은 낱개의 수끼리, 10개씩 묶음의 수끼리 더해.

9➕ 덧셈을 해 보세요.

(1)
$$\begin{array}{ccc} 1 & 2 & 3 \\ +\ 2 & 3 & 4 \\ \hline \boxed{\ } & \boxed{\ } & \boxed{\ } \end{array}$$

(2)
$$\begin{array}{ccc} 2 & 5 & 1 \\ +\ 1 & 1 & 2 \\ \hline \boxed{\ } & \boxed{\ } & \boxed{\ } \end{array}$$

3학년 1학기 때 만나!

(세 자리 수)+(세 자리 수)

$$\begin{array}{cccc} & 3 & 1 & 2 \\ + & 4 & 4 & 3 \\ \hline & 7 & 5 & 5 \end{array}$$

같은 자리 수끼리 더합니다.

10 합이 같은 것끼리 이어 보세요.

54 + 25 ·   · 21 + 51

40 + 32 ·   · 17 + 61

60 + 18 ·   · 36 + 43

11 사과 한 상자에 사과가 **34**개씩 들어 있습니다. 두 상자에 들어 있는 사과는 모두 몇 개일까요?

식 $34 + \boxed{} = \boxed{}$ 답 ....

▶ 한 상자에 들어 있는 사과의 수 34를 2번 더하면 돼.

탄탄북

12 같은 모양에 적힌 수의 합을 구해 보세요.

▶ 3단원 「모양과 시각」에서 ■, ▲, ● 모양에 대해 배웠던 것을 기억해 봐.

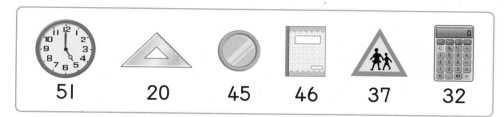

51	20	45	46	37	32

■ ☐ + ☐ = ☐

▲ ☐ + ☐ = ☐

● ☐ + ☐ = ☐

내가 만드는 문제

13 실천한 활동에 따라 칭찬 붙임딱지를 받습니다. 2가지 활동을 골라 실천했을 때 받을 수 있는 칭찬 붙임딱지는 모두 몇 장인지 구해 보세요.

▶ 몇 가지 활동들을 골라 방학 동안 실천해 보는 건 어때?

- 쓰레기 줍기: 12장
- 수학 100문제 풀기: 50장
- 심부름하기: 43장
- 줄넘기 100회 하기: 13장
- 방 청소하기: 25장
- 책 3권 읽기: 41장

☐ + ☐ = ☐ (장)

 (몇십몇)+(몇십몇)을 계산하는 다른 방법은 없을까?

가르기하여 덧셈을 할 수 있습니다.

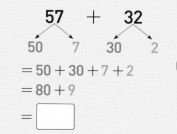

$57 + 32$

$= 57 + 30 + 2$
$= 87 + 2$
$=$ ☐

← 57 + 32 →

$= 50 + 30 + 7 + 2$
$= 80 + 9$
$=$ ☐

 어떤 수를 가르기하여 계산할지 정해.

3 일 모형의 수끼리 줄을 맞추어 빼자.

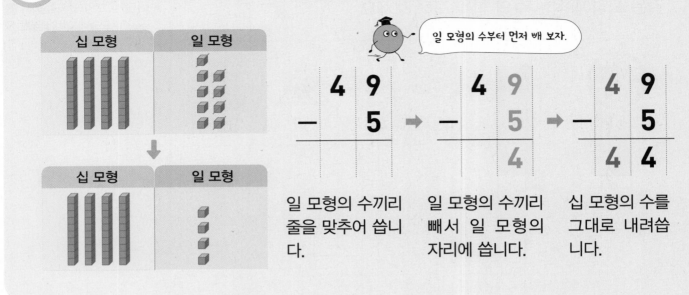

일 모형의 수부터 먼저 빼 보자.

일 모형의 수끼리 줄을 맞추어 씁니다.

일 모형의 수끼리 빼서 일 모형의 자리에 씁니다.

십 모형의 수를 그대로 내려씁니다.

---

1 그림을 보고 뺄셈을 해 보세요.

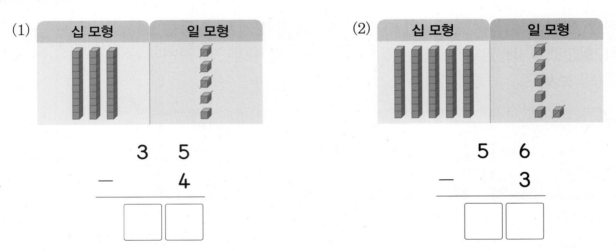

(1)

$$\begin{array}{r} 3\ 5 \\ -\quad 4 \\ \hline \square\ \square \end{array}$$

(2)

$$\begin{array}{r} 5\ 6 \\ -\quad 3 \\ \hline \square\ \square \end{array}$$

---

2 뺄셈을 해 보세요.

(1)
$$\begin{array}{r} 2\ 9 \\ -\quad 6 \\ \hline \square \end{array}$$

(2)
$$\begin{array}{r} 3\ 8 \\ -\quad 4 \\ \hline \square \end{array}$$

낱개의 수끼리 빼서 낱개의 자리에 쓰고 10개씩 묶음의 수를 그대로 내려써.

(3) $46 - 4 = \square$

(4) $57 - 2 = \square$

4 일 모형은 일 모형끼리, 십 모형은 십 모형끼리 빼자.

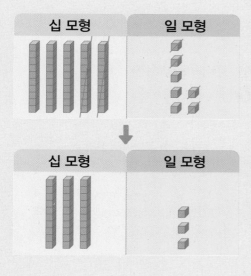

$$\begin{array}{r} 5\ 7 \\ -\ 2\ 4 \\ \hline \end{array}$$ → $$\begin{array}{r} 5\ 7 \\ -\ 2\ 4 \\ \hline 3 \end{array}$$ → $$\begin{array}{r} 5\ 7 \\ -\ 2\ 4 \\ \hline 3\ 3 \end{array}$$

십 모형의 수끼리, 일 모형의 수끼리 줄을 맞추어 씁니다.

일 모형의 수끼리 빼서 일 모형의 자리에 씁니다.

십 모형의 수끼리 빼서 십 모형의 자리에 씁니다.

---

1 그림을 보고 뺄셈을 해 보세요.

(1)
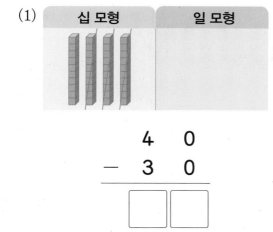

$$\begin{array}{r} 4\ 0 \\ -\ 3\ 0 \\ \hline \end{array}$$

(2)
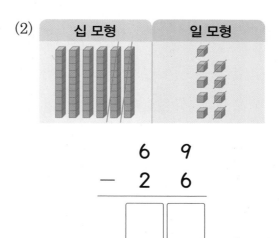

$$\begin{array}{r} 6\ 9 \\ -\ 2\ 6 \\ \hline \end{array}$$

2 뺄셈을 해 보세요.

(1)
$$\begin{array}{r} 3\ 8 \\ -\ 1\ 0 \\ \hline \end{array}$$

(2)
$$\begin{array}{r} 8\ 7 \\ -\ 4\ 5 \\ \hline \end{array}$$

낱개의 수끼리, 10개씩 묶음의 수끼리 차례로 계산해 봐.

(3) $90 - 40 = \boxed{}$

(4) $77 - 13 = \boxed{}$

5 그림을 보고 덧셈식과 뺄셈식을 만들 수 있어.

● 그림을 보고 덧셈과 뺄셈하기

덧셈하기 ➡ ♥와 ♣는 모두 **35 + 23 = 58**(개)입니다.

뺄셈하기 ➡ ♥는 ♣보다 **35 − 23 = 12**(개) 더 많습니다.

'모두'는 덧셈으로, '몇 개 더 많은지'는 뺄셈으로 계산해.

1 그림을 보고 물음에 답하세요.

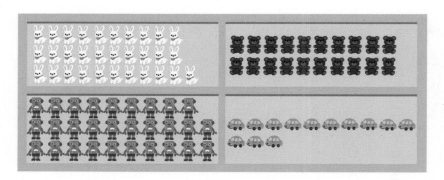

(1) 과 🚗은 모두 몇 개인지 덧셈식으로 나타내 보세요.

$$\boxed{} + \boxed{} = \boxed{}$$

모두 몇 개인지는 덧셈식
■ + ● = ▲로 나타내.

(2) 🐻과 🤖은 모두 몇 개인지 덧셈식으로 나타내 보세요.

$$\boxed{} + \boxed{} = \boxed{}$$

(3) 🐰은 🐻보다 몇 개 더 많은지 뺄셈식으로 나타내 보세요.

$$\boxed{} - \boxed{} = \boxed{}$$

몇 개 더 많은지는 뺄셈식
■ − ● = ▲로 나타내.

(4) 🤖은 🚗보다 몇 개 더 많은지 뺄셈식으로 나타내 보세요.

$$\boxed{} - \boxed{} = \boxed{}$$

2 덧셈을 해 보세요.

(1) $28 + 10 = \boxed{}$

같은 수에 10씩 커지는 수를 더하면 합도 10씩 커져.

$28 + 20 = \boxed{}$

$28 + 30 = \boxed{}$

$28 + 40 = \boxed{}$

(2) $23 + 46 = \boxed{}$

두 수를 바꾸어 더해도 합은 같아.

$46 + 23 = \boxed{}$

3 뺄셈을 해 보세요.

(1) $52 - 10 = \boxed{}$

같은 수에서 10씩 커지는 수를 빼면 차는 10씩 작아져.

$52 - 20 = \boxed{}$

$52 - 30 = \boxed{}$

$52 - 40 = \boxed{}$

(2) $49 - 11 = \boxed{}$

1씩 작아지는 수에서 같은 수를 빼면 차도 1씩 작아져.

$48 - 11 = \boxed{}$

$47 - 11 = \boxed{}$

$46 - 11 = \boxed{}$

4 ○ 안에 >, =, <를 알맞게 써넣으세요.

(1) $32 + 26 \bigcirc 57$

$32 + 25 \bigcirc 57$

$32 + 24 \bigcirc 57$

(2) $37 - 13 \bigcirc 23$

$37 - 14 \bigcirc 23$

$37 - 15 \bigcirc 23$

5 □ 안에 알맞은 수를 써넣으세요.

(1) 36보다 12만큼 더 큰 수는 $\boxed{}$ 입니다.

(2) 58보다 15만큼 더 작은 수는 $\boxed{}$ 입니다.

1 그림을 보고 □ 안에 알맞은 수를 써넣으세요.

▶ /을 그려 지우고 남은 ●를 세어 봐.

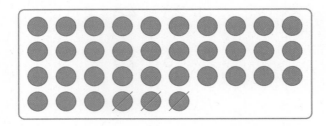

$$36 - 3 = \boxed{}$$

2 뺄셈을 해 보세요.

(1)
```
  5 8
−   5
─────
```
$\boxed{}$

(2)
```
  8 5
−   4
─────
```
$\boxed{}$

(3) $27 - 3 = \boxed{}$

(4) $48 - 2 = \boxed{}$

3 과일 가게에 참외가 68개 있었습니다. 이 중에서 45개를 팔았다면 남은 참외는 몇 개일까요?

식 $68 - \boxed{} = \boxed{}$ 답 _____

4 계산에서 잘못된 곳을 찾아 바르게 계산해 보세요.

```
  9 5
−   2
─────
  7 5
```
➡ $\boxed{}$

▶ (몇십몇) − (몇)에서 낱개의 수끼리 빼야 하니까 세로셈으로 쓸 때 낱개의 수끼리 줄을 맞추어 써야 해.

5 이서는 선우보다 공깃돌을 몇 개 더 많이 가지고 있나요?

공깃돌을 5개 가지고 있어. 선우

공깃돌을 45개 가지고 있어. 이서

▶ 이서가 가지고 있는 공깃돌의 수에서 선우가 가지고 있는 공깃돌의 수를 빼야 해.

식 _____ 답 _____

6 뺄셈을 하고 차가 큰 순서대로 글자를 써 보세요.

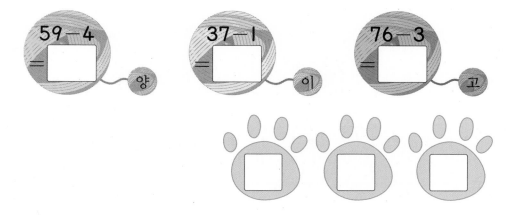

$59 - 4$
$= \boxed{}$ 양

$37 - 1$
$= \boxed{}$ 이

$76 - 3$
$= \boxed{}$ 고

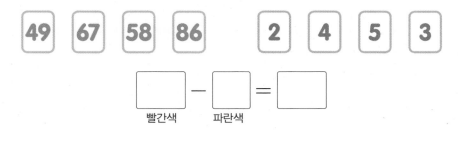

☺ 내가 만드는 문제

7 빨간색 수 카드에서 한 장, 파란색 수 카드에서 한 장을 골라 두 수의 차를 구해 보세요.

▶ 차를 구할 때에는 큰 수에서 작은 수를 빼야 해.

49 67 58 86   2 4 5 3

$\boxed{}$ $-$ $\boxed{}$ $=$ $\boxed{}$
빨간색　　파란색

왜 낱개의 수끼리 줄을 맞추어 써야 할까?

$$\begin{array}{r} 7\ 6 \\ -\ \ 2\ \ \\ \hline 5\ 6 \end{array}$$

$$\begin{array}{r} 7\ 6 \\ -\ \ \ 2 \\ \hline \boxed{\ }\ \boxed{\ } \end{array}$$

줄을 맞추어 쓰지 않으면 틀린 계산 결과가 나와.

➡ 낱개의 수끼리 빼야 하므로 2는 76의 6과 나란히 줄을 맞추어 써야 합니다.

4 (몇십몇) − (몇십몇)

8 그림을 보고 □ 안에 알맞은 수를 써넣으세요.

$$40 - 20 = \boxed{}$$

9 뺄셈을 해 보세요.

(1)
$$\begin{array}{r} 3\ 9 \\ -\ 1\ 4 \\ \hline \boxed{} \end{array}$$

(2)
$$\begin{array}{r} 8\ 5 \\ -\ 3\ 2 \\ \hline \boxed{} \end{array}$$

(3) $62 - 40 = \boxed{}$

(4) $78 - 24 = \boxed{}$

▶ (몇십몇) − (몇십몇)은 낱개의 수끼리, 10개씩 묶음의 수끼리 빼.

9➕ 뺄셈을 해 보세요.

(1)
$$\begin{array}{ccc} 2 & 3 & 6 \\ -\ 1 & 2 & 3 \\ \hline \boxed{\ } & \boxed{\ } & \boxed{\ } \end{array}$$

(2)
$$\begin{array}{ccc} 5 & 4 & 7 \\ -\ 2 & 3 & 1 \\ \hline \boxed{\ } & \boxed{\ } & \boxed{\ } \end{array}$$

3학년 1학기 때 만나!

(세 자리 수)−(세 자리 수)

$$\begin{array}{ccc} 5 & 4 & 2 \\ -\ 3 & 3 & 1 \\ \hline 2 & 1 & 1 \end{array}$$

같은 자리 수끼리 뺍니다.

10 차가 같은 것끼리 이어 보세요.

$57 - 30$ ·

$90 - 60$ ·

$78 - 15$ ·

· $60 - 30$

· $49 - 22$

· $83 - 20$

11 차가 더 큰 것에 색칠해 보세요.

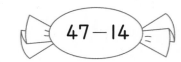
$47 - 14$

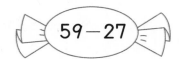
$59 - 27$

▶ 10개씩 묶음의 수가 클수록 큰 수이고 10개씩 묶음의 수가 같으면 낱개의 수가 클수록 큰 수야.

12 고속버스 한 대에 45명까지 탈 수 있습니다. 고속버스에 타고 있는 사람이 21명이라면 몇 명 더 탈 수 있을까요?

식 .... 답 ....

🔗 탄탄북

13 규칙에 따라 빈칸을 채우고 ♥ — ◆를 구해 보세요.

11	12	13	14		16
	22	◆	24	25	
31		33			♥

(   )

▶ 수 배열표에서 오른쪽으로 갈수록 1씩 커지고 아래로 내려갈수록 10씩 커져.

😊 내가 만드는 문제

14 서아와 친구들이 가지고 있는 색종이 수입니다. 지우, 은희, 태하 중에서 한 명을 골라 서아가 가지고 있는 색종이 수와 비교해 보세요.

 서아
12장

 지우
38장

 은희
45장

 태하
59장

▶ 색종이의 수 12, 38, 45, 59 중에서 12가 가장 작으니까 친구들은 서아보다 색종이를 더 많이 가지고 있어.

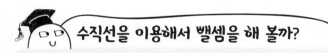

□ 는 서아보다 □ 장 더 많이 가지고 있습니다.

🎓 **수직선을 이용해서 뺄셈을 해 볼까?**

수직선을 이용하여 24 — 13 계산하기

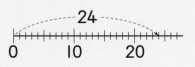

24에서 13만큼 왼쪽으로 되돌아가기 ➡

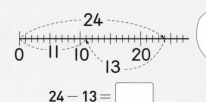

24 — 13 = □

수직선에서 ■—▲는 ■에서 ▲만큼 왼쪽으로 되돌아가면 돼.

5 덧셈과 뺄셈하기

15 문구점의 진열대를 보고 덧셈과 뺄셈을 해 보세요.

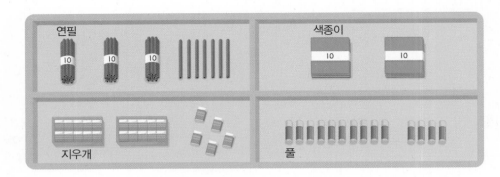

(1) 연필과 색종이는 모두 몇 개인지 덧셈식으로 나타내 보세요.

$$\boxed{} + \boxed{} = \boxed{}$$

(2) 지우개는 풀보다 몇 개 더 많은지 뺄셈식으로 나타내 보세요.

$$\boxed{} - \boxed{} = \boxed{}$$

16 덧셈을 해 보세요.

> 더해지는 수는 10씩 작아지고 더하는 수는 10씩 커지면 합은 같아.

(1) $12 + 13 = \boxed{}$

$22 + 13 = \boxed{}$

$32 + 13 = \boxed{}$

$42 + 13 = \boxed{}$

(2) $64 + 15 = \boxed{}$

$54 + 25 = \boxed{}$

$44 + 35 = \boxed{}$

$34 + 45 = \boxed{}$

17 뺄셈을 해 보세요.

> 빼지는 수가 10씩 커지고 빼는 수도 10씩 커지면 차는 같아.

(1) $47 - 13 = \boxed{}$

$47 - 23 = \boxed{}$

$47 - 33 = \boxed{}$

$47 - 43 = \boxed{}$

(2) $68 - 15 = \boxed{}$

$78 - 25 = \boxed{}$

$88 - 35 = \boxed{}$

$98 - 45 = \boxed{}$

📎탄탄북

18 그림을 보고 같은 색 카드에 알맞은 수를 써넣으세요.

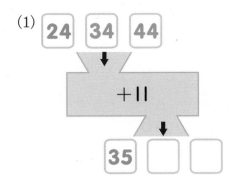

(1)

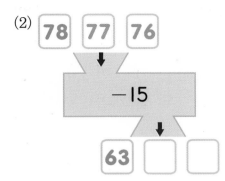

(2)

▶ 34 +11의 계산 결과를
☐ 에 써넣어.

19 노란색 구슬이 65개, 초록색 구슬이 32개 있습니다. 물음에 답하세요.

(1) 구슬은 모두 몇 개일까요?

( )

(2) 어느 색 구슬이 몇 개 더 많을까요?

( ), ( )

▶ 모두 몇 개인지는 덧셈으로, 몇 개 더 많은지는 뺄셈으로 구해.

😊 내가 만드는 문제

20 주황색 비눗방울과 초록색 비눗방울에서 수를 하나씩 골라 덧셈식과 뺄셈식을 써 보세요.

33 45 54 66   12 21 23 30

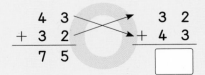 + ● = ☐   ○ − ● = ☐

6

💡🎓 덧셈과 뺄셈에서 순서를 바꾸어 계산할 수 있을까?

```
  4 3        3 2
+ 3 2      + 4 3
─────      ─────
  7 5        ☐
```

```
  7 6    ✗   5 3
- 5 3      - 7 6
─────      ─────
  2 3
```

작은 수에서 큰 수를 뺄 수 없으므로 뺄셈은 순서를 바꾸어 계산할 수 없어.

1 모든 물건의 개수 구하기

귤을 인영이는 **30**개 땄고, 형욱이는 인영이보다 **12**개 더 많이 땄습니다. 인영이와 형욱이가 딴 귤은 모두 몇 개일까요?

(   )

먼저 형욱이가 딴 귤의 수를 구해 봐.

```
  ┌------ 형욱이가 딴 귤의 수 ------┐
┌---------------------------┬------┐
 인영이가 딴 귤의 수(30개)    12개
```

(형욱이가 딴 귤의 수)=30+12(개)

1+ 종이학을 수지는 **45**개 접었고, 정아는 수지보다 **14**개 더 적게 접었습니다. 수지와 정아가 접은 종이학은 모두 몇 개일까요?

(   )

2 □ 안에 들어갈 수 있는 수 구하기

1부터 **9**까지의 수 중에서 □ 안에 들어갈 수 있는 수를 모두 구해 보세요.

$$43 + \square < 47$$

(   )

<를 =라고 생각하여 □를 구해 보자.

15+□<18 ➡ 15+□=18, □=3

15+□가 18보다 작으려면 □는 3보다 작아야 합니다.

2+ **1**부터 **9**까지의 수 중에서 □ 안에 들어갈 수 있는 수를 모두 구해 보세요.

$$57 - \square < 53$$

(   )

3 □ 안에 알맞은 수 구하기

□ 안에 알맞은 수를 써넣으세요.

$$\boxed{} + 12 = 75 - 3$$

□가 없는 식을 먼저 계산한 후 "="의 양쪽을 비교해 봐.

$\square + 2 = 3 + 4$

$\square + 2 = 7$

➡ 5+2=7이므로 □=5

3+ □ 안에 알맞은 수를 써넣으세요.

$$95 - \boxed{} = 51 + 4$$

4 그림이 나타내는 수 구하기

같은 그림은 같은 수를 나타냅니다. 그림이 나타내는 수를 각각 구해 보세요.

10 + 10 = 🍎

🍎 + 🍎 = 🍌

🍌 + 🍌 = 🍩

🍎 ( )

🍌 ( )

🍩 ( )

순서대로 그림이 나타내는 수를 구해 봐.

첫째 식에서 🍎 구하기

⬇

둘째 식에서 🍌 구하기

⬇

셋째 식에서 🍩 구하기

4+ 같은 그림은 같은 수를 나타냅니다. 그림이 나타내는 수를 각각 구해 보세요.

🏀 + 🏀 = 40

10 + 🏀 = ⚪

⚪ + 20 = 🟤

🏀 ( )

⚪ ( )

🟤 ( )

5 차가 가장 큰 뺄셈식 만들기

수 카드 **3**장 중에서 **2**장을 골라 몇십 몇을 만들고 남은 한 장으로 몇을 만들어 뺄셈식을 만들려고 합니다. 차가 가장 큰 뺄셈식을 만들고 계산해 보세요.

2 **4** **6**

☐ ─ ☐ = ☐

큰 수에서 작은 수를 뺄수록 차가 커져.

$99-4=95$ ⎫+1
$99-3=96$ ⎬+1
$99-2=97$ ⎬+1
$99-1=98$ ⎭+1

$16-4=12$ ⎫+1
$17-4=13$ ⎬+1
$18-4=14$ ⎬+1
$19-4=15$ ⎭+1

6 합을 알 때 ☐의 수 구하기

두 수의 합이 **57**일 때 ☐ 안에 알맞은 수를 각각 써넣으세요.

☐ **2**   **4** ☐

세로셈으로 나타내 계산해 봐.

☐$1+2$☐$=32$

$$\begin{array}{r} ☐\,1 \\ +\ 2\,☐ \\ \hline 3\ 2 \end{array}$$

☐$+2=3$⌐ ⌐$1+$☐$=2$

5+

수 카드 **3**장 중에서 **2**장을 골라 몇십 몇을 만들고 남은 한 장으로 몇을 만들어 뺄셈식을 만들려고 합니다. 차가 가장 큰 뺄셈식을 만들고 계산해 보세요.

5 **3** **7**

☐ ─ ☐ = ☐

6+

두 수의 합이 **68**일 때 ☐ 안에 알맞은 수를 각각 써넣으세요.

2 ☐   ☐ **1**

단원 평가

점수 | 확인

1 그림을 보고 뺄셈식을 만들어 계산해 보세요.

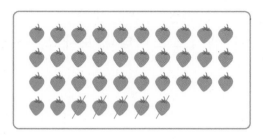

$37 - \boxed{} = \boxed{}$

2 계산을 해 보세요.

(1)
$$\begin{array}{r} 3\ 6 \\ +\quad 3 \\ \hline \end{array}$$

(2)
$$\begin{array}{r} 5\ 9 \\ -\quad 7 \\ \hline \end{array}$$

(3) $53 + 36$

(4) $58 - 33$

3 빈칸에 알맞은 수를 써넣으세요.

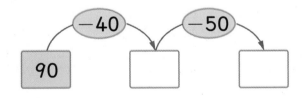

4 두 수의 합과 차를 구해 보세요.

| 56 | 42 |

합 (   )

차 (   )

5 계산 결과를 비교하여 ○ 안에 >, =, <를 알맞게 써넣으세요.

(1) $30 + 40 \bigcirc 94 - 20$

(2) $66 - 21 \bigcirc 12 + 33$

6 계산이 잘못된 까닭을 쓰고 바르게 계산해 보세요.

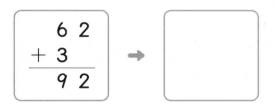

까닭 _____

_____

7 빈칸에 알맞은 수를 써넣으세요.

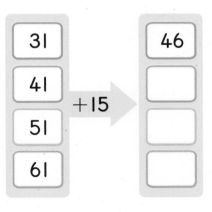

단원 평가

8 □ 안에 알맞은 수를 써넣으세요.

(1) $56 - 26 = 30$

$56 - \boxed{} = 40$ ↓ +10

(2) $56 - 26 = 30$

$56 - \boxed{} = 10$ ↓ −20

9 73보다 12만큼 더 큰 수와 더 작은 수를 써넣으세요.

12만큼 더 작은 수		12만큼 더 큰 수
□	73	□

10 계산 결과가 같은 것끼리 이어 보세요.

17 + 21	·	·	98 − 32
12 + 43	·	·	59 − 21
34 + 32	·	·	77 − 22

11 놀이터에 어린이가 18명 있었습니다. 그중에서 6명이 집으로 갔습니다. 놀이터에 남아 있는 어린이는 몇 명일까요?

(   )

[12~13] 연못에 올챙이가 46마리, 개구리가 12마리 있습니다. 물음에 답하세요.

12 올챙이와 개구리가 모두 몇 마리인지 덧셈식으로 나타내 보세요.

$\boxed{} + \boxed{} = \boxed{}$

13 올챙이는 개구리보다 몇 마리 더 많은지 뺄셈식으로 나타내 보세요.

$\boxed{} - \boxed{} = \boxed{}$

14 □ 안에 알맞은 수를 써넣으세요.

$25 + \boxed{} = 32 + 47$

15 □ 안에 알맞은 수를 써넣으세요.

(1)

```
    5 □
+   □ 4
─────────
    7 8
```

(2)

```
    □ 7
−   3 □
─────────
    5 7
```

16 주현이는 10살입니다. 아버지는 주현이보다 35살 더 많고, 어머니는 아버지보다 3살 더 적습니다. 어머니는 몇 살일까요?

(   )

17 1부터 9까지의 수 중에서 □ 안에 들어갈 수 있는 수를 모두 구해 보세요.

$$57 - \square > 52$$

(   )

18 같은 그림은 같은 수를 나타냅니다. 그림이 나타내는 수를 각각 구해 보세요.

$$5 + 5 = ♥$$
$$♥ + ♥ = ◆$$
$$◆ + 30 = ★$$

♥ (   )

◆ (   )

★ (   )

19 과수원에서 복숭아를 연주는 32개 따고, 기영이는 연주보다 13개 더 많이 땄습니다. 연주와 기영이가 딴 복숭아는 모두 몇 개인지 풀이 과정을 쓰고 답을 구해 보세요.

풀이

답

20 두 수를 골라 덧셈식을 만들었을 때 가장 큰 합을 구하려고 합니다. 풀이 과정을 쓰고 답을 구해 보세요.

$$20 \quad 9 \quad 15 \quad 43$$

풀이

답

사고력이 반짝

● 다음과 같이 쌓아 올린 장난감 고리를 위에서 볼 때 몇 개의 고리가 보이는지 써 보세요.

(   )

기본 1-2 붙임딱지

문제의 쪽수, 번호에 알맞게 붙여 보세요!

1 100까지의 수

13쪽 11번

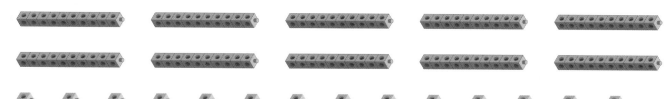

25쪽 22번

3 모양과 시각

66쪽 3번

69쪽 12번

71쪽 18번

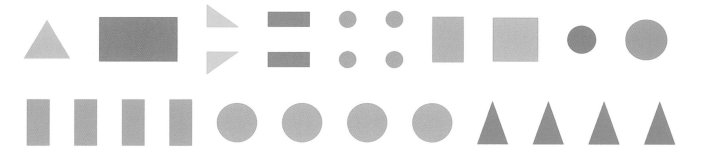

4 덧셈과 뺄셈(2)

90쪽 2번

5 규칙 찾기

115쪽 2번

118쪽 7번

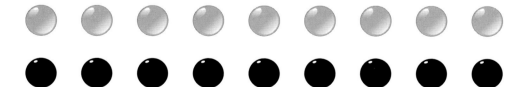

129쪽 16번

계산이 아닌

개념을 깨우치는

수학을 품은 연산

디딤돌
연산 은
수학 이다.

1~6학년(학기용)

수학 공부의 새로운 패러다임

상위권의 기준

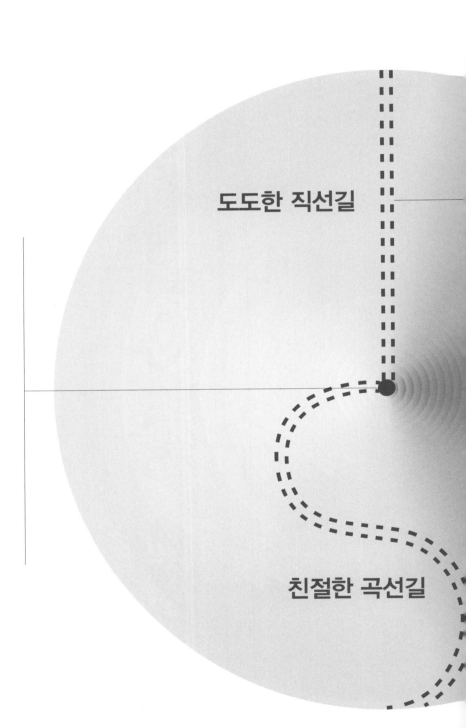

상위권의 기준

최상위
사고력

수학 좀 한다면

도도한 직선길

친절한 곡선길

수학 좀 한다면

기본탄탄북

$\dfrac{1}{2}$

차례

수학 좀 한다면

초등수학

기본탄탄북

$$\frac{1}{2}$$

- **개념 적용 복습** │ 진도책의 개념 적용에서 틀리기 쉽거나 중요한 문제들을 다시
  한번 풀어 보세요.

- **서술형 문제** │ 쓰기 쉬운 서술형 문제로 수학적 의사표현 능력을 키워 보세요.

- **수행 평가** │ 수시평가를 대비하여 꼭 한번 풀어 보세요.
  시험에 대한 자신감이 생길 거예요.

- **총괄 평가** │ 최종적으로 모든 단원의 문제를 풀어 보면서 실력을 점검해 보세요.

1

진도책 11쪽
5번 문제

나타내는 수가 다른 하나에 ○표 하세요.

| 90 | 구십 | 일흔 | 아흔 |

어떻게 풀었니?

숫자로 나타낸 수가 **90**뿐이니까 **90**을 읽는 방법을 알아보자!

수는 두 가지 방법으로 읽을 수 있어.

수	9	90
모형		
읽기	구	
	아홉	

90은 [ ] 또는 [ ] (이)라고 읽어. [ ] 이 나타내는 수는 **70**이야.

아~ 나타내는 수가 다른 하나는 [ ] 이니까 [ ]에 ○표 하면 되는구나!

2 나타내는 수가 다른 하나에 ○표 하세요.

| 여든 | 80 | 예순 | 팔십 |

3 나타내는 수가 다른 하나를 찾아 기호를 써 보세요.

| ㉠ 60   ㉡ 10개씩 묶음 6개   ㉢ 칠십   ㉣ 예순 |

(   )

4

진도책 12쪽
8번 문제

그림을 보고 □ 안에 알맞은 수를 써넣으세요.

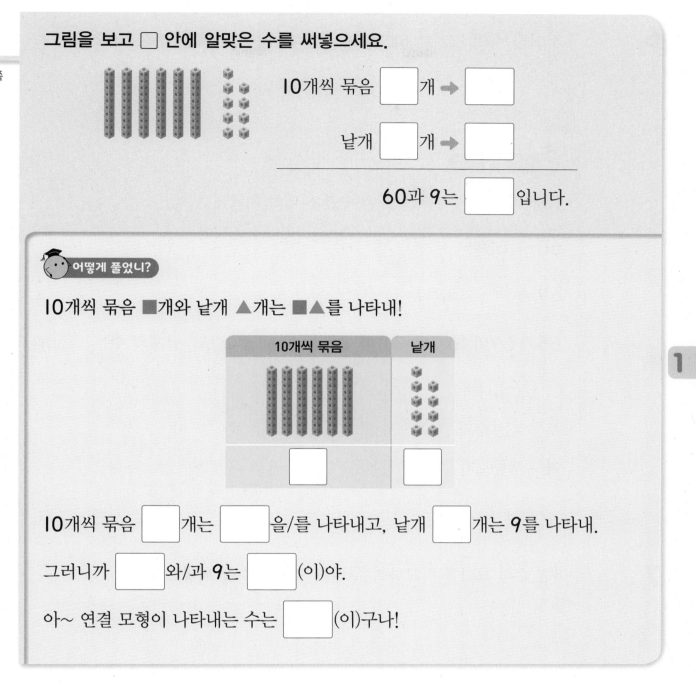

10개씩 묶음 □ 개 ➡ □

낱개 □ 개 ➡ □

60과 9는 □ 입니다.

어떻게 풀었니?

10개씩 묶음 ■개와 낱개 ▲개는 ■▲를 나타내!

10개씩 묶음	낱개
□	□

10개씩 묶음 □ 개는 □ 을/를 나타내고, 낱개 □ 개는 9를 나타내.

그러니까 □ 와/과 9는 □ (이)야.

아~ 연결 모형이 나타내는 수는 □ (이)구나!

5

그림을 보고 □ 안에 알맞은 수를 써넣으세요.

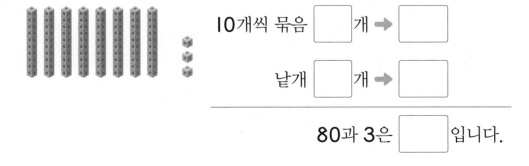

10개씩 묶음 □ 개 ➡ □

낱개 □ 개 ➡ □

80과 3은 □ 입니다.

6

진도책 22쪽
10번 문제

주어진 수의 크기를 비교하여 ☐ 안에 알맞은 수를 써넣으세요.

65, 69 → ☐ > ☐

👨‍🎓 어떻게 풀었니?

10개씩 묶음의 수와 낱개의 수를 차례로 비교해 보자!

65 → 60과 ☐

69 → ☐와/과 ☐

65와 69의 10개씩 묶음의 수는 ☐(으)로 같고, 낱개의 수는 ☐와/과

☐(이)니까 ☐가 ☐보다 커.

부등호는 수가 큰 쪽으로 벌어지게 그려야 해.

아~ 부등호가 벌어진 쪽에 큰 수를 쓰면 ☐ > ☐ 구나!

7 주어진 수의 크기를 비교하여 ☐ 안에 알맞은 수를 써넣으세요.

78, 82 → ☐ > ☐

8 주어진 수의 크기를 비교하여 ☐ 안에 알맞은 수를 써넣으세요.

91, 96 → ☐ < ☐

9

진도책 24쪽
18번 문제

짝수만 모여 있는 것을 찾아 ○표 하세요.

6 11 29	20 15 32	28 14 34
( )	( )	( )

어떻게 풀었니?

짝수에 대해 알아보자!

짝수는 둘씩 짝을 지을 때 남는 것이 없는 수야.

10개씩 묶음의 수, 즉 20, 30, 40, ...은 둘씩 짝을 지어 남는 것이 없으므로 낱개의 수만 보면 그 수가 짝수인지, 홀수인지 알 수 있어.

낱개의 수가 0, □, □, □, □ 인 수는 둘씩 짝을 지을 때 남는 것이

없으니까 짝수, 낱개의 수가 1, □, □, □, □ 인 수는 둘씩 짝을

지을 때 남는 것이 있으니까 홀수야.

따라서 낱개의 수가 짝수인 수에 △표 하면

6 11 29	20 15 32	28 14 34	야.

아~ 짝수만 모여 있는 것을 찾아 ○표 하면 (   ) (   ) (   )이구나!

10 홀수만 모여 있는 것을 찾아 ○표 하세요.

23 18 4	11 25 7	32 21 13
( )	( )	( )

🗐 쓰기 쉬운 서술형

1

60, 70, 80, 90 알아보기

빨간색 공을 그림과 같은 상자에 한 칸에 한 개씩 담으려고 합니다. 모두 담으려면 몇 상자가 필요한지 풀이 과정을 쓰고 답을 구해 보세요.

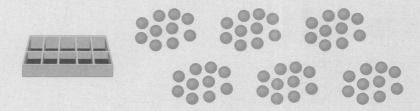

🖊 **무엇을 쓸까?** ❶ 빨간색 공은 모두 몇 개인지 구하기

❷ 한 상자에는 공을 몇 개 담을 수 있는지 구하기

❸ 몇 상자가 필요한지 구하기

풀이 ⑩ 빨간색 공은 10개씩 묶음이 (　　　)개이므로 (　　　)개입니다. ··· ❶

한 상자에는 공을 (　　　)개 담을 수 있습니다. ··· ❷

따라서 공을 모두 담으려면 (　　　)상자가 필요합니다. ··· ❸

답 _____

1-1

민아는 사탕을 80개 사려고 합니다. 사탕이 한 봉지에 10개씩 들어 있다면 몇 봉지를 사야 하는지 풀이 과정을 쓰고 답을 구해 보세요.

🖊 **무엇을 쓸까?** ❶ 80은 10개씩 묶음이 몇 개인지 구하기

❷ 사탕을 몇 봉지 사야 하는지 구하기

풀이 _____

_____

답 _____

2 **99까지의 수 알아보기**

바둑돌의 수를 세어 쓰고, 두 가지 방법으로 읽어 보려고 합니다. 풀이 과정을 쓰고 답을 구해 보세요.

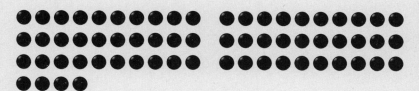

🖊 **무엇을 쓸까?** ❶ 바둑돌의 수 구하기

❷ 바둑돌의 수를 쓰고 두 가지 방법으로 읽기

풀이 **예** 바둑돌은 10개씩 묶음 (   )개와 낱개 (   )개이므로

(   )개입니다. ⋯ ❶

바둑돌의 수를 쓰면 (   )이고, (   ) 또는 (   )(이)라고 읽습니다.

⋯ ❷

답 _____

2-1

수수깡의 수를 세어 쓰고, 두 가지 방법으로 읽어 보려고 합니다. 풀이 과정을 쓰고 답을 구해 보세요.

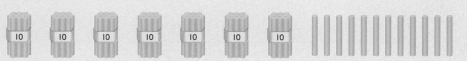

🖊 **무엇을 쓸까?** ❶ 수수깡의 수 구하기

❷ 수수깡의 수를 쓰고 두 가지 방법으로 읽기

풀이 _____

_____

답 _____

3 두 수의 사이에 있는 수 알아보기

69와 73 사이에 있는 수를 모두 쓰려고 합니다. 풀이 과정을 쓰고 답을 구해 보세요.

✏ 무엇을 쓸까? ❶ 69부터 73까지의 수를 순서대로 쓰기

❷ 69와 73 사이에 있는 수 구하기

풀이 ㉮ 69부터 73까지의 수를 순서대로 쓰면

69, (　　　), (　　　), (　　　), 73입니다. ⋯ ❶

따라서 69와 73 사이에 있는 수는 (　　　), (　　　), (　　　)입니다. ⋯ ❷

답 _____

3-1

54와 59 사이에 있는 수를 모두 쓰려고 합니다. 풀이 과정을 쓰고 답을 구해 보세요.

✏ 무엇을 쓸까? ❶ 54부터 59까지의 수를 순서대로 쓰기

❷ 54와 59 사이에 있는 수 구하기

풀이 _____

_____

_____

답 _____

3-2

82와 86 사이에 있는 홀수는 모두 몇 개인지 풀이 과정을 쓰고 답을 구해 보세요.

⚡ **무엇을 쓸까?** ❶ 82부터 86까지의 수를 순서대로 쓰기

❷ 82와 86 사이에 있는 홀수는 모두 몇 개인지 구하기

풀이

답

3-3

연우네 학교 음악회에서 입장 순서 번호가 연우는 77번이고 주아는 84번입니다. 연우네 학교 학생들이 빠짐없이 번호대로 줄을 섰을 때 연우와 주아 사이에 서 있는 학생은 모두 몇 명인지 풀이 과정을 쓰고 답을 구해 보세요.

⚡ **무엇을 쓸까?** ❶ 77부터 84까지의 수를 순서대로 쓰기

❷ 77과 84 사이에 있는 수는 몇 개인지 구하기

❸ 연우와 주아 사이에 서 있는 학생은 모두 몇 명인지 구하기

풀이

답

4 수의 크기 비교하기

색종이를 은주는 **64**장 가지고 있고, 민호는 **59**장 가지고 있습니다. 색종이를 더 많이 가지고 있는 사람은 누구인지 풀이 과정을 쓰고 답을 구해 보세요.

무엇을 쓸까? ❶ 64와 59의 크기 비교하기

❷ 색종이를 더 많이 가지고 있는 사람은 누구인지 구하기

풀이 예 **64**와 **59**의 **10**개씩 묶음의 수를 비교하면 **64** ◯ **59**입니다. ··· ❶

따라서 색종이를 더 많이 가지고 있는 사람은 (   )입니다. ··· ❷

답 _____

4-1

준서네 집에는 동화책이 **75**권, 위인전이 **77**권 있습니다. 어느 책이 더 적게 있는지 풀이 과정을 쓰고 답을 구해 보세요.

무엇을 쓸까? ❶ 75와 77의 크기 비교하기

❷ 어느 책이 더 적게 있는지 구하기

풀이 _____

_____

_____

답 _____

4-2

구슬을 지후는 **73**개, 현우는 **86**개, 태민이는 **81**개 가지고 있습니다. 구슬을 가장 많이 가지고 있는 사람은 누구인지 풀이 과정을 쓰고 답을 구해 보세요.

무엇을 쓸까?   ❶ 73, 86, 81의 크기 비교하기
❷ 구슬을 가장 많이 가지고 있는 사람은 누구인지 구하기

풀이

답

1

4-3

과일 가게에 사과가 **87**개, 배가 **83**개 있고, 귤은 배보다 **1**개 더 많습니다. 과일 가게에 가장 많이 있는 과일은 무엇인지 풀이 과정을 쓰고 답을 구해 보세요.

무엇을 쓸까?   ❶ 귤의 수 구하기
❷ 사과, 배, 귤의 수 비교하기
❸ 가장 많이 있는 과일은 무엇인지 구하기

풀이

답

1 그림을 보고 □ 안에 알맞은 수를 써넣으세요.

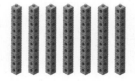

10개씩 묶음 □ 개이므로 □ 입니다.

2 □ 안에 알맞은 수를 써넣으세요.

> 83은 10개씩 묶음 □ 개와 낱개 □ 개입니다.

3 99보다 1만큼 더 큰 수를 쓰고 읽어 보세요.

쓰기 (   )

읽기 (   )

4 다음 중 수를 잘못 읽은 것은 어느 것일까요? (   )

① 60 ➡ 예순
② 91 ➡ 구십일
③ 58 ➡ 쉰여덟
④ 83 ➡ 여든삼
⑤ 74 ➡ 칠십사

5 순서에 맞게 빈칸에 알맞은 수를 써넣으세요.

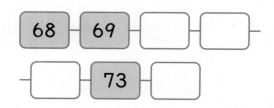

6 두 수의 크기를 비교하여 ○ 안에 >, <를 알맞게 써넣으세요.

(1) 88 ◯ 91

(2) 65 ◯ 63

7 짝수를 모두 찾아 ○표 하세요.

7	16	34
25	40	29

8 가장 큰 수에 ○표, 가장 작은 수에 △표 하세요.

73	88	85	69

9 58보다 크고 63보다 작은 수는 모두 몇 개인지 구해 보세요.

(   )

서술형 문제

10 딸기 농장에서 딸기를 도윤이는 52개, 민하는 48개, 혜주는 55개 땄습니다. 딸기를 많이 딴 순서대로 이름을 쓰려고 합니다. 풀이 과정을 쓰고 답을 구해 보세요.

풀이

답

➕ 개념 적용

1

진도책 37쪽
5번 문제

수 카드 2장을 골라 덧셈식을 완성해 보세요.

2 1 4 3

$$1 + \boxed{} + \boxed{} = 7$$

🎓 **어떻게 풀었니?**

먼저 1에 얼마를 더해야 7이 되는지 생각해 보자!

$1 + \square + \square = 7$이므로 $\square + \square = \boxed{}$(이)야.

수 카드의 수 중에서 합이 $\boxed{}$이/가 되는 두 수를 찾아보자.

$1 + 2 = \boxed{}$, $1 + 4 = \boxed{}$, $1 + 3 = \boxed{}$,

$2 + 4 = \boxed{}$, $2 + 3 = \boxed{}$, $4 + 3 = \boxed{}$

합이 6이 되는 수 카드 2장을 골라 ○표 하면

2 1 4 3 이야.

아~ 덧셈식을 완성하면 $1 + \boxed{} + \boxed{} = 7$이구나!

2 수 카드 2장을 골라 덧셈식을 완성해 보세요.

2 5 4 6

$$\boxed{} + \boxed{} + 1 = 8$$

3

진도책 38쪽
11번 문제

계산 결과를 비교하여 ◯ 안에 >, =, <를 알맞게 써넣으세요.

$$8 - 1 - 5 \bigcirc 6 - 5$$

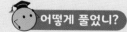 **어떻게 풀었니?**

왼쪽 식과 오른쪽 식을 각각 계산하여 결과를 비교해 보자!

세 수의 뺄셈은 앞에서부터 순서대로 계산해야 해.

먼저 왼쪽 식을 순서대로 빼보자.

$$8 - 1 = \boxed{}$$

$$\boxed{} - 5 = \boxed{}$$

그 다음 오른쪽 식을 계산해 보면 $6 - 5 = \boxed{}$ (이)야.

왼쪽 식을 계산하면 $\boxed{}$ 이고, 오른쪽 식을 계산하면 $\boxed{}$ 이므로 $\boxed{} > \boxed{}$ (이)야.

아~ 계산 결과를 비교하면 $8 - 1 - 5 \bigcirc 6 - 5$ 구나!

4 계산 결과를 비교하여 ◯ 안에 >, =, <를 알맞게 써넣으세요.

⑴ $9 - 4 - 2 \bigcirc 7 - 3$

⑵ $7 - 1 - 4 \bigcirc 8 - 6$

5 계산 결과가 가장 큰 것에 ◯표 하세요.

$$9 - 3 - 5 \qquad 7 - 1 - 2 \qquad 8 - 2 - 3$$

(   )   (   )   (   )

6

진도책 46쪽
4번 문제

두 수를 더해서 10이 되도록 빈칸에 알맞은 수를 써넣으세요.

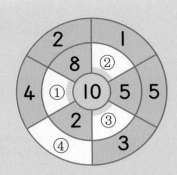

👨‍🎓 **어떻게 풀었니?**

1부터 9까지의 수 중에서 더해서 10이 되는 두 수를 찾아보자!

1부터 9까지의 수 중에서 더해서 10이 되는 두 수를 덧셈식으로 써 보면

$\boxed{} + 9 = 10$, $\boxed{} + 1 = 10$, $2 + \boxed{} = 10$, $\boxed{} + 2 = 10$,

$\boxed{} + 7 = 10$, $7 + 3 = 10$, $\boxed{} + 6 = 10$, $6 + 4 = 10$,

$\boxed{} + 5 = 10$이야.

어떤 수를 더해야 10이 되는지 알았니?

이제 바깥 부분과 안쪽 부분의 수를 더하여 10이 되는 수를 찾아보자.

$4 + ① = 10$이므로 $① = \boxed{}$, $1 + ② = 10$이므로 $② = \boxed{}$,

$3 + ③ = 10$이므로 $③ = \boxed{}$, $④ + 2 = 10$이므로 $④ = \boxed{}$ (이)야.

아~ 빈칸에 알맞은 수를 써넣으면 $\boxed{}$, $\boxed{}$, $\boxed{}$, $\boxed{}$ (이)구나!

7

두 수를 더해서 10이 되도록 빈칸에 알맞은 수를 써넣으세요.

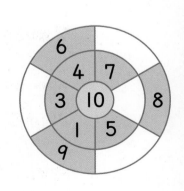

8

진도책 48쪽
8번 문제

파란색 연결 모형은 빨간색 연결 모형보다 몇 개 더 많은지 알아보는 뺄셈식을 써 보세요.

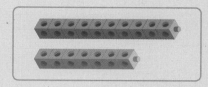

$10 - \boxed{} = \boxed{}$

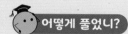 어떻게 풀었니?

어느 것이 얼마나 더 많은지 비교하는 그림은 뺄셈식으로 나타낼 수 있어.

파란색 연결 모형은 10개, 빨간색 연결 모형은 $\boxed{}$개니까

파란색 연결 모형의 수에서 빨간색 연결 모형의 수를 빼는 뺄셈식을 만들어서 계산하면 돼.

➡ (파란색 연결 모형의 수) − (빨간색 연결 모형의 수) $= 10 - \boxed{} = \boxed{}$

아~ 그럼 구하는 뺄셈식은 $10 - \boxed{} = \boxed{}$ (이)구나!

2

9 파란색 연결 모형은 빨간색 연결 모형보다 몇 개 더 많은지 알아보는 뺄셈식을 써 보세요.

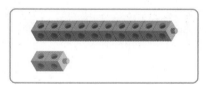

$10 - \boxed{} = \boxed{}$

10 쓰러지지 않은 볼링핀이 몇 개인지 알아보는 뺄셈식을 써 보세요.

$10 - \boxed{} = \boxed{}$

1 잘못된 곳을 찾아 바르게 고치기

계산에서 잘못된 곳을 찾아 까닭을 쓰고 바르게 계산해 보세요.

$$7 - 3 - 2 = 6$$

$$➡$$ ··· ❷

✏️ **무엇을 쓸까?** ❶ 계산이 잘못된 까닭 쓰기

❷ 바르게 계산하기

까닭 ⒜ 세 수의 **뺄셈**은 (앞 , 뒤)에서부터 순서대로 계산해야 하는데

(앞 , 뒤)의 두 수를 먼저 계산해서 틀렸습니다. ··· ❶

1-1

계산에서 잘못된 곳을 찾아 까닭을 쓰고 바르게 계산해 보세요.

$$9 - 5 - 1 = 5$$

$$➡$$

✏️ **무엇을 쓸까?** ❶ 계산이 잘못된 까닭 쓰기

❷ 바르게 계산하기

까닭

2

세 수의 덧셈, 세 수의 뺄셈의 활용

냉장고에 사과가 **4**개, 배가 **2**개, 귤이 **3**개 있습니다. 냉장고에 있는 과일은 모두 몇 개인지 풀이 과정을 쓰고 답을 구해 보세요.

> **무엇을 쓸까?** ❶ 냉장고에 있는 과일의 수를 구하는 과정 쓰기
> ❷ 냉장고에 있는 과일은 모두 몇 개인지 구하기
>
> **풀이** 예 (냉장고에 있는 과일의 수) = (사과의 수) + (배의 수) + (귤의 수) ⋯ ❶
> = (   ) + (   ) + (   )
> = (   )(개)
>
> 따라서 냉장고에 있는 과일은 모두 (   )개입니다. ⋯ ❷
>
> **답** _____

2

2-1

버스에 **3**명이 타고 있었습니다. 첫째 정류장에서 **2**명이 타고, 둘째 정류장에서 **3**명이 탔습니다. 지금 버스에 타고 있는 사람은 모두 몇 명인지 풀이 과정을 쓰고 답을 구해 보세요.

> **무엇을 쓸까?** ❶ 지금 버스에 타고 있는 사람의 수를 구하는 과정 쓰기
> ❷ 지금 버스에 타고 있는 사람은 모두 몇 명인지 구하기
>
> **풀이** _____
> _____
> _____
> _____
>
> **답** _____

2-2

찹쌀떡 8개 중에서 유성이가 2개, 언니가 4개를 먹었습니다. 남은 찹쌀떡은 몇 개인지 풀이 과정을 쓰고 답을 구해 보세요.

무엇을 쓸까?
1. 남은 찹쌀떡의 수를 구하는 과정 쓰기
2. 남은 찹쌀떡은 몇 개인지 구하기

풀이 ....

....

....

....

답 ....

2-3

현우는 공책을 7권 가지고 있었습니다. 지호와 재우에게 각각 2권씩 주었습니다. 현우에게 남은 공책은 몇 권인지 풀이 과정을 쓰고 답을 구해 보세요.

무엇을 쓸까?
1. 남은 공책의 수를 구하는 과정 쓰기
2. 남은 공책은 몇 권인지 구하기

풀이 ....

....

....

....

답 ....

3 **10이 되는 더하기와 10에서 빼기의 활용**

㉠과 ㉡에 알맞은 수의 합은 얼마인지 풀이 과정을 쓰고 답을 구해 보세요.

> ・㉠＋7＝10
> ・10－㉡＝5

🖊 **무엇을 쓸까?** ❶ ㉠과 ㉡에 알맞은 수 각각 구하기

❷ ㉠과 ㉡에 알맞은 수의 합 구하기

풀이 예 (   )＋7＝10이므로 ㉠＝(   )이고,

10－(   )＝5이므로 ㉡＝(   )입니다. … ❶

따라서 ㉠과 ㉡에 알맞은 수의 합은 (   )＋(   )＝(   )입니다. … ❷

답

3-1 ㉠과 ㉡에 알맞은 수의 차는 얼마인지 풀이 과정을 쓰고 답을 구해 보세요.

> ・㉠＋2＝10
> ・10－㉡＝6

🖊 **무엇을 쓸까?** ❶ ㉠과 ㉡에 알맞은 수 각각 구하기

❷ ㉠과 ㉡에 알맞은 수의 차 구하기

풀이

답

4 **10을 만들어 세 수 더하기**

수 카드 4장 중에서 3장을 골라 합이 13이 되는 덧셈식을 만들려고 합니다. 풀이 과정을 쓰고 답을 구해 보세요.

3   2   6   8

✎ 무엇을 쓸까? ❶ 합이 10이 되는 두 수 구하기
  ❷ 합이 13이 되는 덧셈식 만들기

풀이 예 수 카드의 수 중에서 합이 10이 되는 두 수는 (   )와/과 (   )입니다. ⋯ ❶

따라서 합이 13이 되는 덧셈식은 (   )＋(   )＋(   )＝13입니다. ⋯ ❷

답 _____

4-1

수 카드 4장 중에서 3장을 골라 합이 17이 되는 덧셈식을 만들려고 합니다. 풀이 과정을 쓰고 답을 구해 보세요.

6   5   4   7

✎ 무엇을 쓸까? ❶ 합이 10이 되는 두 수 구하기
  ❷ 합이 17이 되는 덧셈식 만들기

풀이 _____

_____

답 _____

5 □ 안에 들어갈 수 있는 수 구하기

1부터 **9**까지의 수 중에서 □ 안에 들어갈 수 있는 수 중 가장 큰 수를 구하려고 합니다. 풀이 과정을 쓰고 답을 구해 보세요.

$$3 + 1 + \square < 8$$

무엇을 쓸까? ❶ 3+1+□를 간단히 하기

❷ □의 범위 구하기

❸ □ 안에 들어갈 수 있는 수 중 가장 큰 수 구하기

풀이 ㉲ 3 + 1 + □ = (   ) + □이므로 (   ) + □ < 8입니다. … ❶

4 + 4 = 8이므로 4 + □가 8보다 작으려면 □ 안에는 4보다 (큰 , 작은)

수가 들어가야 합니다. … ❷

따라서 □ 안에 들어갈 수 있는 수 중 가장 큰 수는 (   )입니다. … ❸

답

5-1

1부터 **9**까지의 수 중에서 □ 안에 들어갈 수 있는 수 중 가장 작은 수를 구하려고 합니다. 풀이 과정을 쓰고 답을 구해 보세요.

$$1 + 2 + \square > 6$$

무엇을 쓸까? ❶ 1+2+□를 간단히 하기

❷ □의 범위 구하기

❸ □ 안에 들어갈 수 있는 수 중 가장 작은 수 구하기

풀이

답

수행 평가

1 계산해 보세요.

(1) $3 + 5 + 1 = \boxed{}$

(2) $9 - 4 - 3 = \boxed{}$

2 밑줄 친 두 수의 합이 10이 되도록 ○ 안에 알맞은 수를 써넣고 식을 완성해 보세요.

$4 + \underset{\underline{}}{\bigcirc} + 2 = \boxed{}$

3 계산 결과를 비교하여 ○ 안에 >, =, <를 알맞게 써넣으세요.

$8 + 2 + 7 \bigcirc 4 + 5 + 6$

4 이서에게 사탕 8개가 있었습니다. 이서의 말을 읽고 남아 있는 사탕은 몇 개인지 구해 보세요.

친구에게 3개, 동생에게 2개를 나누어 주었어.

이서

(   )

5 ☐ 안에 알맞은 수를 써넣으세요.

(1) $3 + 7 = 7 + \boxed{}$

(2) $4 + \boxed{} = 6 + 4$

6 연호는 색종이 10장 중에서 종이접기를 하는 데 7장을 사용했습니다. 남은 색종이는 몇 장인지 구해 보세요.

( )

7 어떤 수와 6을 더하면 10입니다. 어떤 수는 얼마인지 구해 보세요.

( )

8 1부터 9까지의 수 중에서 □ 안에 들어갈 수 있는 수를 모두 구해 보세요.

$$9 - 1 - \square > 4$$

( )

9 □ 안에 알맞은 수가 큰 것부터 차례로 기호를 써 보세요.

ㄱ 10 − 3 = □
ㄴ 10 − □ = 6
ㄷ 5 + □ = 10

( )

서술형 문제

10 지후는 이번 달에 동화책을 2권, 위인전을 3권, 과학책을 3권 읽었습니다. 지후가 이번 달에 읽은 책은 모두 몇 권인지 풀이 과정을 쓰고 답을 구해 보세요.

풀이

답

진도책 66쪽
4번 문제

1 왼쪽 물건과 같은 모양의 물건에 ○표 하세요.

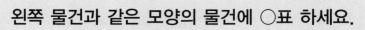

( )   ( )   ( )

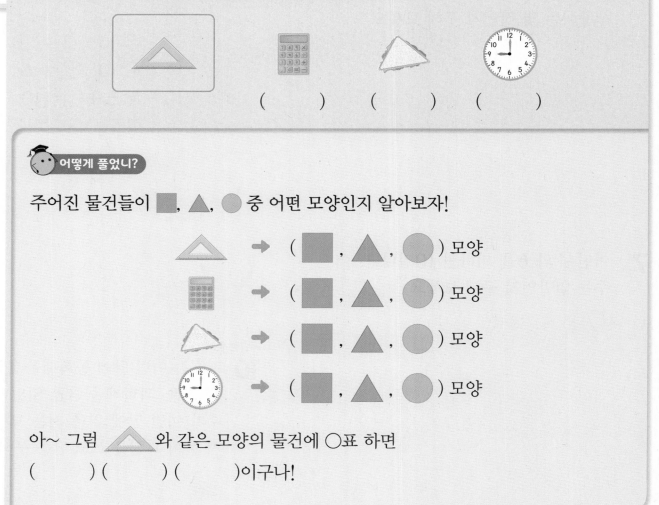

어떻게 풀었니?

주어진 물건들이 ■, ▲, ● 중 어떤 모양인지 알아보자!

△ ➡ (■ , ▲ , ●) 모양

🔢 ➡ (■ , ▲ , ●) 모양

△ ➡ (■ , ▲ , ●) 모양

🕐 ➡ (■ , ▲ , ●) 모양

아~ 그럼 △ 와 같은 모양의 물건에 ○표 하면
( ) ( ) ( )이구나!

2 왼쪽 물건과 같은 모양의 물건에 ○표 하세요.

( )   ( )   ( )

3

진도책 68쪽
9번 문제

태하가 설명하는 모양을 찾아 ○표 하세요.

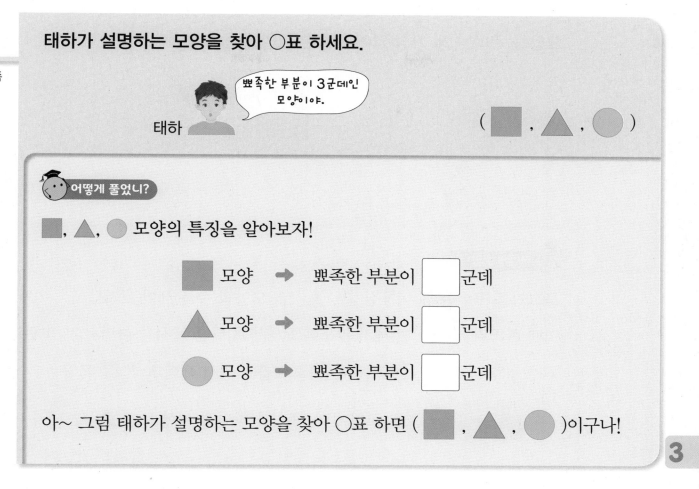

뾰족한 부분이 3군데인 모양이야.

태하

(■ , ▲ , ●)

어떻게 풀었니?

■, ▲, ● 모양의 특징을 알아보자!

■ 모양 ➡ 뾰족한 부분이 ☐ 군데

▲ 모양 ➡ 뾰족한 부분이 ☐ 군데

● 모양 ➡ 뾰족한 부분이 ☐ 군데

아~ 그럼 태하가 설명하는 모양을 찾아 ○표 하면 (■ , ▲ , ●)이구나!

3

4 유미가 설명하는 모양을 찾아 ○표 하세요.

뾰족한 부분이 4군데인 모양이야.

유미

(■ , ▲ , ●)

5 다음을 만족하는 모양을 모두 찾아 ○표 하세요.

- 곧은 선이 있습니다.
- 뾰족한 부분이 있습니다.

(■ , ▲ , ●)

6 모양을 꾸미는 데 가장 많이 이용한 모양에 ○표 하세요.

진도책 71쪽
17번 문제

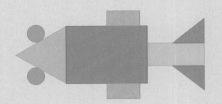

(■ , ▲ , ●)

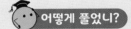 **어떻게 풀었니?**

물고기를 꾸미는 데 이용한 ■, ▲, ● 모양의 수를 세어 보자!

이때 빠뜨리거나 두 번 세지 않도록 모양별로 다른 표시를 하면서 세면 편리해.

■ 모양에 □ 표시를 하면서 세어 보면 ■ 모양은 ☐ 개,

▲ 모양에 △ 표시를 하면서 세어 보면 ▲ 모양은 ☐ 개,

● 모양에 ○ 표시를 하면서 세어 보면 ● 모양은 ☐ 개야.

아~ 그럼 가장 많이 이용한 모양은 (, , ●) 모양이구나!

---

7 여러 가지 모양으로 집을 꾸몄습니다. 가장 많이 이용한 모양에 ○표 하세요.

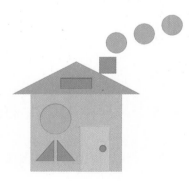

(■ , ▲ , ●)

8

진도책 77쪽
9번 문제

12시 30분을 나타내는 시계를 모두 찾아 ○표 하세요.

(   )   (   )   (   )   (   )

🎓 어떻게 풀었니?

12시 30분일 때 긴바늘과 짧은바늘의 위치를 알아보자!

12시 30분은 12시에서 30분이 지난 시각이야.

12시 30분일 때 짧은바늘은 ☐ 와/과 ☐ 사이에 있고,

긴바늘은 ☐ 을/를 가리키지.

디지털시계는 :의 왼쪽에 있는 숫자가 (시 , 분)을/를 나타내고, :의 오른쪽에 있는 숫자가 (시 , 분)을/를 나타내.

12시 30분일 때 디지털시계는 🔢 **88:88** 와/과 같이 나타내지.

아~ 그럼 12시 30분을 나타내는 시계를 모두 찾아 ○표 하면
(   ) (   ) (   ) (   )이구나!

9   3시 30분을 나타내는 시계를 모두 찾아 ○표 하세요.

(   )   (   )   (   )   (   )

1

여러 가지 모양 찾기

■ 모양의 물건을 찾아 기호를 쓰려고 합니다. 풀이 과정을 쓰고 답을 구해 보세요.

✎ 무엇을 쓸까? ❶ 각 물건의 모양 알아보기

❷ ■ 모양의 물건 찾기

풀이 ⑩ 🚸은 (■ , ▲ , ●) 모양, 📘은 (■ , ▲ , ●) 모양,

◯은 (■ , ▲ , ●) 모양입니다. … ❶

따라서 ■ 모양의 물건은 (   )입니다. … ❷

답 _____

1-1

▲ 모양의 물건은 몇 개인지 풀이 과정을 쓰고 답을 구해 보세요.

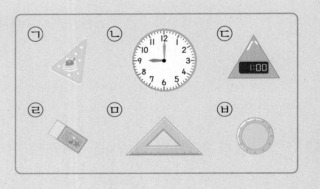

✎ 무엇을 쓸까? ❶ ▲ 모양의 물건 찾기

❷ ▲ 모양의 물건은 몇 개인지 구하기

풀이 _____

_____

답 _____

1-2

● 모양의 물건은 ▲ 모양의 물건보다 몇 개 더 많은지 풀이 과정을 쓰고 답을 구해 보세요.

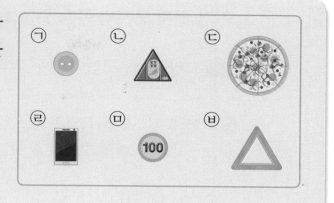

🖊 **무엇을 쓸까?** ❶ ● 모양과 ▲ 모양 물건의 수 각각 구하기

❷ ● 모양의 물건은 ▲ 모양의 물건보다 몇 개 더 많은지 구하기

풀이

답

3

1-3

■, ▲, ● 모양 중 가장 많은 모양은 무엇인지 풀이 과정을 쓰고 답을 구해 보세요.

🖊 **무엇을 쓸까?** ❶ ■, ▲, ● 모양 물건의 수 각각 구하기

❷ 가장 많은 모양 찾기

풀이

답

2

여러 가지 모양의 특징 알아보기

■ 모양과 ▲ 모양의 같은 점과 다른 점을 설명해 보세요.

무엇을 쓸까? ❶ ■ 모양과 ▲ 모양의 같은 점 설명하기
　　　　　　 ❷ ■ 모양과 ▲ 모양의 다른 점 설명하기

같은 점 예 선이 (곧습니다 , 둥근 부분이 있습니다). ⋯ ❶

다른 점 예 뾰족한 부분이 ■ 모양은 (　　)군데 있고,

　　　　 ▲ 모양은 (　　)군데 있습니다. ⋯ ❷

2-1

지호가 다음과 같이 물건을 분류했습니다. 분류한 기준을 설명해 보세요.

무엇을 쓸까? ❶ 분류한 물건의 특징 알아보기
　　　　　　 ❷ 분류한 기준 설명하기

설명

3 이용한 모양의 개수 구하기

■, ▲, ● 모양으로 꾸민 모양입니다. 가장 많이 이용한 모양은 무엇인지 풀이 과정을 쓰고 답을 구해 보세요.

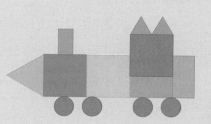

무엇을 쓸까?   ❶ ■, ▲, ● 모양의 수 각각 구하기

❷ 가장 많이 이용한 모양 구하기

풀이 ㉖ ■ 모양을 (   )개, ▲ 모양을 (   )개, ● 모양을 (   )개 이용

했습니다. --- ❶

따라서 가장 많이 이용한 모양은 (■ , ▲ , ●) 모양입니다. --- ❷

답

3

3-1

두 모양을 꾸미는 데 이용한 ■ 모양은 모두 몇 개인지 풀이 과정을 쓰고 답을 구해 보세요.

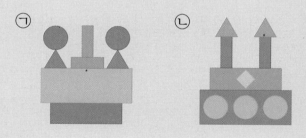

무엇을 쓸까?   ❶ ■ 모양의 수 각각 구하기

❷ 두 모양을 꾸미는 데 이용한 ■ 모양은 모두 몇 개인지 구하기

풀이

답

4 빠른/늦은 사람 찾기

수민이와 연주가 아침에 일어난 시각입니다. 더 일찍 일어난 사람은 누구인지 풀이 과정을 쓰고 답을 구해 보세요.

수민   연주

✎ 무엇을 쓸까? ❶ 일어난 시각을 각각 구하기

❷ 더 일찍 일어난 사람은 누구인지 구하기

풀이 예 수민이가 일어난 시각은 (   )시 (   )분, 연주가 일어난 시각은

(   )시입니다. … ❶

따라서 더 일찍 일어난 사람은 (   )입니다. … ❷

답 _____

4-1 선희와 소진이가 운동을 끝낸 시각입니다. 운동을 먼저 끝낸 사람은 누구인지 풀이 과정을 쓰고 답을 구해 보세요.

선희   소진

✎ 무엇을 쓸까? ❶ 운동을 끝낸 시각을 각각 구하기

❷ 운동을 더 먼저 끝낸 사람은 누구인지 구하기

풀이 _____

_____

답 _____

5

시각 읽기

성호가 오늘 낮에 한 일입니다. 성호가 **3**시에 한 일은 무엇인지 풀이 과정을 쓰고 답을 구해 보세요.

책 읽기 　숙제하기 　피아노 연습

🖊 **무엇을 쓸까?** ❶ 각각의 일을 한 시각 구하기

❷ 성호가 **3**시에 한 일 찾기

풀이 예 책 읽기는 (　　)시, 숙제하기는 (　　)시 (　　)분, 피아노 연습은

(　　)시에 했습니다. ··· ❶

따라서 성호가 **3**시에 한 일은 (　　　　　　)입니다. ··· ❷

답 _____

3

5-1

은정이가 오늘 아침에 한 일입니다. 은정이가 **10**시 **30**분에 한 일은 무엇인지 풀이 과정을 쓰고 답을 구해 보세요.

보드 게임 　간식 먹기 　아침 체조

🖊 **무엇을 쓸까?** ❶ 각각의 일을 한 시각 구하기

❷ 은정이가 **10**시 **30**분에 한 일 찾기

풀이 _____

_____

답 _____

수행 평가

1 ▲ 모양의 물건에 ○표 하세요.

2 시계를 보고 몇 시인지 써 보세요.

(   )

3 ■ 모양의 물건은 모두 몇 개인지 구해 보세요.

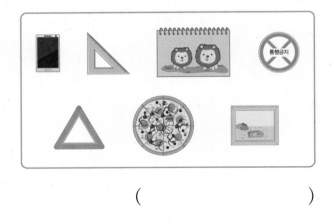

(   )

4 주원이는 영화 보기를 **2**시 **30**분에 시작해서 **4**시에 끝냈습니다. 시각을 각각 시계에 나타내 보세요.

시작 시각　　　　끝낸 시각

5 설명하는 시각을 구해 보세요.

> • **2**시와 **4**시 사이의 시각입니다.
> • 긴바늘이 **12**를 가리킵니다.

(   )

6 설명하는 모양을 찾아 ○표 하세요.

- 곧은 선이 있습니다.
- 뽀족한 부분이 **3**군데 있습니다.

()

7 색종이를 점선을 따라 자르면 ▲ 모양
이 몇 개 생기는지 구해 보세요.

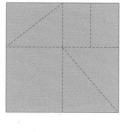

(　　　　　　　)

8 모양을 꾸미는 데 이용하지 않은 모양
을 찾아 ✕표 하세요.

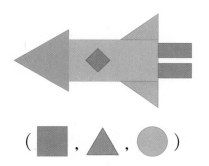

(■ , ▲ , ●)

9 ■, ▲, ● 모양으로 꾸민 모양입니
다. ■, ▲, ● 모양이 몇 개 있는지
세어 보세요.

■ 모양 (　　　　　　　)

▲ 모양 (　　　　　　　)

● 모양 (　　　　　　　)

서술형 문제

10 7시 30분을 바르게 나타낸 시계를 찾
아 기호를 쓰려고 합니다. 풀이 과정을
쓰고 답을 구해 보세요.

㉠ 　　㉡

풀이
....

....

....

....

답 ....

4

1

진도책 92쪽
10번 문제

□ 안에 알맞은 수를 써넣으세요.

$$8 + 3 = 10 + \boxed{} = \boxed{}$$

어떻게 풀었니?

수를 가르기한 후 10을 만들어 덧셈을 해 보자!

8 + 3에서 앞의 수 8을 10으로 만들기 위해 뒤의 수 3을 가르기하여 덧셈을 하면 돼.

$$8 + 3 = \boxed{}$$

$$\boxed{} \qquad 1$$

➡ $8 + 3 = 8 + \boxed{} + 1 = \underline{10} + \boxed{} = \boxed{}$

아~ 그럼 문제의 □ 안에 알맞은 수를 써넣으면

$8 + 3 = 10 + \boxed{} = \boxed{}$ (이)구나!

2

□ 안에 알맞은 수를 써넣으세요.

$$9 + 4 = 10 + \boxed{} = \boxed{}$$

3

□ 안에 알맞은 수를 써넣으세요.

(1) $7 + 6 = 10 + \boxed{} = \boxed{}$

(2) $4 + 7 = \boxed{} + 10 = \boxed{}$

4

진도책 94쪽
16번 문제

합이 12인 식에 모두 색칠해 보세요.

		5+5		
	6+4	6+5	6+6	
7+3	7+4	7+5	7+6	7+7
	8+4	8+5	8+6	
		9+5		

어떻게 풀었니?

위에서부터 차례로 덧셈을 해서 처음으로 합이 12가 되는 식을 찾아보자!

$5+5=\boxed{}$, $6+4=\boxed{}$, $6+5=\boxed{}$, $6+6=\boxed{}$, ...

처음으로 합이 12가 되는 식은 $\boxed{}+\boxed{}$(이)야.

덧셈에서 더해지는 수를 1씩 크게, 더하는 수를 1씩 작게 하면 합이 같은 식이 돼.

$$6 \quad + \quad 6$$

$\xrightarrow{+1}$ $\xrightarrow{-1}$

$$\boxed{} + \boxed{}$$

$\xrightarrow{+1}$ $\xrightarrow{-1}$

$$\boxed{} + \boxed{}$$

아~ 그럼 $\boxed{}+\boxed{}$, $\boxed{}+\boxed{}$, $\boxed{}+\boxed{}$ 에 색칠하면 되는구나!

5 합이 14인 덧셈식에 모두 색칠해 보세요.

		5+7		
	6+6	6+7	6+8	
7+5	7+6	7+7	7+8	7+9
	8+6	8+7	8+8	
		9+7		

6 바르게 계산한 사람은 누구일까요?

진도책 102쪽
11번 문제

윤지
$$17 - 9 = 10 + 2 = 12$$
7 2

동건
$$17 - 9 = 1 + 7 = 8$$
10 7

🎓 어떻게 풀었니?

앞의 수를 10으로 만들기 위해 뒤의 수를 가르기를 하거나 10에서 뺄 수 있도록 앞의 수를 가르기하여 뺄셈을 해 보자!

윤지 17에서 빼서 10을 만들기 위해 9를 7과 2로 가르기했어.
17에서 9를 빼는 것은 7을 뺀 다음 2를 (더하는 , 빼는) 것과 같아.

$$17 - 9 = 10 - \boxed{} = \boxed{}$$
7 2

동건 10에서 뺄 수 있도록 17을 10과 7로 가르기했어.
17에서 9를 빼는 것은 10에서 9를 뺀 다음 7을 (더하는 , 빼는) 것과 같아.

$$17 - 9 = 1 + \boxed{} = \boxed{}$$
10 7

아~ 그럼 바르게 계산한 사람은 $\boxed{}$ (이)구나!

7 잘못 계산한 것을 찾아 기호를 쓰고 바르게 계산해 보세요.

㉠ $15 - 8 = 2 + 5 = 7$
10 5

㉡ $13 - 4 = 10 + 1 = 11$
3 1

(1) 잘못 계산한 것: $\boxed{}$

(2) 바르게 계산하기: $\boxed{}$

8

진도책 104쪽
17번 문제

차가 9가 되도록 □ 안에 알맞은 수를 써넣으세요.

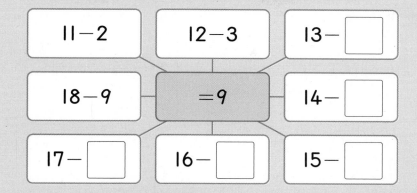

$11-2$ $12-3$ $13-\boxed{}$

$18-9$ $=9$ $14-\boxed{}$

$17-\boxed{}$ $16-\boxed{}$ $15-\boxed{}$

👨‍🎓 어떻게 풀었니?

|씩 커지는 수에서 |씩 커지는 수를 빼면 차는 같아!

11 − 2부터 차례로 계산해 보면

$11-2=\boxed{}$, $12-3=\boxed{}$(이)야.

뺄셈에서 빼지는 수를 |씩 크게, 빼는 수도 |씩 크게 하면 차가 같은 뺄셈식이 돼.

$$12 \ - \ 3 \ = \ 9$$
$$\small{+1}\downarrow \qquad \downarrow \small{+1}$$
$$13 \ - \ 4 \ = \boxed{}$$
$$\small{+1}\downarrow \qquad \downarrow \small{+1}$$
$$14 \ - \ 5 \ = \boxed{}$$

아~ 차가 9가 되는 식은 $13-\boxed{}$, $14-\boxed{}$, $15-\boxed{}$, $16-\boxed{}$,

$17-\boxed{}$(이)구나!

9

차가 7이 되도록 □ 안에 알맞은 수를 써넣으세요.

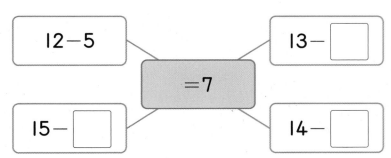

$12-5$ $13-\boxed{}$

$=7$

$15-\boxed{}$ $14-\boxed{}$

1

덧셈, 뺄셈하기

덧셈을 해 보고, 덧셈을 하면서 알게 된 점을 써 보세요.

$$6 + 5 = \square$$
$$6 + 6 = \square$$
$$6 + 7 = \square$$
$$6 + 8 = \square$$

✏️ **무엇을 쓸까?** ❶ 덧셈하기

❷ 덧셈을 하면서 알게 된 점 쓰기

답 예 $6 + 5 = ($ $)$, $6 + 6 = ($ $)$, $6 + 7 = ($ $)$,

$6 + 8 = ($ $)$ ⋯ ❶

같은 수에 1씩 커지는 수를 더하면 합도 ( )씩 커집니다. ⋯ ❷

1-1

뺄셈을 해 보고, 뺄셈을 하면서 알게 된 점을 써 보세요.

$$12 - 5 = \square$$
$$12 - 6 = \square$$
$$12 - 7 = \square$$
$$12 - 8 = \square$$

✏️ **무엇을 쓸까?** ❶ 뺄셈하기

❷ 뺄셈을 하면서 알게 된 점 쓰기

답

2 덧셈의 활용

꽃병에 장미가 **9**송이, 튤립이 **6**송이 꽂혀 있습니다. 꽃병에 꽂혀 있는 꽃은 모두 몇 송이인지 풀이 과정을 쓰고 답을 구해 보세요.

🖊 **무엇을 쓸까?**   ❶ 꽃병에 꽂혀 있는 꽃의 수를 구하는 과정 쓰기

❷ 꽃병에 꽂혀 있는 꽃은 모두 몇 송이인지 구하기

풀이 예 (꽃병에 꽂혀 있는 꽃의 수) = (장미의 수) + (튤립의 수) ··· ❶

= (   ) + (   )

= (   )(송이)

따라서 꽃병에 꽂혀 있는 꽃은 모두 (   )송이입니다. ··· ❷

답

4

2-1

민주는 **8**살이고 언니는 민주보다 **4**살 더 많습니다. 언니는 몇 살인지 풀이 과정을 쓰고 답을 구해 보세요.

🖊 **무엇을 쓸까?**   ❶ 언니의 나이를 구하는 과정 쓰기

❷ 언니는 몇 살인지 구하기

풀이

답

3 **뺄셈의 활용**

풍선이 14개 있었는데 그중에서 6개가 날아가 버렸습니다. 남은 풍선은 몇 개인지 풀이 과정을 쓰고 답을 구해 보세요.

무엇을 쓸까? ❶ 남은 풍선의 수를 구하는 과정 쓰기

❷ 남은 풍선은 몇 개인지 구하기

풀이 예 (남은 풍선의 수) = (처음에 있던 풍선의 수) − (날아간 풍선의 수) ⋯ ❶

= (   ) − (   )

= (   )(개)

따라서 남은 풍선은 (   )개입니다. ⋯ ❷

답 _____

3-1

칭찬 붙임딱지를 윤성이는 16장 모았고, 주하는 윤성이보다 7장 더 적게 모았습니다. 주하가 모은 칭찬 붙임딱지는 몇 장인지 풀이 과정을 쓰고 답을 구해 보세요.

무엇을 쓸까? ❶ 주하가 모은 칭찬 붙임딱지의 수를 구하는 과정 쓰기

❷ 주하가 모은 칭찬 붙임딱지는 몇 장인지 구하기

풀이 _____

_____

_____

답 _____

3-2

비누 **13**개를 선물하기 위해 한 상자에 한 개씩 담으려고 합니다. 상자가 **9**개 있다면 더 필요한 상자는 몇 개인지 풀이 과정을 쓰고 답을 구해 보세요.

무엇을 쓸까? ❶ 더 필요한 상자의 수를 구하는 과정 쓰기
❷ 더 필요한 상자는 몇 개인지 구하기

풀이

답

4

3-3

상자에 도넛은 **8**개 들어 있고, 크림빵은 **15**개 들어 있습니다. 어느 빵이 몇 개 더 많은지 풀이 과정을 쓰고 답을 구해 보세요.

무엇을 쓸까? ❶ 도넛과 크림빵의 수 비교하기
❷ 어느 빵이 몇 개 더 많은지 구하는 과정 쓰기
❸ 어느 빵이 몇 개 더 많은지 구하기

풀이

답   ,

4 □ 안에 알맞은 수 구하기

□ 안에 알맞은 수는 얼마인지 풀이 과정을 쓰고 답을 구해 보세요.

$$\square + 9 = 8 + 5$$

✎ 무엇을 쓸까?   ❶ 8+5 계산하기

❷ □ 안에 알맞은 수 구하기

풀이 예 $8 + 5 = ($ $)$이므로 $\square + 9 = ($ $)$입니다. … ❶

따라서 $($ $) + 9 = ($ $)$이므로 □ 안에 알맞은 수는 $($ $)$입니다. … ❷

답 _____

4-1 □ 안에 알맞은 수는 얼마인지 풀이 과정을 쓰고 답을 구해 보세요.

$$16 - \square = 13 - 4$$

✎ 무엇을 쓸까?   ❶ 13-4 계산하기

❷ □ 안에 알맞은 수 구하기

풀이

_____

_____

_____

답 _____

5 합, 차가 가장 큰 식 만들기

수 카드 중에서 2장을 골라 합이 가장 클 때의 합을 구하려고 합니다. 풀이 과정을 쓰고 답을 구해 보세요.

| 7 | 5 | 6 | 9 |

무엇을 쓸까? ❶ 합이 가장 크게 되는 두 수 구하기

❷ 합이 가장 클 때의 합 구하기

풀이 예 수 카드의 수의 크기를 비교하면 $9 > 7 > 6 > 5$입니다.

합이 가장 크게 되려면 가장 큰 수와 둘째로 큰 수를 더해야 하므로 더해야 하는 두 수는 (　　)와/과 (　　)입니다. … ❶

따라서 합이 가장 클 때의 합은 (　　) + (　　) = (　　)입니다. … ❷

답

5-1

두 수를 골라 차가 가장 클 때의 차를 구하려고 합니다. 풀이 과정을 쓰고 답을 구해 보세요.

| 6 | 12 | 7 | 14 |

무엇을 쓸까? ❶ 차가 가장 크게 되는 두 수 구하기

❷ 차가 가장 클 때의 차 구하기

풀이

답

수행 평가

1 ☐ 안에 알맞은 수를 써넣으세요.

(1) 8 + 7 = ☐

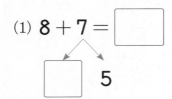

(2) 14 − 5 = ☐

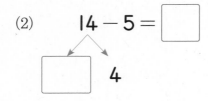

2 덧셈을 해 보세요.

8 + 9 = ☐

9 + 8 = ☐

3 뺄셈을 해 보세요.

(1) 16 − 8 = ☐

(2) 12 − 3 = ☐

4 두 수의 합을 구하여 표를 완성해 보세요.

+	5	6	7	8	9
5					

5 14 − 7과 차가 같은 식에 모두 색칠해 보세요.

14−7	14−8	14−9
15−7	15−8	15−9
16−7	16−8	16−9

6 ○ 안에 >, =, <를 알맞게 써넣으세요.

(1) $4 + 7$ ○ 11

$4 + 8$ ○ 11

(2) $17 - 8$ ○ 9

$17 - 9$ ○ 9

7 바르게 계산한 사람의 이름을 써 보세요.

$13 - 7 = 6$	$14 - 9 = 6$
지수	건우

(   )

8 주아는 도서관에서 동화책 6권과 위인전 7권을 빌렸습니다. 주아가 빌린 책은 모두 몇 권인지 구해 보세요.

(   )

9 □ 안에 알맞은 수를 구해 보세요.

$$5 + 7 = \square + 4$$

(   )

서술형 문제

10 저금통 안에 500원짜리 동전이 13개 들어 있었습니다. 그중에서 5개를 꺼냈습니다. 저금통에 남아 있는 500원짜리 동전은 몇 개인지 풀이 과정을 쓰고 답을 구해 보세요.

풀이 _____

_____

_____

답 _____

1

진도책 116쪽
3번 문제

규칙에 따라 빈칸에 알맞은 모양을 그리고 색칠해 보세요.

🎓 **어떻게 풀었니?**

모양과 색깔이 어떻게 바뀌는지 알아보자!

모양은 모두 ☐ 모양이니까 빈칸에 알맞은 모양은 ☐ 모양이야.

색깔은 빨간색, 노란색, 빨간색, 빨간색, 노란색, 빨간색, ...이니까

☐ , ☐ , ☐ 이 반복돼.

아~ 그럼 문제의 빈칸에 알맞은 모양을 그리고 색칠하면

이구나!

2 규칙에 따라 빈칸에 알맞은 모양을 그리고 색칠해 보세요.

3 규칙에 따라 빈칸에 알맞은 모양을 그리고 색칠해 보세요.

4

진도책 119쪽
11번 문제

규칙에 따라 알맞게 색칠해 보세요.

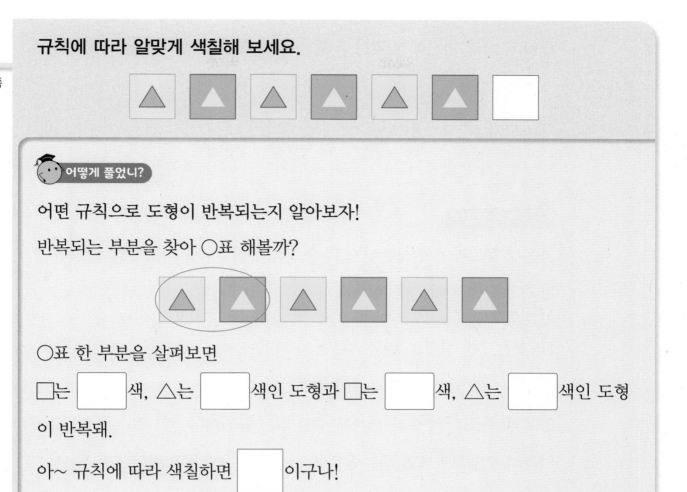

어떻게 풀었니?

어떤 규칙으로 도형이 반복되는지 알아보자!

반복되는 부분을 찾아 ○표 해볼까?

○표 한 부분을 살펴보면

□는 [   ]색, △는 [   ]색인 도형과 □는 [   ]색, △는 [   ]색인 도형

이 반복돼.

아~ 규칙에 따라 색칠하면 [   ]이구나!

5 규칙에 따라 알맞게 색칠해 보세요.

6 규칙에 따라 알맞게 색칠해 보세요.

7

진도책 125쪽
5번 문제

규칙에 따라 빈칸에 알맞은 수를 써넣으세요.

🎓 **어떻게 풀었니?**

가운데 동그라미의 색깔이 양쪽 동그라미 색깔이랑 다르다는 걸 알았니?

양쪽의 수에 따라 가운데 수가 정해지는 건 아닐까?

양쪽의 수를 어떻게 하면 가운데 수가 되는지 규칙을 찾아보자.

1과 2는 3이 되었고, 2와 4는 6이 되었어.

$$1 + 2 = \boxed{}, \quad 2 + 4 = \boxed{}$$

양쪽의 수를 더한 수가 가운데 수가 되는 규칙이야.

양쪽의 수가 3과 4일 때는 $3 + 4 = \boxed{}$, 3과 5일 때는 $3 + 5 = \boxed{}$(이)지.

아~ 그럼 문제의 빈칸에 알맞은 수를 써넣으면

 구나!

8 규칙에 따라 빈칸에 알맞은 수를 써넣으세요.

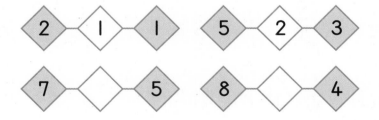

9 규칙에 따라 빈칸에 알맞은 수를 써넣으세요.

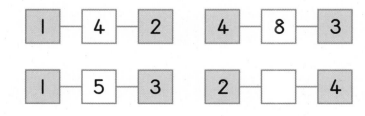

10

진도책 128쪽
13번 문제

규칙에 따라 빈칸에 알맞은 수를 써넣으세요.

4	2	2	4	2				

어떻게 풀었니?

반복되는 규칙을 수나 모양 등 여러 가지 방법으로 나타낼 수 있어.

이 문제에서는 강아지와 참새를 놓은 규칙을 수로 나타낸 거야.

먼저 규칙을 찾아보면 ☐ , ☐ , ☐ 가 반복돼.

강아지를 ☐ 로, 참새를 ☐ 로 나타냈으므로 **4, 2, 2**가 반복돼.

아~ 규칙에 따라 빈칸에 알맞은 수를 써넣으면

4	2	2	4	2				

(이)구나!

11

규칙에 따라 빈칸에 알맞은 수를 써넣으세요.

△	○	☐	△	○	☐	△	○	☐
3	0	4	3	0				

12

규칙에 따라 수로 바르게 나타낸 사람은 누구인지 써 보세요.

윤아:	2	5	0	2	5	0
지호:	2	5	2	2	5	2

( )

📋 쓰기 쉬운 서술형

1 규칙 찾기

규칙에 따라 ☐ 안에 알맞은 채소의 이름은 무엇인지 풀이 과정을 쓰고 답을 구해 보세요.

🥕 **무엇을 쓸까?** ❶ 규칙 찾아 말하기

❷ ☐ 안에 알맞은 채소의 이름 구하기

풀이 ⑩ 당근, (　　　　), (　　　　)이/가 반복됩니다. … ❶

따라서 ☐ 안에 알맞은 채소는 (　　　)입니다. … ❷

답 _____

1-1

규칙에 따라 빈칸에 알맞은 모양을 그리려고 합니다. 풀이 과정을 쓰고 답을 구해 보세요.

🥕 **무엇을 쓸까?** ❶ 규칙 찾아 말하기

❷ 빈칸에 알맞은 모양 그리기

풀이 _____

_____

답 _____

1-2

규칙에 따라 구슬을 늘어놓을 때 **11**째에 놓아야 하는 구슬은 무슨 색인지 풀이 과정을 쓰고 답을 구해 보세요.

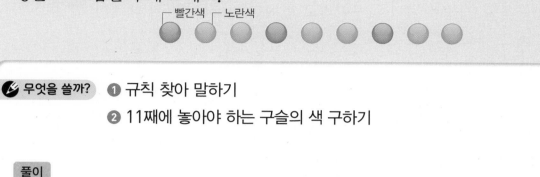

빨간색 노란색

🖋 **무엇을 쓸까?** ❶ 규칙 찾아 말하기
❷ 11째에 놓아야 하는 구슬의 색 구하기

풀이

....

....

답 ....

5

1-3

규칙에 따라 물건을 늘어놓았습니다. 잘못 놓은 물건에 ×표 하고, 알맞은 물건은 무엇인지 풀이 과정을 쓰고 답을 구해 보세요.

야구공 야구 글러브 야구 모자

🖋 **무엇을 쓸까?** ❶ 규칙 찾아 말하기
❷ 잘못 놓은 물건 찾고, 알맞은 물건 구하기

풀이

....

....

....

답 ....

2 규칙을 만들어 무늬 꾸미기

규칙을 만들어 무늬를 꾸미려고 합니다. 규칙에 따라 색칠한 후 만든 규칙을 설명해 보세요.

✎ 무엇을 쓸까? ❶ 규칙을 만들어 색칠하기

❷ 규칙을 설명하기

설명 예 빨간색과 초록색이 반복되게 무늬를 꾸몄습니다. ⋯ ❶

(   )과 (   )이 반복됩니다. ⋯ ❷

2-1

여러 가지 모양으로 규칙을 만들어 무늬를 꾸미려고 합니다. 규칙에 따라 무늬를 꾸민 후 만든 규칙을 설명해 보세요.

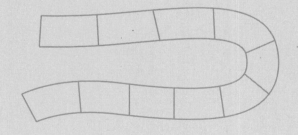

✎ 무엇을 쓸까? ❶ 규칙을 만들어 무늬 꾸미기

❷ 규칙을 설명하기

설명

3

수 배열에서 규칙 찾기

규칙에 따라 수를 쓰려고 합니다. 빈칸에 알맞은 수는 무엇인지 풀이 과정을 쓰고 답을 구해 보세요.

🖋 **무엇을 쓸까?** ❶ 수 배열을 보고 규칙 찾기

❷ 빈칸에 알맞은 수 구하기

풀이 예 2부터 시작하여 (　　　)씩 커집니다. ⋯ ❶

2부터 시작하여 (　　　)씩 커지도록 수를 쓰면

2 ─ 5 ─ 8 ─ (　　　) ─ (　　　) ─ (　　　)입니다.

따라서 빈칸에 알맞은 수는 (　　　)입니다. ⋯ ❷

답

3-1

규칙에 따라 수를 쓰려고 합니다. 빈칸에 알맞은 수는 각각 무엇인지 풀이 과정을 쓰고 답을 구해 보세요.

| 30 | 27 | 24 | | 18 | |

🖋 **무엇을 쓸까?** ❶ 수 배열을 보고 규칙 찾기

❷ 빈칸에 알맞은 수를 각각 구하기

풀이

답　　　　　　　　　　　,

5

3-2

규칙에 따라 수를 쓸 때 ㉠에 알맞은 수는 무엇인지 풀이 과정을 쓰고 답을 구해 보세요.

| 28 | 24 | 20 | | | ㉠ |

✏ 무엇을 쓸까?   ❶ 수 배열을 보고 규칙 찾기
　　　　　　　　❷ ㉠에 알맞은 수 구하기

풀이

답

3-3

보기 와 같은 규칙에 따라 수를 쓸 때 ㉠에 알맞은 수는 무엇인지 풀이 과정을 쓰고 답을 구해 보세요.

보기

✏ 무엇을 쓸까?   ❶ 보기 의 수 배열을 보고 규칙 찾기
　　　　　　　　❷ ㉠에 알맞은 수 구하기

풀이

답

4 규칙을 여러 가지 방법으로 나타내기

규칙에 따라 두 가지 방법으로 나타내려고 합니다. 풀이 과정을 쓰고 빈칸을 완성해 보세요.

4	8	4	8		
ㅗ	ㅁ				

무엇을 쓸까? ❶ 연결 모형의 규칙을 수로 나타내 빈칸 완성하기
　　　　　　　❷ 연결 모형의 규칙을 모양으로 나타내 빈칸 완성하기

풀이 ⑩ 연결 모형의 규칙을 수로 나타내면 **4**, **8**, **4**, **8**, (　　　), (　　　)입니다. ⋯ ❶

연결 모형의 규칙을 모양으로 나타내면 ㅗ, ㅁ, (　　　), (　　　), (　　　), (　　　)입니다. ⋯ ❷

5

4-1 규칙에 따라 두 가지 방법으로 나타내려고 합니다. 풀이 과정을 쓰고 빈칸을 완성해 보세요.

5	7				
ㄱ	ㄷ				

무엇을 쓸까? ❶ 연결 모형의 규칙을 수로 나타내 빈칸 완성하기
　　　　　　　❷ 연결 모형의 규칙을 모양으로 나타내 빈칸 완성하기

풀이

수행 평가

1 두 가지 색으로 규칙을 만들어 모양을 색칠해 보세요.

2 규칙을 찾아 빈칸에 알맞은 그림을 그려 보세요.

3 규칙을 찾아 써 보세요.

┌ 딸기   ┌ 귤

규칙

4 규칙을 바르게 말한 사람을 찾아 써 보세요.

이서   민수

(   )

5 규칙에 따라 빈칸에 알맞은 수를 써넣으세요.

0	5				

6 규칙에 따라 무늬를 꾸며 보세요.

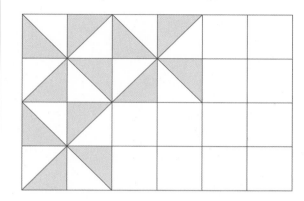

7 규칙에 따라 빈칸에 알맞은 수를 써넣으세요.

| 27 | 29 | 31 | | |

8 규칙을 두 가지 방법으로 나타내려고 합니다. 규칙에 따라 빈칸에 알맞은 그림이나 수를 넣어 보세요.

	△		○		
		0		3	

9 규칙에 따라 색칠하고 규칙을 말해 보세요.

51	52	53	54	55	56	57	58
59	60	61	62	63	64	65	66
67	68	69	70	71	72	73	74

규칙

서술형 문제

10 수들이 놓인 규칙을 찾아 ♥에 알맞은 수를 구하려고 합니다. 풀이 과정을 쓰고 답을 구해 보세요.

풀이

답

5

➕개념 적용

1

진도책 140쪽
4번 문제

계산에서 잘못된 곳을 찾아 바르게 계산해 보세요.

$$
\begin{array}{r}
2\ 5 \\
+\ \ 3 \\
\hline
5\ 5
\end{array}
$$

➡

 어떻게 풀었니?

(몇십몇) + (몇)을 세로로 계산할 때에는 낱개의 수끼리 줄을 맞추어 세로셈으로 나타내야 해.

그 다음 낱개의 수끼리 더하여 낱개의 자리에 쓰고, 10개씩 묶음의 수를 그대로 내려 써.

아~ 그럼 바르게 계산하면 [ ] (이)구나!

2 계산이 잘못된 까닭을 쓰고 바르게 계산해 보세요.

$$
\begin{array}{r}
5\ 4 \\
+\ \ 2 \\
\hline
7\ 4
\end{array}
$$

➡

까닭

3

진도책 143쪽
12번 문제

같은 모양에 적힌 수의 합을 구해 보세요.

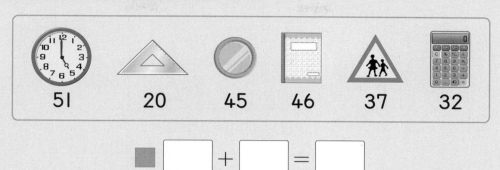

51　　20　　45　　46　　37　　32

■ ☐ + ☐ = ☐

👨‍🎓 **어떻게 풀었니?**

■ 모양의 특징을 기억하고 같은 모양을 찾아보자!

■ 모양은 뾰족한 부분이 ☐ 군데 있어.

뾰족한 부분이 ☐ 군데 있는 모양에 ○표 하면 (시계 , 삼각자 , 거울 , 공책 ,

교통 표지판 , 계산기)이므로 ■ 모양에 적힌 수는 각각 ☐ 와/과 ☐ (이)야.

이 두 수를 더하면 ☐ + ☐ = ☐ (이)야.

아~ ■ 모양에 적힌 수의 합은 ☐ (이)구나!

6

4　같은 모양에 적힌 수의 합을 구해 보세요.

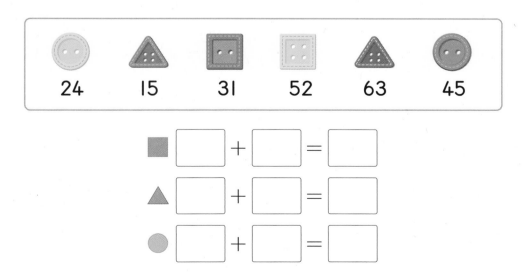

24　　15　　31　　52　　63　　45

■ ☐ + ☐ = ☐

▲ ☐ + ☐ = ☐

● ☐ + ☐ = ☐

5

진도책 151쪽
13번 문제

규칙에 따라 빈칸을 채우고 ♥ − ◆를 구해 보세요.

11	12	13	14		16
	22	◆	24	25	
31		33			♥

(   )

😊 **어떻게 풀었니?**

규칙을 찾아 빈칸을 먼저 채워 보자!

먼저 규칙을 찾아보면 → 방향으로 ☐ 씩 (커져 , 작아져).

규칙을 알았으니 오른쪽 표에 빈칸을 채워 보면

◆는 ☐ (이)고, ♥는 ☐ 이므로

♥ − ◆ = ☐ − ☐ = ☐ (이)야.

아~ ♥ − ◆는 ☐ (이)구나!

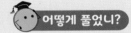

11	12	13	14		16
	22	◆	24	25	
31		33			♥

6

규칙에 따라 빈칸을 채우고 ■ − ● 를 구해 보세요.

23	24	25	26		28
33	●		36	37	
43		45		47	■

(   )

7

진도책 153쪽
18번 문제

그림을 보고 같은 색 카드에 알맞은 수를 써넣으세요.

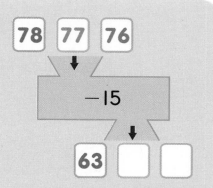

어떻게 풀었니?

|씩 작아지는 수에서 같은 수를 **빼면** 차가 어떻게 변하는지 알아보자!

78, 77, 76은 ☐ 씩 작아지는 수야.

여기에서 같은 수 **15**를 빼면 차가 어떻게 나오는지 계산해 보면

$$78 - 15 = \boxed{}$$
$$\downarrow_{-1}$$
$$77 - 15 = \boxed{} \quad \boxed{} - \boxed{}$$
$$\downarrow_{-1}$$
$$76 - 15 = \boxed{}$$

차가 ☐ 씩 작아지는 것을 알 수 있어.

아~ 같은 색 카드에 알맞은 수는 ☐ , ☐ (이)구나!

6

8

그림을 보고 같은 색 카드에 알맞은 수를 써넣으세요.

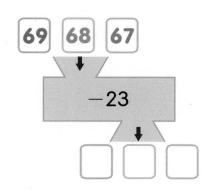

6 📃 쓰기 쉬운 서술형

1 (몇십몇)＋(몇십몇)의 활용

혜준이네 학교 2학년 남학생은 52명이고 여학생은 45명입니다. 혜준이네 학교의 2학년 학생은 모두 몇 명인지 풀이 과정을 쓰고 답을 구해 보세요.

무엇을 쓸까? ❶ 혜준이네 학교 2학년 학생 수를 구하는 과정 쓰기
❷ 혜준이네 학교 2학년 학생은 모두 몇 명인지 구하기

풀이 예 (혜준이네 학교 2학년 학생 수) ＝ (남학생 수) ＋ (여학생 수) ⋯ ❶
　　　　　　　　　　　　＝ (　　) ＋ (　　)
　　　　　　　　　　　　＝ (　　)(명)

따라서 혜준이네 학교의 2학년 학생은 모두 (　　)명입니다. ⋯ ❷

답 ＿＿＿＿＿＿＿＿

1-1

유하가 아침에 줄넘기를 36번 했고, 저녁에 43번 했습니다. 유하는 오늘 줄넘기를 모두 몇 번 했는지 풀이 과정을 쓰고 답을 구해 보세요.

무엇을 쓸까? ❶ 유하가 오늘 한 줄넘기의 수를 구하는 과정 쓰기
❷ 유하가 오늘 줄넘기를 모두 몇 번 했는지 구하기

풀이

답 ＿＿＿＿＿＿＿＿

1-2

꽃집에 장미는 **65**송이 있고 튤립은 장미보다 **13**송이 더 많이 있습니다. 꽃집에 있는 튤립은 몇 송이인지 풀이 과정을 쓰고 답을 구해 보세요.

무엇을 쓸까?   ❶ 꽃집에 있는 튤립의 수를 구하는 과정 쓰기
❷ 꽃집에 있는 튤립은 몇 송이인지 구하기

풀이

답

1-3

지우는 파란색 색종이 **15**장과 노란색 색종이 **21**장을 가지고 있고, 선우는 파란색 색종이 **12**장과 노란색 색종이 **26**장을 가지고 있습니다. 색종이를 더 많이 가지고 있는 사람은 누구인지 풀이 과정을 쓰고 답을 구해 보세요.

무엇을 쓸까?   ❶ 지우가 가지고 있는 색종이의 수 구하기
❷ 선우가 가지고 있는 색종이의 수 구하기
❸ 색종이를 더 많이 가지고 있는 사람 구하기

풀이

답

6

2 (몇십몇)─(몇십몇)의 활용

농장에 오리가 **34**마리, 닭이 **47**마리 있습니다. 오리와 닭 중 어느 것이 몇 마리 더 많은지 풀이 과정을 쓰고 답을 구해 보세요.

무엇을 쓸까? ❶ 오리와 닭의 수 비교하기
❷ 어느 것이 몇 마리 더 많은지 구하는 과정 쓰기
❸ 어느 것이 몇 마리 더 많은지 구하기

풀이 예 34 ◯ 47이므로 (   )이/가 더 많습니다. ⋯ ❶

(닭의 수) ─ (오리의 수) ⋯ ❷

= (   ) ─ (   ) = (   )(마리)

따라서 (   )이/가 (   )마리 더 많습니다. ⋯ ❸

답 _____ ,

2-1

수족관에 열대어는 **38**마리 있고 금붕어는 열대어보다 **14**마리 더 적습니다. 수족관에 있는 금붕어는 몇 마리인지 풀이 과정을 쓰고 답을 구해 보세요.

무엇을 쓸까? ❶ 수족관에 있는 금붕어의 수를 구하는 과정 쓰기
❷ 수족관에 있는 금붕어는 몇 마리인지 구하기

풀이 _____

_____

_____

답 _____

2-2

예은이는 공책 **29**권 중에서 몇 권을 친구에게 주었더니 **17**권이 남았습니다. 친구에게 준 공책은 몇 권인지 풀이 과정을 쓰고 답을 구해 보세요.

🏃 **무엇을 쓸까?** ❶ 친구에게 준 공책의 수를 구하는 과정 쓰기
❷ 친구에게 준 공책은 몇 권인지 구하기

풀이

답

2-3

유나는 초콜릿 **43**개 중에서 **21**개를 먹었고, 태오는 초콜릿 **36**개 중에서 **15**개를 먹었습니다. 남은 초콜릿이 더 많은 사람은 누구인지 풀이 과정을 쓰고 답을 구해 보세요.

🏃 **무엇을 쓸까?** ❶ 유나에게 남은 초콜릿의 수 구하기
❷ 태오에게 남은 초콜릿의 수 구하기
❸ 남은 초콜릿이 더 많은 사람 구하기

풀이

답

3 □ 안에 들어갈 수 있는 수 구하기

1부터 9까지의 수 중에서 □ 안에 들어갈 수 있는 수를 모두 구하려고 합니다. 풀이 과정을 쓰고 답을 구해 보세요.

$$53 + □ < 58$$

✏️ 무엇을 쓸까? ❶ □의 범위 구하기

❷ □ 안에 들어갈 수 있는 수 구하기

풀이 예 $53 + 5 = 58$이므로 $53 + □$가 58보다 작으려면

□ 안에는 5보다 (큰 , 작은) 수가 들어가야 합니다. ⋯ ❶

따라서 □ 안에 들어갈 수 있는 수는 (   ), (   ), (   ), (   )입니다. ⋯ ❷

답

3-1

1부터 9까지의 수 중에서 □ 안에 들어갈 수 있는 수는 모두 몇 개인지 풀이 과정을 쓰고 답을 구해 보세요.

$$61 + □ < 67$$

✏️ 무엇을 쓸까? ❶ □의 범위 구하기

❷ □ 안에 들어갈 수 있는 수는 모두 몇 개인지 구하기

풀이

답

4 수 카드로 수를 만들어 계산하기

수 카드를 한 번씩만 사용하여 몇십몇을 만들려고 합니다. 만들 수 있는 가장 큰
수와 가장 작은 수의 합은 얼마인지 풀이 과정을 쓰고 답을 구해 보세요.

3 **6** **4** **2**

🖊 **무엇을 쓸까?** ❶ 만들 수 있는 가장 큰 수와 가장 작은 수 구하기

❷ 만들 수 있는 가장 큰 수와 가장 작은 수의 합 구하기

풀이 **예** 6>4>3>2이므로 만들 수 있는 가장 큰 수는 (   )이고,

가장 작은 수는 (   )입니다. ┈ ❶

따라서 만들 수 있는 가장 큰 수와 가장 작은 수의 합은

(   ) + (   ) = (   )입니다. ┈ ❷

답

4-1

수 카드를 한 번씩만 사용하여 몇십몇을 만들려고 합니다. 만들 수 있는 가장 큰
수와 가장 작은 수의 차는 얼마인지 풀이 과정을 쓰고 답을 구해 보세요.

5 **1** **8** **4**

🖊 **무엇을 쓸까?** ❶ 만들 수 있는 가장 큰 수와 가장 작은 수 구하기

❷ 만들 수 있는 가장 큰 수와 가장 작은 수의 차 구하기

풀이

답

수행 평가

1 그림을 보고 □ 안에 알맞은 수를 써넣으세요.

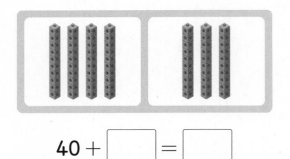

$$40 + \boxed{} = \boxed{}$$

2 계산해 보세요.

(1)
$$\begin{array}{r} 2\,6 \\ +\,3\,2 \\ \hline \end{array}$$

(2)
$$\begin{array}{r} 7\,5 \\ -\ \ 4 \\ \hline \end{array}$$

3 계산이 잘못된 까닭을 쓰고 바르게 계산해 보세요.

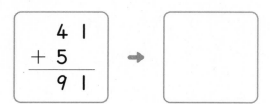

까닭

....

....

4 계산 결과를 비교하여 ○ 안에 >, =, <를 알맞게 써넣으세요.

$$84 - 20 \bigcirc 35 + 33$$

5 □ 안에 알맞은 수를 써넣으세요.

$$65 - 42 = \boxed{}$$

$$66 - 43 = \boxed{}$$

$$67 - 44 = \boxed{}$$

$$68 - 45 = \boxed{}$$

6 합이 다른 하나를 찾아 ○표 하세요.

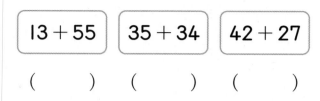

| 13 + 55 | 35 + 34 | 42 + 27 |

(   )   (   )   (   )

7 가장 큰 수와 가장 작은 수의 차를 구해 보세요.

| 21   59   84   32 |

(   )

8 윤지는 동화책을 어제는 **45**쪽 읽었고 오늘은 **32**쪽 읽었습니다. 윤지가 어제와 오늘 읽은 동화책은 모두 몇 쪽인지 구해 보세요.

(   )

9 □ 안에 알맞은 수를 써넣으세요.

(1)
```
    5  1
+   2  □
───────
  □    9
```

(2)
```
    9  6
−   □  4
───────
    5  □
```

서술형 문제

10 칭찬 붙임딱지를 현수는 **69**장 모았고, 태윤이는 **54**장 모았습니다. 칭찬 붙임딱지를 누가 몇 장 더 많이 모았는지 풀이 과정을 쓰고 답을 구해 보세요.

풀이 ....

....

....

....

답 .... ,

총괄 평가

1 빈칸에 알맞은 수나 말을 써넣으세요.

(1)
쓰기	75
읽기	

(2)
쓰기	
읽기	아흔둘

2 수를 순서대로 쓸 때 ㉠에 알맞은 수를 구해 보세요.

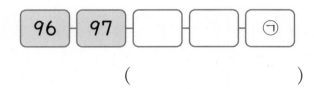

( )

3 시각을 써 보세요.

(1)
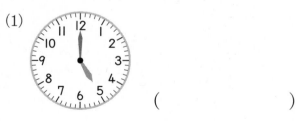

( )

(2)

( )

4 □ 안에 알맞은 수를 써넣으세요.

(1)
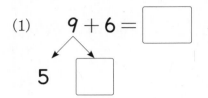
$9 + 6 = \boxed{}$

5

(2) $12 - 8 = \boxed{}$
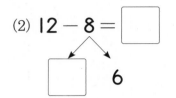

6

5 계산해 보세요.

(1)
$$\begin{array}{r} 3\,7 \\ +\,4\,2 \\ \hline \end{array}$$

(2)
$$\begin{array}{r} 6\,8 \\ -\,1\,5 \\ \hline \end{array}$$

6 같은 모양의 물건을 모은 것입니다. 잘못 모은 사람은 누구인지 써 보세요.

민경
준서
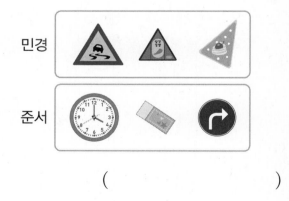

( )

7 큰 수부터 차례로 기호를 써 보세요.

| ㉠ 76 | ㉡ 83 | ㉢ 79 |

(   )

8 계산에서 잘못된 곳을 찾아 바르게 계산해 보세요.

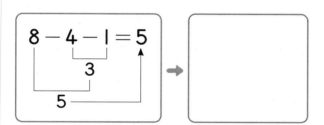

9 설명하는 모양을 찾아 ○표 하세요.

- 곧은 선이 있습니다.
- 뾰족한 부분이 4군데 있습니다.

()

10 ■, ▲, ● 모양을 이용하여 만든 모양입니다. ■, ▲, ● 모양이 각각 몇 개 있는지 세어 보세요.

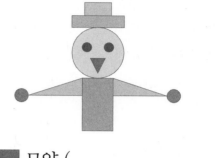

■ 모양 (   )

▲ 모양 (   )

● 모양 (   )

11 ☐ 안에 알맞은 수를 써넣으세요.

(1) $6 + \boxed{} = 10$

(2) $10 - \boxed{} = 7$

12 규칙에 따라 □와 ○로 나타내 보세요.

주차 P	🚲	🚲	주차 P	🚲	🚲
□	○				

13 가장 큰 수와 가장 작은 수의 차를 구해 보세요.

7	9	15	13

( )

14 동물원에 사자가 **4**마리, 호랑이가 **3**마리, 하마가 **2**마리 있습니다. 동물원에 있는 사자, 호랑이, 하마는 모두 몇 마리인지 구해 보세요.

( )

15 바구니에 딸기 맛 사탕이 **23**개 있고, 포도 맛 사탕은 딸기 맛 사탕보다 **4**개 더 많이 있습니다. 바구니에 있는 포도 맛 사탕은 몇 개인지 구해 보세요.

( )

16 규칙에 따라 빈칸에 알맞은 수를 써넣으세요.

37	42	47		

17 □ 안에 알맞은 수를 구해 보세요.

$$6 + \square = 5 + 9$$

(   )

18 소미와 혜리가 밤에 잠이 든 시각입니다. 먼저 잠이 든 사람은 누구일까요?

소미   혜리

(   )

서술형 문제
19 농장에 닭이 7마리, 오리가 8마리 있습니다. 농장에 있는 닭과 오리는 모두 몇 마리인지 풀이 과정을 쓰고 답을 구해 보세요.

풀이 _____

_____

답 _____

서술형 문제
20 수 카드를 한 번씩만 사용하여 몇십몇을 만들려고 합니다. 만들 수 있는 가장 큰 수와 가장 작은 수의 차는 얼마인지 풀이 과정을 쓰고 답을 구해 보세요.

| 5 | 9 | 2 | 7 |

풀이 _____

_____

_____

답 _____

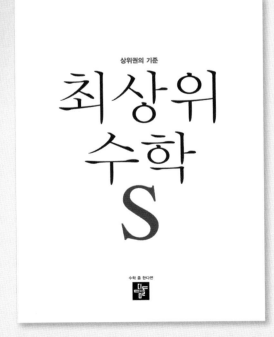

한 걸음 한 걸음 디딤돌을 걷다 보면 수학이 완성됩니다.

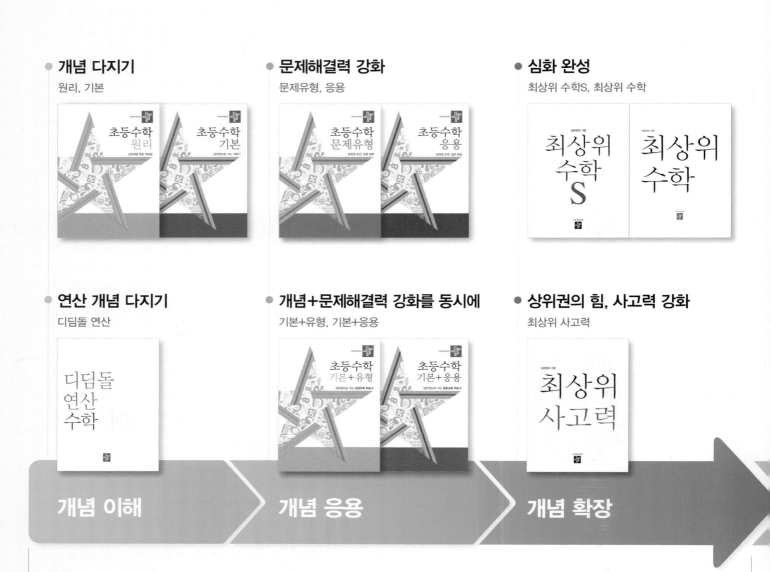

개념 다지기
원리, 기본

초등수학 원리
초등수학 기본

문제해결력 강화
문제유형, 응용

초등수학 문제유형
초등수학 응용

심화 완성
최상위 수학S, 최상위 수학

최상위 수학 S
최상위 수학

연산 개념 다지기
디딤돌 연산

디딤돌 연산 수학

개념+문제해결력 강화를 동시에
기본+유형, 기본+응용

초등수학 기본+유형
초등수학 기본+응용

상위권의 힘, 사고력 강화
최상위 사고력

최상위 사고력

개념 이해 ▶ **개념 응용** ▶ **개념 확장** ▶

학습 능력과 목표에 따라
맞춤형이 가능한 디딤돌 초등 수학

● 개념 이해
디딤돌수학 개념연산

● 개념 응용
최상위수학 라이트

● 개념 이해 · 적용
디딤돌수학 고등 개념기본

● 개념 적용
디딤돌수학 개념기본

● 개념 확장
최상위수학

고등 수학

중학 수학

초등부터
고등까지

수학 좀 한다면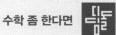

개념을 이해하고, 깨우치고, 꺼내 쓰는
올바른 중고등 개념 학습서

수능까지 연결되는 독해 로드맵

디딤돌 독해력은 수능까지 연결되는 체계적인 라인업을 통하여
수능에서 요구하는 핵심 독해 원리에 대한 이해는 물론,
단계 별로 심화되며 연결되는 학습의 과정을 통해
깊이 있고 종합적인 독해 사고의 능력까지 기를 수 있도록 도와줍니다.

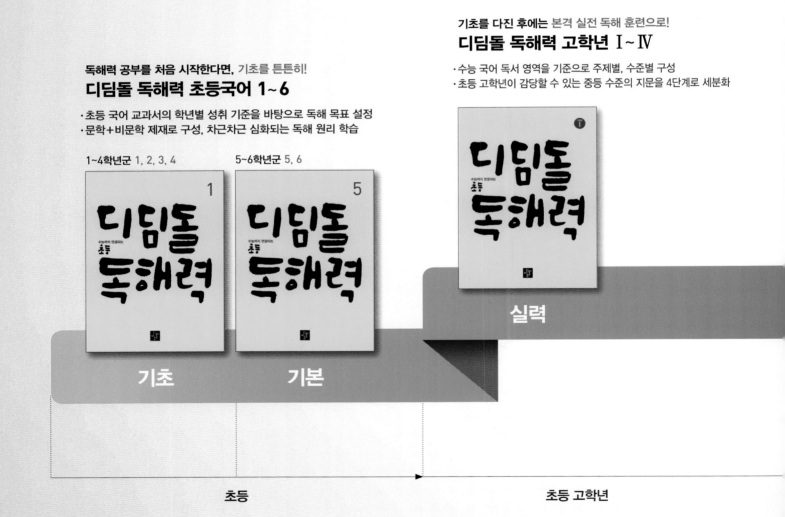

기초를 다진 후에는 본격 실전 독해 훈련으로!
디딤돌 독해력 고학년 Ⅰ~Ⅳ

· 수능 국어 독서 영역을 기준으로 주제별, 수준별 구성
· 초등 고학년이 감당할 수 있는 중등 수준의 지문을 4단계로 세분화

독해력 공부를 처음 시작한다면, 기초를 튼튼히!
디딤돌 독해력 초등국어 1~6

· 초등 국어 교과서의 학년별 성취 기준을 바탕으로 독해 목표 설정
· 문학+비문학 제재로 구성, 차근차근 심화되는 독해 원리 학습

1~4학년군 1, 2, 3, 4   5~6학년군 5, 6

실력

기초   기본

초등   초등 고학년

기본 | 정답과 풀이

수학 좀 한다면

디딤돌

1
2

1 100까지의 수

1학년 1학기에 배운 50까지의 수를 확장하여 100까지의 수를 알아봅니다. 십진법의 원리에 따라 두 자리 수의 구성 방법을 이해하는 것은 자연수의 구성을 이해하는 데 기초가 됩니다. 10개씩 묶음의 수와 낱개의 수를 이용하여 99까지의 수를 구성하고 100을 도입하여 수 체계가 형성되도록 합니다. 또 두 자리 수의 크기 비교에 부등호 >, <를 도입하고, 짝수와 홀수를 직관적으로 이해하도록 합니다.

교과서 개념 이해 1 10개씩 묶음과 낱개 0으로 이루어진 수가 몇십이야.
8쪽

❶ (예) / 6, 60

❷ 70, 칠십, 일흔

❶ 공깃돌을 10개씩 묶어 보면 10개씩 묶음이 6개입니다. 10개씩 묶음 6개는 60입니다.

❷ 고구마의 수는 10개씩 묶음 7개이므로 70이고 칠십 또는 일흔이라고 읽습니다.

교과서 개념 이해 2 10개씩 묶음과 낱개로 이루어진 수가 몇십몇이야.
9쪽

❶ (1) 6, 5 / 65, 육십오, 예순다섯
　 (2) 7, 6 / 76, 칠십육, 일흔여섯

❷ 8, 7, 87

❷ 10개씩 묶음 8개와 낱개 7개는 87입니다.

개념 적용 1-1 60, 70, 80, 90 알아보기
10~11쪽

1 (1) 6, 0　(2) 9, 0

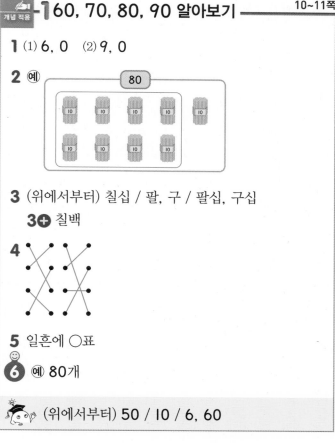

2 (예)

3 (위에서부터) 칠십 / 팔, 구 / 팔십, 구십

3➕ 칠백

4

5 일흔에 ○표

6 (예) 80개

(위에서부터) 50 / 10 / 6, 60

1 (1) 60은 10개씩 묶음 6개, 낱개 0개입니다.
　(2) 90은 10개씩 묶음 9개, 낱개 0개입니다.

2 80은 10개씩 묶음 8개입니다. 분필 묶음 1개는 10을 나타내므로 8개를 묶으면 됩니다.

4 60은 육십 또는 예순, 70은 칠십 또는 일흔, 80은 팔십 또는 여든, 90은 구십 또는 아흔이라고 읽습니다.

5 90은 구십 또는 아흔이라고 읽습니다. 일흔이 나타내는 수는 70입니다.

☺ 내가 만드는 문제
6 (예) 3상자를 탁자 위로 옮기면 탁자 위의 과자는 5+3=8(상자)가 됩니다. 과자 10개씩 8상자는 모두 80개입니다.

개념 적용 1-2 99까지의 수 알아보기
12~13쪽

7 (1) 7, 2　(2) 9, 9

8 (위에서부터) 6, 60 / 9, 9 / 69

9 56, 75, 84 /

10 (1) 50, 9　(2) 80, 1

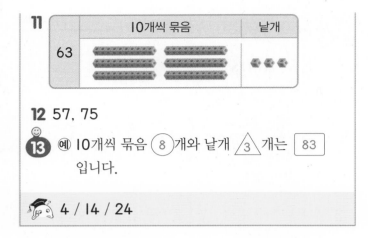

11

10개씩 묶음	낱개
63	

12 57, 75

13 ⓔ 10개씩 묶음 ⑧개와 낱개 △3개는 ▢83 입니다.

4 / 14 / 24

7 (1) 72는 10개씩 묶음 7개와 낱개 2개입니다.
(2) 99는 10개씩 묶음 9개와 낱개 9개입니다.

8 10개씩 묶음 6개와 낱개 9개는 69입니다.

9 위에서부터 그림의 수를 세어 보면 10개씩 묶음 5개와 낱개 6개는 56(오십육 또는 쉰여섯), 10개씩 묶음 7개와 낱개 5개는 75(칠십오 또는 일흔다섯), 10개씩 묶음 8개와 낱개 4개는 84(팔십사 또는 여든넷)입니다.

10 ■▲에서 10개씩 묶음의 수 ■는 ■0을 나타내고 낱개의 수 ▲는 ▲를 나타냅니다.

12 5, 7을 한 번씩 사용하여 만들 수 있는 몇십몇은 57, 75입니다.

⚡-3 수를 넣어 이야기해 보기   14~15쪽

14 육십팔(또는 예순여덟)

15 성우

16 ㉠, ㉡

17

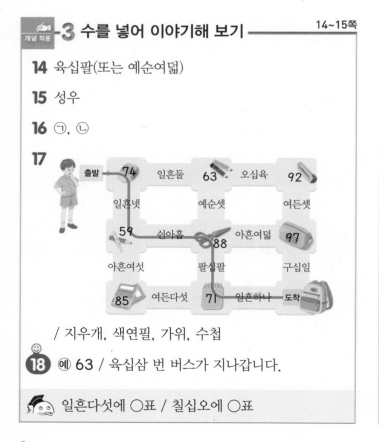

/ 지우개, 색연필, 가위, 수첩

18 ⓔ 63 / 육십삼 번 버스가 지나갑니다.

일흔다섯에 ○표 / 칠십오에 ○표

14 68은 육십팔 또는 예순여덟이라고 읽습니다. 티셔츠에 육십팔(또는 예순여덟)이 적혀 있습니다.

15 가운데 통에 적혀 있는 수는 70이므로 칠십 또는 일흔이라고 읽습니다.
따라서 잘못 말한 사람은 성우입니다.

16 ㉡ 선착순으로 아흔아홉 명이 할인받을 수 있습니다.

17 74 ➡ 일흔넷, 59 ➡ 쉰아홉, 88 ➡ 팔십팔, 71 ➡ 일흔하나
따라서 가방 안에는 지우개, 색연필, 가위, 수첩이 들어 있습니다.

교과서 개념 이해 3 수를 순서대로 쓰면 낱개의 수가 1씩 커져.   16~17쪽

① 66, 68 / 68, 70

②

51	52	53	54	55	56	57	58	59	60
61	62	63	64	65	66	67	68	69	70
71	72	73	74	75	76	77	78	79	80
81	82	83	84	85	86	87	88	89	90
91	92	93	94	95	96	97	98	99	100

③ (1) 100, 백   (2) 10

④ (1) 60   (2) 99

⑤ (1) 74, 75   (2) 95, 93

⑥ 87, 88, 89

① 수를 순서대로 썼을 때 1만큼 더 작은 수는 바로 앞의 수이고 1만큼 더 큰 수는 바로 뒤의 수입니다.
67보다 1만큼 더 작은 수는 바로 앞의 수인 66이고 1만큼 더 큰 수는 바로 뒤의 수인 68입니다.
69보다 1만큼 더 작은 수는 바로 앞의 수인 68이고 1만큼 더 큰 수는 바로 뒤의 수인 70입니다.

② 51부터 100까지의 수를 순서대로 씁니다.

③ (1) 100은 99보다 1만큼 더 큰 수입니다.
(2) 100은 90보다 10만큼 더 큰 수입니다.

④ 수를 순서대로 쓰면 오른쪽으로 갈수록 1씩 커집니다.

5 (1) 수를 순서대로 쓰면 72, 73, 74, 75, 76입니다.
　　(2) 순서를 거꾸로 하여 수를 쓰면 96, 95, 94, 93, 92입니다.

6 86과 90 사이에 있는 수는 87, 88, 89입니다.

교 과 서
개념 이해
4 먼저 10개씩 묶음의 수를 비교해 봐.　　18쪽

1 (1) < / 작습니다에 ○표　　(2) > / 큽니다에 ○표
2 1, 70 / >

1 먼저 10개씩 묶음의 수를 비교하고 10개씩 묶음의 수가 같으면 낱개의 수를 비교합니다.

2 81은 10개씩 묶음의 수가 8, 79는 10개씩 묶음의 수가 7이므로 10개씩 묶음의 수가 더 큰 81이 79보다 큽니다. ➡ 81>79

교 과 서
개념 이해
5 짝수와 홀수는 둘씩 짝을 지어 보면 알 수 있어.　　19쪽

1 (1) (예)

/ 7, 홀수에 ○표

　　(2) (예)

/ 12, 짝수에 ○표

2

1	2	3	4	5	6	7	8	9	10
11	12	13	14	15	16	17	18	19	20

1 (1) 딸기의 수는 7이고 둘씩 짝을 지을 때 남는 것이 있으므로 홀수입니다.
　　(2) 딸기의 수는 12이고 둘씩 짝을 지을 때 남는 것이 없으므로 짝수입니다.

2 낱개의 수가 0, 2, 4, 6, 8인 수는 짝수이고 낱개의 수가 1, 3, 5, 7, 9인 수는 홀수입니다.

개념 적용
4 수의 순서 알아보기　　20~21쪽

1 75, 78, 79 / 79, 77

2 98, 100　　**2➕** 1000

3

4 71, 72

5

66	67	68	69	70	71	72
79	78	77	76	75	74	73
80	81	82	83	84	85	86
93	92	91	90	89	88	87
94	95	96	97	98	99	100

6 69, 70, 71, 72, 73, 74

7 (예)

1에 ○표, 10에 ○표

---

1 수를 순서대로 쓰면 74, 75, 76, 77, 78, 79, 80입니다. 78보다 1만큼 더 큰 수는 바로 뒤의 수인 79이고, 1만큼 더 작은 수는 바로 앞의 수인 77입니다.

2 99보다 1만큼 더 작은 수는 바로 앞의 수인 98이고, 1만큼 더 큰 수는 바로 뒤의 수인 100입니다.
➕ 999보다 1만큼 더 큰 수를 1000이라 쓰고 천이라고 읽습니다.

4 70부터 73까지의 수를 순서대로 쓰면 70, 71, 72, 73이므로 70과 73 사이에 있는 수는 71, 72입니다.

5 66부터 100까지의 수를 방향에 맞게 써넣습니다.

6 69 바로 앞의 수는 68인데 없으므로 69를 맨 앞에 쓰고 69부터 순서대로 수를 찾아 써넣습니다.

😊 내가 만드는 문제
7 수직선에서 정확한 위치가 아니더라도 어림잡아 비슷한 위치에 나타냈으면 정답으로 인정합니다.

개념 적용 5 수의 크기 비교하기 ———— 22~23쪽

8 (1) 큽니다에 ○표, > (2) 작습니다에 ○표, <

9 (1) < (2) > (3) = (4) >

9➕ >

10 (1) 78, 84 (2) 69, 65

11 85에 ○표, 79에 △표

12 이서

13 76, 85

14 (예)

/ 97, 54

👨‍🎓 65, 56

---

8 (1) 10개씩 묶음의 수가 7과 6이므로 10개씩 묶음의 수가 더 큰 74가 68보다 큽니다. ➡ 74>68
(2) 10개씩 묶음의 수는 8로 같고 낱개의 수가 5와 9이므로 낱개의 수가 더 작은 85가 89보다 작습니다. ➡ 85<89

9 10개씩 묶음의 수가 큰 수가 더 큽니다. 10개씩 묶음의 수가 같으면 낱개의 수가 큰 수가 더 큽니다.
(2) 60과 8: 68 ➡ 68>59
(3) 70과 3: 73 ➡ 73=73
(4) 구십오: 95, 오십구: 59 ➡ 95>59
➕ 수직선에서는 오른쪽에 있는 수가 더 크므로 300>240입니다.

10 (1) 10개씩 묶음의 수가 8과 7이므로 10개씩 묶음의 수가 더 큰 84가 78보다 큽니다. ➡ 78<84
(2) 10개씩 묶음의 수는 6으로 같고 낱개의 수가 5와 9이므로 낱개의 수가 더 큰 69가 65보다 큽니다. ➡ 69>65

11 10개씩 묶음의 수가 가장 작은 79가 가장 작습니다. 85와 81은 10개씩 묶음의 수가 8로 같고 낱개의 수가 5와 1이므로 낱개의 수가 더 큰 85가 81보다 큽니다. 따라서 가장 큰 수는 85이고 가장 작은 수는 79입니다.

12 10개씩 묶음의 수가 가장 작은 68이 가장 작습니다. 75와 79는 10개씩 묶음의 수가 7로 같고 낱개의 수가 5와 9이므로 낱개의 수가 더 큰 79가 75보다 큽니다. 따라서 가장 큰 수는 79이므로 훌라후프를 가장 많이 돌린 사람은 이서입니다.

13 72, 65, 85, 76을 작은 수부터 차례로 놓으면 65, 72, 76, 85입니다. 78은 10개씩 묶음의 수가 7, 낱개의 수가 8입니다. 따라서 78은 76보다 크고 85보다 작으므로 76과 85 사이에 놓아야 합니다.

😊 내가 만드는 문제
14 (예) 54, 69, 97을 고른 경우 가장 큰 수는 97, 가장 작은 수는 54입니다.

개념 적용 6 짝수와 홀수 알아보기 ———— 24~25쪽

15 (1) 11, 홀수 (2) 14, 짝수

16 (예)

17

10	⑪	12	⑬	14	⑮	16
⑰	18	⑲	20	㉑	22	㉓
24	㉕	26	㉗	28	㉙	30
㉛	32	㉝	34	㉟	36	㊲

18 ( ) ( ) (○)

19 (1) 홀수에 ○표 (2) 짝수에 ○표
(3) 홀수에 ○표 (4) 짝수에 ○표

20 수현

21 80 / 65, 77

22 (예)

👨‍🎓 짝수에 ○표, 홀수에 ○표

---

15 (1) 💜의 수는 11이고 11은 둘씩 짝을 지을 때 남는 것이 있으므로 홀수입니다.
(2) ⚫의 수는 14이고 14는 둘씩 짝을 지을 때 남는 것이 없으므로 짝수입니다.

16 짝수는 8, 10, 12, 14, 16이고 홀수는 9, 11, 13, 15, 17입니다.

17 낱개의 수가 1, 3, 5, 7, 9인 수는 홀수입니다.

18 맨 왼쪽에서 11, 29는 홀수이고, 가운데에서 15는 홀수입니다. 맨 오른쪽은 모두 짝수입니다.

19 (2) 예순: 60 ➡ 짝수
(3) 구십구: 99 ➡ 홀수
(4) 30과 4: 34 ➡ 짝수

20 낱개의 수가 0, 2, 4, 6, 8인 수는 짝수이고 낱개의 수가 1, 3, 5, 7, 9인 수는 홀수입니다.
용훈: 11권 ➡ 홀수 권, 수현: 16권 ➡ 짝수 권

21 짝수: 80, 52 ➡ 10개씩 묶음의 수가 더 큰 80이 52보다 큽니다. 52<80
홀수: 65, 77 ➡ 10개씩 묶음의 수가 더 큰 77이 65보다 큽니다. 65<77

☺ 내가 만드는 문제
22

짝수	2개	4개	6개	8개	10개
홀수	9개	7개	5개	3개	1개

발전 문제 26~28쪽
<small>개념 완성</small>

1 (위에서부터) 5, 15, 5	**1⁺** ㉢
2 7, 8, 9	**2⁺** 0, 1, 2, 3
3 4개	**3⁺** 7개
4 87	**4⁺** 98, 67
5 ㉠	**5⁺** ㉢
6 72	**6⁺** 82

---

1 75는 10개씩 묶음 7개와 낱개 5개입니다.
낱개 10개는 10개씩 묶음 1개와 같으므로 75는 10개씩 묶음 6개와 낱개 15개, 10개씩 묶음 5개와 낱개 25개와 같습니다.

1⁺ ㉠ 86
㉡ 10개씩 묶음 7개와 낱개 16개인 수는 10개씩 묶음 8개와 낱개 6개와 같으므로 86입니다.
㉢ 10개씩 묶음 6개와 낱개 36개인 수는 10개씩 묶음 9개와 낱개 6개와 같으므로 96입니다.

2 □ 안에 6을 넣으면 56=56이 되므로 5□가 56보다 크려면 □ 안에 6보다 큰 수를 넣어야 합니다.
따라서 □ 안에 들어갈 수 있는 수는 7, 8, 9입니다.

2⁺ □ 안에 4를 넣으면 94=94가 되므로 9□가 94보다 작으려면 □ 안에 4보다 작은 수를 넣어야 합니다.
따라서 □ 안에 들어갈 수 있는 수는 0, 1, 2, 3입니다.

3 10보다 크고 18보다 작은 수는 11, 12, 13, 14, 15, 16, 17입니다. 이 중에서 홀수는 11, 13, 15, 17로 모두 4개입니다.

3⁺ 30보다 크고 45보다 작은 수는 31, 32, 33, 34, 35, 36, 37, 38, 39, 40, 41, 42, 43, 44입니다. 이 중에서 짝수는 32, 34, 36, 38, 40, 42, 44로 모두 7개입니다.

4 10개씩 묶음의 수에 가장 큰 수인 8을 놓고 낱개의 수에 둘째로 큰 수인 7을 놓습니다.
따라서 만들 수 있는 수 중에서 가장 큰 수는 87입니다.

4⁺ 가장 큰 수를 만들려면 10개씩 묶음의 수에 가장 큰 수인 9를 놓고 낱개의 수에 둘째로 큰 수인 8을 놓습니다. ➡ 98
가장 작은 수를 만들려면 10개씩 묶음의 수에 가장 작은 수인 6을 놓고 낱개의 수에 둘째로 작은 수인 7을 놓습니다. ➡ 67
따라서 만들 수 있는 수 중에서 가장 큰 수는 98이고 가장 작은 수는 67입니다.

5 ㉠ 95 ㉡ 73 ㉢ 65
95, 73, 65의 10개씩 묶음의 수는 9, 7, 6으로 95가 가장 큽니다. 따라서 가장 큰 수는 ㉠ 95입니다.

5⁺ ㉠ 86 ㉡ 84 ㉢ 89
86, 84, 89는 10개씩 묶음의 수가 8로 모두 같고 낱개의 수는 6, 4, 9로 89가 가장 큽니다. 따라서 가장 큰 수는 ㉢ 89입니다.

6
따라서 어떤 수는 71보다 1만큼 더 큰 수인 72입니다.

6⁺
따라서 어떤 수는 83보다 1만큼 더 작은 수인 82입니다.

1단원 단원 평가

29~31쪽

1 8, 80
2 100, 백

3 80, 82, 84

4
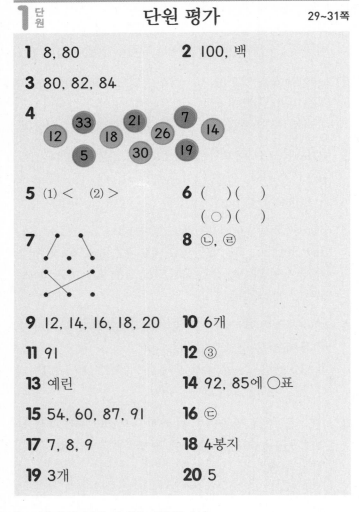

5 (1) <　(2) >
6 ( )( )
　　(○)( )

7
8 ㉡, ㉢

9 12, 14, 16, 18, 20
10 6개

11 91
12 ③

13 예린
14 92, 85에 ○표

15 54, 60, 87, 91
16 ㉢

17 7, 8, 9
18 4봉지

19 3개
20 5

---

1 10개씩 묶음 8개는 80입니다.

2 99보다 1만큼 더 큰 수를 100이라 쓰고 백이라고 읽습니다.

3 수를 순서대로 쓰면 78, 79, 80, 81, 82, 83, 84입니다.

4 12, 18, 30, 26, 14는 짝수이고 33, 5, 21, 7, 19는 홀수입니다.

5 (1) 10개씩 묶음의 수는 7로 같고 낱개의 수는 2와 5이므로 낱개의 수가 더 큰 75가 72보다 큽니다.
(2) 10개씩 묶음의 수는 9와 8이므로 10개씩 묶음의 수가 더 큰 92가 85보다 큽니다.

6 예순여섯 ➡ 66
나머지는 모두 68을 나타냅니다.

7 10개씩 묶음 6개와 낱개 3개는 63(육십삼)입니다.
10개씩 묶음 9개와 낱개 7개는 97(아흔일곱)입니다.

8 ㉡ 87보다 1만큼 더 큰 수는 88입니다.
㉢ 둘씩 짝을 지을 때 남는 것이 없는 수입니다.

9 짝수는 낱개의 수가 0, 2, 4, 6, 8인 수입니다. 짝수를 모두 찾아보면 12, 14, 16, 18, 20입니다.

10 홀수는 낱개의 수가 1, 3, 5, 7, 9인 수입니다. 홀수를 모두 찾아보면 25, 27, 29, 31, 33, 35로 모두 6개입니다.

11 수를 순서대로 쓰면 87, 88, 89, 90, 91입니다.
따라서 ㉠에 알맞은 수는 91입니다.

12 ③ 10개씩 묶음의 수가 7과 8이므로 10개씩 묶음의 수가 더 큰 80이 70보다 큽니다. ➡ 70<80

13 65와 83의 10개씩 묶음의 수가 6, 8이므로 10개씩 묶음의 수가 더 큰 83이 65보다 큽니다. 따라서 줄넘기를 더 많이 한 사람은 예린입니다.

14 81은 10개씩 묶음의 수가 8, 낱개의 수가 1입니다. 따라서 81보다 큰 수는 10개씩 묶음의 수가 9로 더 큰 92와 10개씩 묶음의 수가 8이고 낱개의 수가 5로 더 큰 85입니다.

15 10개씩 묶음의 수를 비교하여 작은 수부터 차례로 쓰면 54, 60, 87, 91입니다.

16 ㉠ 61 ㉡ 60 ㉢ 63
10개씩 묶음의 수는 6으로 모두 같고 낱개의 수는 1, 0, 3이므로 낱개의 수가 가장 큰 ㉢ 63이 가장 큽니다.

17 □ 안에 6을 넣으면 66=66이 되므로 6□가 66보다 크려면 □ 안에 6보다 큰 수를 넣어야 합니다. 따라서 □ 안에 들어갈 수 있는 수는 7, 8, 9입니다.

18 90개는 10개씩 9봉지입니다. 귤이 5봉지 있으므로 9봉지가 되려면 4봉지가 더 있어야 합니다.

서술형
19 예 67부터 71까지의 수를 순서대로 쓰면 67, 68, 69, 70, 71입니다. 따라서 67보다 크고 71보다 작은 수는 68, 69, 70으로 모두 3개입니다.

평가 기준	배점
67부터 71까지의 수를 모두 썼나요?	2점
67보다 크고 71보다 작은 수는 모두 몇 개인지 구했나요?	3점

서술형
20 예 90보다 5만큼 더 큰 수는 95입니다.
95는 100보다 5만큼 더 작은 수입니다.

평가 기준	배점
90보다 5만큼 더 큰 수를 구했나요?	2점
100보다 얼마만큼 더 작은 수인지 구했나요?	3점

2 덧셈과 뺄셈(1)

세 수의 덧셈과 뺄셈, 10의 덧셈과 뺄셈을 학습합니다. 10의 덧셈과 뺄셈은 1학년 1학기에서 학습한 10을 가르고 모으기를 식으로 나타낸 것입니다. 다양한 형태의 덧셈과 뺄셈 문제로 10의 보수를 완벽하게 익혀 받아올림, 받아내림 학습을 준비하고 수 감각을 기를 수 있도록 합니다. 또한 10이 되는 두 수를 이용한 세 수의 덧셈은 후속하는 (몇)+(몇)=(십몇), (십몇)-(몇)=(몇), 받아올림이 있는 덧셈, 받아내림이 있는 뺄셈으로 확장됩니다.

교과서 개념 이해 1 세 수의 덧셈은 앞에서부터 순서대로 더하자.
34쪽

① (계산 순서대로) 5, 5, 7 / 7

② (1) 6 / (계산 순서대로) 4, 4, 6
(2) 8 / (계산 순서대로) 5, 5, 8

③ (계산 순서대로) (1) 6, 8, 8 (2) 5, 5, 9, 9

교과서 개념 이해 2 세 수의 뺄셈은 반드시 앞에서부터 순서대로 빼자.
35쪽

① (계산 순서대로) 1, 7, 7, 4 / 4

② (1) 4 / (계산 순서대로) 6, 6, 4
(2) 5 / (계산 순서대로) 6, 6, 5

③ (계산 순서대로) (1) 3, 1, 1 (2) 7, 7, 3, 3

개념 적용 1 세 수의 덧셈하기
36~37쪽

1 예 4, 2, 3, 9

2 (1) 3, 8 (2) 6, 8 (3) 8 (4) 9

3

4 (1) = (2) <

5 2, 4 또는 4, 2

---

6 6개

7 예

🎓 (계산 순서대로) 7, 8, 8 / 6, 8, 8

1 곰 인형이 4개, 장난감 자동차가 2개, 장난감 로봇이 3개입니다. 장난감은 모두 9개입니다.
➡ 4+2+3=9

2 (3) 2+4+2=6+2=8
(4) 3+3+3=6+3=9

3 컵이 1층에 4개, 2층에 2개, 3층에 1개이므로 모두 더하는 덧셈은 4+2+1입니다.
➡ 4+2+1=6+1=7

4 (1) 1+2+4=3+4=7, 3+4=7
➡ 1+2+4=3+4
(2) 3+1+2=4+2=6, 5+2=7
➡ 3+1+2<5+2

다른 풀이 | (1) 1+2+4=3+4이므로 오른쪽 식과 같습니다. 따라서 계산 결과도 같습니다.
(2) 3+1+2=4+2와 5+2를 비교하면 더하는 수가 같으므로 더해지는 수가 더 큰 5+2의 계산 결과가 더 큽니다.

5 1에 6을 더해야 7이 됩니다. 따라서 1에 2와 4를 더합니다.
➡ 1+2+4=7 (또는 1+4+2=7)

6 빨간색 블록은 1개, 파란색 블록은 3개, 초록색 블록은 2개 있습니다.
➡ 1+3+2=4+2=6(개)

☺ 내가 만드는 문제
7 보기 는 가운데 ▽에 6을 써넣고 6=3+1+2에서 3, 1, 2를 △에 써넣었습니다. 예 2+5+1=8

개념 적용 2 세 수의 뺄셈하기
38~39쪽

8 (1) 5, 3 (2) 5, 2 (3) 2 (4) 3
8➕ (1) 20 (2) 20

9

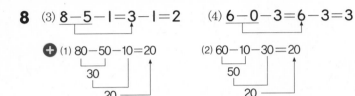

10 3, 1, 3 또는 1, 3, 3

11 (1) = (2) >

12 1, 5 또는 5, 1

13 5개

14 ㉠ 2, 3 / 3개

🎓 (계산 순서대로) 6, 5, 5

8 (3) $8-5-1=3-1=2$ (4) $6-0-3=6-3=3$

➕ (1) $80-50-10=20$ (2) $60-10-30=20$
30 50
20 20

9 사과 9개 중에서 1개, 4개를 덜어 내면 뺄셈은 $9-1-4$입니다. ➡ $9-1-4=8-4=4$

10 빵 7개 중에서 3개, 1개를 주면 $7-3-1=3$ 또는 $7-1-3=3$으로 뺄셈식을 만들 수 있습니다.

11 (1) $9-2-3=7-3=4$, $7-3=4$
➡ $9-2-3=7-3$
(2) $8-1-5=7-5=2$, $6-5=1$
➡ $8-1-5>6-5$

12 7에서 6을 빼야 1이 됩니다. 따라서 7에서 1과 5를 뺍니다.
➡ $7-1-5=1$ (또는 $7-5-1=1$)

13 블록은 모두 9개 있고 빨간색 블록은 1개, 파란색 블록은 3개 있습니다.
➡ $9-1-3=8-3=5$(개)

😊 내가 만드는 문제
14 □ 안에 적당한 수를 써넣어 문제를 해결해 봅니다.
㉠ 처음에 있던 쿠키의 수 8에서 먹은 쿠키의 수 2, 3을 뺍니다.
(남은 쿠키의 수)$=8-2-3=6-3=3$(개)

---

3 10이 되는 더하기를 해 보자. 40~41쪽

1 7, 8, 9, 10 / 10 / 8, 9, 10 / 10

2 (위에서부터) 9, 8 / 7, 6 / 5, 4 / 3, 2 / 1

---

3 (1) 10 (2) 10

4 ㉠

/ 1, 9

3 (1) ● 3개와 ● 7개를 더하면 10개가 됩니다.
➡ $3+7=10$
(2) ● 8개에 ● 2개를 더하면 10개가 됩니다.
➡ $8+2=10$

4 두 가지 색으로 1개와 9개, 2개와 8개, 3개와 7개, 4개와 6개, 5개와 5개, 6개와 4개, 7개와 3개, 8개와 2개, 9개와 1개를 색칠할 수 있습니다.

---

4 10에서 큰 수를 뺄수록 차는 작아져. 42~43쪽

1 6, 7 / 6 / 4, 5, 6 / 4

2 (위에서부터) 1, 2 / 3, 4 / 5, 6 / 7, 8 / 9

3 (1) 8 (2) 3

4 ㉠

/ 5, 5

3 (1) ● 10개에서 2개를 빼면 8개가 남습니다.
➡ $10-2=8$
(2) ● 10개와 ● 7개를 비교하면 ●가 3개 더 많습니다.
➡ $10-7=3$

4 ㉠ 연결 모형 5개를 /으로 지우면 5개가 남습니다.
➡ $10-5=5$

---

5 세 수의 덧셈에서 10이 되는
두 수를 먼저 더하면 더 쉬워. 44~45쪽

1 (계산 순서대로) (1) 10, 17, 17 (2) 10, 14, 14

2 (계산 순서대로) (1) 10, 13, 13 (2) 10, 16, 16

3 ㉠ 5, 2, 8, 15

4 ㉠ 6, 4, 3, 13

5 (1) 11 (2) 17

6 (○)( )(○)

3 5+2+8에서 10이 되는 두 수 2와 8을 먼저 더합니다.

➡ 5+2+8=15
（10）
15

4 단추 6개, 4개, 3개를 모두 더하면 13개입니다.
6+4+3=13
（10）
13

5 ⑴ 3+7+1=11
（10）
11
⑵ 7+8+2=17
（10）
17

46~47쪽
개념 적용 -3 10이 되는 더하기

1 (위에서부터) 8, 6 / 5, 2

2 ⑴ 8 ⑵ 7, 3 또는 3, 7

3 ⑴ 9, 1 ⑵ 3, 7

4
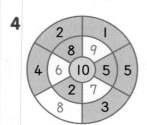

5
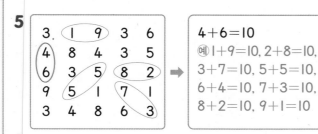

4+6=10
（예）1+9=10, 2+8=10,
3+7=10, 5+5=10,
6+4=10, 7+3=10,
8+2=10, 9+1=10

6 （예）
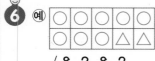
/ 8, 2, 8, 2

（위에서부터） 5, 10 / 8 / 3, 10 / 4

3 덧셈은 두 수를 바꾸어 더해도 합이 같습니다.

4 1+9=10, 3+7=10, 8+2=10, 4+6=10

48~49쪽
개념 적용 -4 10에서 빼기

7 ⑴ 3 ⑵ 5

8 ⑴ 6 ⑵ 7, 3

9 ⑴ 2, 8 ⑵ 9, 1

10
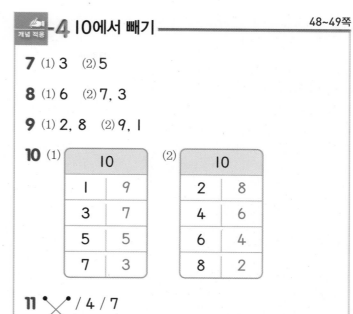

11 ✕ / 4 / 7

12 （예）
/ 2, 2, 8

7, 10, 7 / 3, 10, 10, 3

8 파란색 연결 모형의 수에서 빨간색 연결 모형의 수를 빼는 뺄셈식을 만들어서 계산합니다.

10 ⑴ 10−1=9, 10−3=7, 10−5=5, 10−7=3
⑵ 10−2=8, 10−4=6, 10−6=4, 10−8=2

50~51쪽
개념 적용 -5 10을 만들어 세 수 더하기

13 6, 16

14 (계산 순서대로) ⑴ 10, 17, 17 ⑵ 10, 15, 15

15
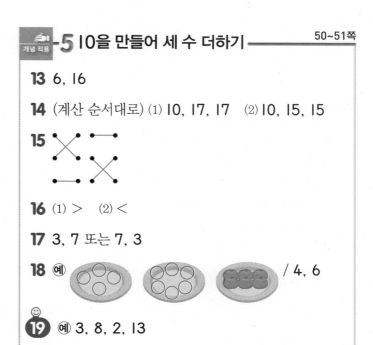

16 ⑴ > ⑵ <

17 3, 7 또는 7, 3

18 （예）
/ 4, 6

19 （예） 3, 8, 2, 13

（계산 순서대로） 2, 10, 17 / 1, 10, 17

13 연결 모형 10개에 6개를 더하면 16개가 되므로
10+6=16입니다.

15 10이 되는 두 수를 먼저 더합니다.
3+7+5=10+5=15, 2+9+1=2+10=12,
6+4+4=10+4=14

16 (1) 5+5+8=10+8=18, 2+4+6=2+10=12
➡ 5+5+8>2+4+6
(2) 3+3+7=3+10=13, 2+8+5=10+5=15
➡ 3+3+7<2+8+5

17 9에 10을 더해야 19가 됩니다. 수 카드의 수 중에서
두 수의 합이 10이 되는 것은 3과 7입니다.
➡ 9+3+7=19 (또는 9+7+3=19)

18 두 빈 접시에 있는 귤의 수의 합이 10이 되도록 ○를
그립니다.

😊 내가 만드는 문제
19 더해서 10이 되는 두 수 1과 9, 2와 8, 3과 7, 4와
6, 5와 5 중에서 한 가지를 밑줄 친 부분에 써넣습니
다. 예 3+8+2=3+10=13

발전 문제 52~54쪽

개념 완성

1	4	1⁺	7
2	5장	**2⁺**	4권
3	1, 2, 3	**3⁺**	4
4	예 2, 5	**4⁺**	예 5, 1
5	예 3, 7, 1	**5⁺**	예 4, 6, 7
6	5	**6⁺**	6

1 2+8=10이므로 10+□=14에서 □=4입니다.
1+9=10이므로 10+□=14에서 □=4입니다.
4+6=10이므로 □+10=14에서 □=4입니다.

1⁺ 9+1=10이므로 □+10=17에서 □=7입니다.
5+5=10이므로 10+□=17에서 □=7입니다.
7+3=10이므로 10+□=17에서 □=7입니다.

2 (유진이가 가지고 있던 색종이의 수)=4+6=10(장)
(남은 색종이의 수)=10-5=5(장)

2⁺ (책꽂이에 꽂혀 있던 책의 수)=8+2=10(권)
(남아 있는 책의 수)=10-6=4(권)

3 9-4-□>1 ➡ 5-□>1
5-4=1이므로 5-□가 1보다 크려면 □ 안에는 4
보다 작은 수가 들어가야 합니다.
따라서 □ 안에 들어갈 수 있는 수는 1, 2, 3입니다.

3⁺ 9-2-□>2 ➡ 7-□>2
7-5=2이므로 7-□가 2보다 크려면 □ 안에는 5
보다 작은 수가 들어가야 합니다.
따라서 □ 안에 들어갈 수 있는 수는 1, 2, 3, 4이고
이 중에서 가장 큰 수는 4입니다.

4 1+□+□=8이므로 □+□=7이어야 합니다.
더해서 7이 되는 두 수는 2와 5 또는 3과 4이므로 □
안에 2와 5 또는 3과 4를 써야 합니다.
➡ 1+2+5=8 또는 1+5+2=8
또는 1+3+4=8 또는 1+4+3=8

4⁺ 9-□-□=3이므로 9에서 6을 빼야 3이 됩니다.
따라서 □ 안에 1과 5 또는 2와 4를 써야 합니다.
9-1-5=3 또는 9-5-1=3
또는 9-2-4=3 또는 9-4-2=3

5 수 카드의 수 중에서 더해서 10이 되는 두 수는 3과 7
입니다.
세 수의 합이 11이 되려면 10에 1을 더해야 합니다.
따라서 합이 11이 되는 세 수는 3, 7, 1입니다.
➡ 3+7+1=11
(7+3+1=11, 1+3+7=11 등 답은 여러 가지가 될
수 있습니다.)

5⁺ 수 카드의 수 중에서 더해서 10이 되는 두 수는 4와 6
입니다.
세 수의 합이 17이 되려면 10에 7을 더해야 합니다.
따라서 합이 17이 되는 세 수는 4, 6, 7입니다.
➡ 4+6+7=17
(6+4+7=17, 7+4+6=17 등 답은 여러 가지가
될 수 있습니다.)

6 먼저 ●에 알맞은 수를 구합니다.
●+7=10에서 3+7=10이므로 ●=3입니다.
■-2=●에서 ●=3이므로 ■-2=3입니다.
■-2=3에서 5-2=3이므로 ■=5입니다.

6⁺ 먼저 ●에 알맞은 수를 구합니다.
●-2=8에서 10-2=8이므로 ●=10입니다.
■+4=●에서 ●=10이므로 ■+4=10입니다.
■+4=10에서 6+4=10이므로 ■=6입니다.

1 (계산 순서대로) (1) 10, 19, 19   (2) 10, 18, 18

2 예 3, 2, 4, 9   **3** 3, 3

4 (1) 9   (2) 2   **5** (1) 4   (2) 8

6 (위에서부터) 7, 5, 4, 9

7 (1) 8+2에 ○표, 17   (2) 1+9에 ○표, 16

8 (1) 10, 12   (2) 10, 14

9 7 / 3 / 7 / 7

10 예 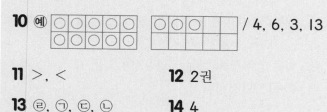 / 4, 6, 3, 13

11 >, <   **12** 2권

13 ㉣, ㉠, ㉢, ㉡   **14** 4

15 5, 5, 5   **16** 2

17 2, 16   **18** 8

19 6살   **20** 4

1 10이 되는 두 수를 먼저 더합니다.

3 $8-2-3=3$
    6
    3

4 (1) $5+3+1=9$
    8
    9
      (2) $9-3-4=2$
    6
    2

5 (2) 10에서 몇을 빼서 2가 되려면 10에서 8을 빼야 하므로 □ 안에 알맞은 수는 8입니다.

6 10이 되는 더하기는 1+9, 2+8, 3+7, 4+6, 5+5, 6+4, 7+3, 8+2, 9+1이 있습니다.

7 합이 10이 되는 두 수를 찾아 먼저 더하고 나머지 수를 더합니다.
    (1) ⑧+②+7=10+7=17
    (2) 6+①+⑨=6+10=16

8 세 수의 덧셈에서 10이 되는 두 수를 먼저 더하면 더 쉽게 계산할 수 있습니다.
    (1) $2+3+7=2+10=12$

(2) $5+5+4=10+4=14$

10 $4+6+3=13$
    10
    13

11 세 수의 뺄셈은 반드시 앞에서부터 순서대로 계산합니다.
    $9-2-4=7-4=3$, $7-5=2$
    ➡ $9-2-4>7-5$
    $9-2-4=7-4=3$, $3+1=4$
    ➡ $9-2-4<3+1$

12 $10-8=2$이므로 수지는 연우보다 2권 더 많이 읽었습니다.

13 ㉠ $6+4=10$ ㉡ $10-6=4$
    ㉢ $8-1-2=7-2=5$ ㉣ $2+8+1=10+1=11$
    따라서 계산 결과가 큰 것부터 차례로 기호를 쓰면 ㉣, ㉠, ㉢, ㉡입니다.

14 $7+3=10$이고 $10+□=14$이므로 □=4입니다.

15 $15=10+5=5+5+5$

16 수 카드의 수 2, 7, 3 중에서 가장 큰 수는 7입니다.
    ➡ $7-2-3=5-3=2$

17 8과 2를 더하면 10이므로
    $6+8+2=6+10=16$입니다.

18 $8+2+7=10+7=17$, $□+3+7=□+10$
    ➡ $17<□+10$
    $17=7+10$이므로 □+10이 17보다 크려면 □ 안에는 7보다 큰 수가 들어가야 합니다.
    따라서 □ 안에 들어갈 수 있는 가장 작은 수는 8입니다.

서술형
19 예 (형의 나이)=(준형이의 나이)+2
            =8+2=10(살)
    (동생의 나이)=(형의 나이)-4=10-4=6(살)

평가 기준	배점
형의 나이를 구했나요?	2점
동생의 나이를 구했나요?	3점

서술형
20 예 $10-●=9$에서 $10-1=9$이므로 ●=1입니다.
    $■+7=10$에서 $3+7=10$이므로 ■=3입니다.
    따라서 ●와 ■의 합은 $1+3=4$입니다.

평가 기준	배점
●와 ■의 값을 각각 구했나요?	4점
●와 ■의 합을 구했나요?	1점

3 모양과 시각

기본적인 평면도형의 모양을 알아보는 학습입니다. 1학년 1학기에 입체도형의 모양을 직관적으로 파악하였다면 이 단원에서는 입체도형을 포함한 주변 대상들이 가지는 모양의 일부분에 주목하여 평면도형의 모양을 직관적으로 파악하게 됩니다. 또한 시각을 배우는 이번 단원에서 학생들의 생활 경험과 하루 생활 등을 소재로 시각과 관련지어 다양한 방법으로 의사소통을 할 수 있도록 합니다.

교과서 개념 이해 1 ⊠는 ■ 모양, △는 ▲ 모양, ⑩은 ● 모양이야.
60~61쪽

1 (1) ㉢, ㉝, ㉘ (2) ㉡, ㉣, ㉗ (3) ㉠, ㉤

2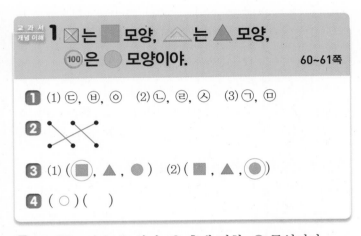

3 (1) (■, ▲, ●) (2) (■, ▲, ●)

4 (○) (　)

1 (1) ■ 모양은 ㉢ 엽서, ㉝ 휴대 전화, ㉘ 문입니다.
(2) ▲ 모양은 ㉡ 옷걸이, ㉣ 표지판, ㉗ 삼각자입니다.
(3) ● 모양은 ㉠ 시계, ㉤ 접시입니다.

2 ■, ▲, ● 모양을 찾아 같은 모양끼리 이어 봅니다.

3 (1) 달력, 지우개, 사전은 모두 ■ 모양입니다.
(2) 동전, 표지판, 돋보기는 모두 ● 모양입니다.

4 왼쪽은 모두 ▲ 모양입니다.
오른쪽은 수학 익힘책과 과자는 ■ 모양, 시계는 ● 모양, 샌드위치는 ▲ 모양입니다.

교과서 개념 이해 2 모양은 뾰족한 부분과 곧은 선으로 비교할 수 있어.
62~63쪽

1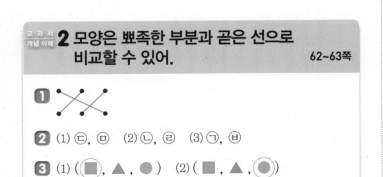

2 (1) ㉢, ㉤ (2) ㉡, ㉣ (3) ㉠, ㉝

3 (1) (■, ▲, ●) (2) (■, ▲, ●)

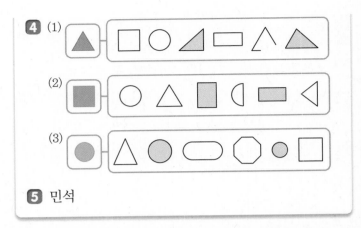

5 민석

2 (1) 뾰족한 부분이 4군데 있는 모양은 ■ 모양이므로 ㉢ 달력, ㉝ 방석입니다.
(2) 뾰족한 부분이 3군데 있는 모양은 ▲ 모양이므로 ㉡ 표지판, ㉣ 과자입니다.
(3) 뾰족한 부분이 없는 모양은 ● 모양이므로 ㉠ 거울, ㉝ 표지판입니다.

4 (1) △ 모양은 뾰족한 곳이 2군데이므로 ▲ 모양이 아닙니다.

5 뾰족한 부분이 3군데 있는 모양은 ▲ 모양입니다.
민석이는 ▲ 모양을 모았고, 현정이는 ■ 모양을 모았습니다.

교과서 개념 이해 3 ■, ▲, ● 모양으로 여러 가지 모양을 꾸미자.
64~65쪽

1 ㉡

2 (　) (○) (　)

3 (1) (■, ▲, ●) (2) (■, ▲, ●)

4 3개, 4개, 7개

5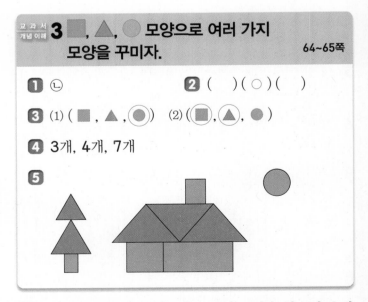

1 ▲ 모양 3개, ● 모양 1개로 꾸민 모양을 찾으면 ㉡입니다.

2 왼쪽 모양은 ■ 모양만 이용하여 꾸몄습니다.
가운데 모양은 ● 모양만 이용하여 꾸몄습니다.
오른쪽 모양은 ▲ 모양만 이용하여 꾸몄습니다.

3 (1) ● 모양 6개를 이용하여 꾸몄습니다.
(2) ■ 모양 1개, ▲ 모양 3개를 이용하여 꾸몄습니다.

4 ■ 모양이 3개, ▲ 모양이 4개, ● 모양이 7개입니다.

68~69쪽

개념 적용 -2 여러 가지 모양 알아보기

7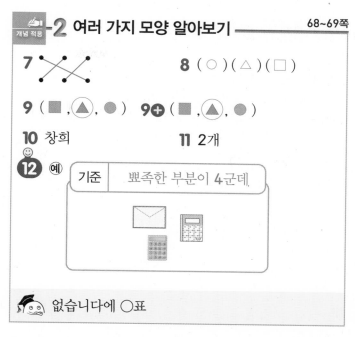

8 (○) (△) (□)

9 (■ , ▲ , ●) **9➕** (■ , ▲ , ●)

10 창희 **11** 2개

12 예

기준	뾰족한 부분이 4군데

온습니다에 ○표

9 ■ 모양은 뾰족한 부분이 4군데, ▲ 모양은 뾰족한 부분이 3군데 있고, ● 모양은 뾰족한 부분이 하나도 없습니다.

10 ▲ 모양은 곧은 선이 있습니다. 잘못 설명한 사람은 창희입니다.

11 뾰족한 부분이 없는 모양은 ● 모양입니다.
● 모양의 단추는 모두 2개입니다.

☺ 내가 만드는 문제
12 예 뾰족한 부분이 4군데 있는 모양은 ■ 모양입니다.
■ 모양은 편지봉투, 공책, 전자계산기입니다.

66~67쪽

개념 적용 -1 여러 가지 모양 찾기

1 (○) (△) (□) **2** (■ , ▲ , ●)

3
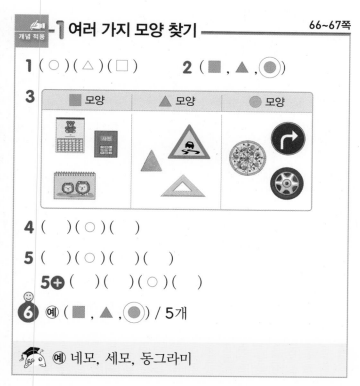

4 ( ) (○) ( )

5 ( ) (○) ( ) ( )

5➕ ( ) ( ) (○) ( )

☺
6 예 (■ , ▲ , ●) / 5개

예 네모, 세모, 동그라미

1 과자는 ● 모양, 삼각김밥은 ▲ 모양, 동화책은 ■ 모양입니다.

2 동전, 거울, 접시에서 ● 모양을 찾을 수 있습니다.

4 삼각자는 ▲ 모양이고 ▲ 모양을 찾으면 샌드위치입니다.

5 편지봉투, 텔레비전, 수학 익힘책은 모두 ■ 모양이고, 동전은 ● 모양입니다.

☺ 내가 만드는 문제
6 ■ 모양이 4개, ▲ 모양이 3개, ● 모양이 5개 있습니다.

70~71쪽

개념 적용 -3 여러 가지 모양 꾸미기

13 (1) (■ , ▲ , ●) (2) (■ , ▲ , ●)
13➕ 2개

14 (○) ( ) ( )

15 (1) (■ , ▲ , ●) (2) (■ , ▲ , ●)

16 6개, 4개, 2개 **17** (■ , ▲ , ●)

☺
18 예

1, 2, 2

13 (1) ■ 모양 4개를 이용하여 꾸몄습니다.

(2) ▲ 모양 4개를 이용하여 꾸몄습니다.

14 왼쪽 모양: ■ 모양 4개, ● 모양 2개를 이용하여 꾸몄습니다.

가운데 모양: ■ 모양 1개, ▲ 모양 2개, ● 모양 7개를 이용하여 꾸몄습니다.

오른쪽 모양: ■ 모양 3개, ▲ 모양 3개를 이용하여 꾸몄습니다.

15 (1) ■ 모양 1개, ▲ 모양 8개를 이용하여 꾸몄으므로 이용하지 않은 모양은 ● 모양입니다.

(2) ▲ 모양 6개, ● 모양 1개를 이용하여 꾸몄으므로 이용하지 않은 모양은 ■ 모양입니다.

16 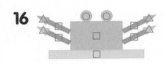 빠뜨리거나 두 번 세지 않도록 모양별로 다른 표시를 하며 세어 봅니다.

17 ■ 모양 4개, ▲ 모양 3개, ● 모양 2개를 이용하여 꾸몄습니다.

따라서 가장 많이 이용한 모양은 ■ 모양입니다.

교과서 개념 이해 4 짧은바늘이 1, 긴바늘이 12를 가리키면 1시야. 72쪽

1 (1) 4, 12 / 4   (2) 5, 12 / 5

2

2 긴바늘이 12를 가리킬 때 짧은바늘이 가리키는 숫자는 디지털시계에서 :의 왼쪽과 같습니다.

교과서 개념 이해 5 짧은바늘이 1과 2 사이, 긴바늘이 6을 가리키면 1시 30분이야. 73쪽

1 (1) 3, 4, 6 / 3, 30   (2) 7, 8, 6 / 7, 30

2

2 몇 시 30분일 때 바늘이 있는 시계는 긴바늘이 6을 가리키고, 디지털시계는 :의 오른쪽이 30이 됩니다.

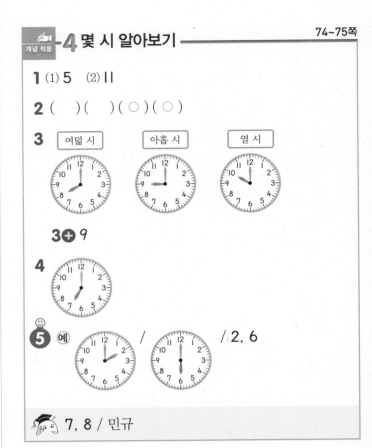

개념 적용 4 몇 시 알아보기 74~75쪽

1 (1) 5   (2) 11

2 ( ) ( ) (○) (○)

3 | 여덟 시 | 아홉 시 | 열 시 |

3 ➕ 9

4

5 예 / / 2, 6

7, 8 / 민규

---

1 (1) 짧은바늘이 5, 긴바늘이 12를 가리키므로 5시입니다.

(2) 짧은바늘이 11, 긴바늘이 12를 가리키므로 11시입니다.

2 9시는 짧은바늘은 9를 가리키고 긴바늘은 12를 가리킵니다.

디지털시계에서 9시는 :의 왼쪽은 9, :의 오른쪽은 00을 나타냅니다.

3 • 여덟 시 ➡ 8시

➡ 짧은바늘이 8을 가리키게 그립니다.

• 아홉 시 ➡ 9시

➡ 짧은바늘이 9를 가리키게 그립니다.

• 열 시 ➡ 10시

➡ 짧은바늘이 10을 가리키게 그립니다.

4 7시는 짧은바늘이 7, 긴바늘이 12를 가리키게 그려야 합니다.

😊 내가 만드는 문제

5 예 현수가 2시에 야구를 했으므로 짧은바늘이 2를 가리키게 그리고, 6시에 수학 공부를 했으므로 짧은바늘이 6을 가리키게 그립니다.

6 (1) 7, 30   (2) 10, 30   **6➕**

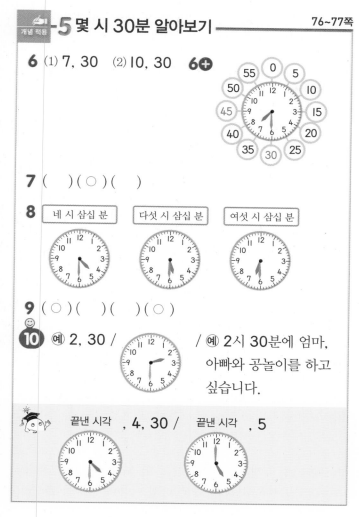

7 (   )(○)(   )

8 네 시 삼십 분   다섯 시 삼십 분   여섯 시 삼십 분

9 (○)(   )(   )(○)

➓ 예 2, 30 /   / 예 2시 30분에 엄마, 아빠와 공놀이를 하고 싶습니다.

끝낸 시각 , 4, 30 /   끝낸 시각 , 5

---

6 (1) 짧은바늘이 7과 8 사이에 있고 긴바늘이 6을 가리키므로 7시 30분입니다.

(2) 짧은바늘이 10과 11 사이에 있고 긴바늘이 6을 가리키므로 10시 30분입니다.

7 긴바늘이 6을 가리키면 몇 시 30분이므로 짧은바늘은 숫자와 숫자 사이에 있어야 합니다.

8 • 네 시 삼십 분 ➡ 4시 30분
   ➡ 짧은바늘이 4와 5 사이에 있도록 그립니다.
• 다섯 시 삼십 분 ➡ 5시 30분
   ➡ 짧은바늘이 5와 6 사이에 있도록 그립니다.
• 여섯 시 삼십 분 ➡ 6시 30분
   ➡ 짧은바늘이 6과 7 사이에 있도록 그립니다.

9 12시 30분은 짧은바늘이 12와 1 사이에 있고 긴바늘이 6을 가리킵니다.
디지털시계에서 12시 30분은 :의 왼쪽은 12, :의 오른쪽은 30을 나타냅니다.

😊 내가 만드는 문제
➓ 짧은바늘은 숫자와 숫자 사이에 있고 긴바늘은 6을 가리키게 그립니다.

---

1 1개, 3개   **1➕** 3개, 5개

2 1개   **2➕** 1개

3 예

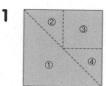

3➕ 예

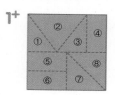

4 ㉡   **4➕** ㉠, ㉢

5 5시   **5➕** 7시 30분

6 5시   **6➕** 12시 30분

---

1 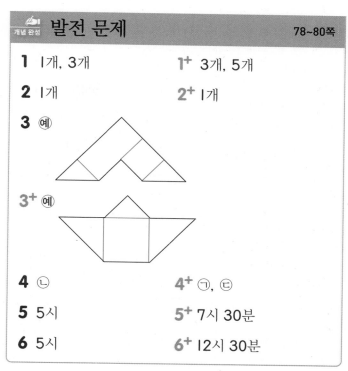 ■ 모양은 ③으로 1개, ▲ 모양은 ①, ②, ④로 3개입니다.

1➕ ■ 모양은 ④, ⑤, ⑥으로 3개, ▲ 모양은 ①, ②, ③, ⑦, ⑧로 5개입니다.

2 ■ 모양 4개, ▲ 모양 3개, ● 모양 1개를 이용하여 꾸몄습니다.
4-3=1이므로 ■ 모양은 ▲ 모양보다 1개 더 많이 이용했습니다.

2➕ ■ 모양 5개, ▲ 모양 3개, ● 모양 4개를 이용하여 꾸몄습니다.
5-4=1이므로 ■ 모양은 ● 모양보다 1개 더 많이 이용했습니다.

3 ■ 모양과 ▲ 모양만으로 주어진 모양을 꾸밀 수 있도록 나누어 봅니다.

4 ㉠ 12시 30분 ㉡ 3시 ㉢ 2시 ㉣ 1시 30분
낮 12와 낮 2시 30분 사이의 시각이 아닌 것은 ㉡ 3시입니다.

4➕ ㉠ 4시 30분 ㉡ 2시 30분 ㉢ 4시 ㉣ 5시 30분
낮 3시 30분과 낮 5시 사이의 시각은 ㉠ 4시 30분, ㉢ 4시입니다.

5 긴바늘이 12를 가리키면 몇 시입니다.
몇 시 중에서 4시 30분보다 늦고 5시 30분보다 빠른
시각은 5시입니다.

5⁺ 긴바늘이 6을 가리키면 몇 시 30분입니다.
몇 시 30분 중에서 7시보다 늦고 8시보다 빠른 시각
은 7시 30분입니다.

6 짧은바늘이 5, 긴바늘이 12를 가리키므로 5시입니다.

6⁺ 짧은바늘이 12와 1 사이에 있고 긴바늘이 6을 가리키
므로 12시 30분입니다.

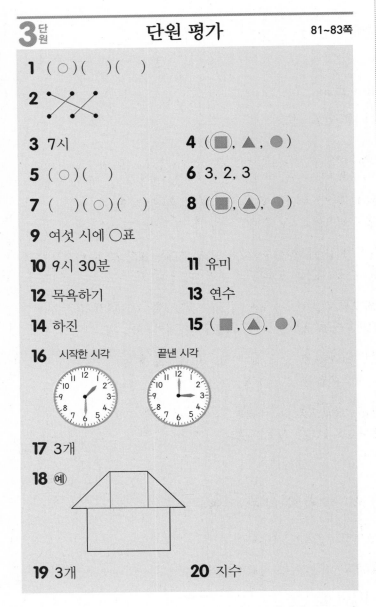

3단원 **단원 평가** 81~83쪽

1 (○)( )( )

2 (선 연결)

3 7시

4 (■, ▲, ●)

5 (○)( )

6 3, 2, 3

7 ( )(○)( )

8 (■, ▲, ●)

9 여섯 시에 ○표

10 9시 30분

11 유미

12 목욕하기

13 연수

14 하진

15 (■, ▲, ●)

16 시작한 시각 / 끝낸 시각 (시계 그림)

17 3개

18 예 (집 모양 그림)

19 3개

20 지수

1 삼각자는 ▲ 모양, 단추는 ● 모양, 표지판은 ■ 모양
입니다.

3 짧은바늘이 7, 긴바늘이 12를 가리키므로 7시입니다.

5 짧은바늘이 9와 10 사이에 있고 긴바늘이 6을 가리키
는 시계를 찾습니다.

6 ⬣은 ■, ▲, ● 모양이 아닌 다른 모양입니다.

7 가운데 물건의 위(아래)에서 ▲ 모양을 본뜰 수 있습니다.

10 긴바늘이 6을 가리키는 시각은 몇 시 30분입니다. 몇
시 30분 중에서 9시와 10시 사이의 시각은 9시 30분
입니다.

11 ▲ 모양은 둥근 부분이 없습니다. ■ 모양은 뾰족한
부분이 4군데 있습니다. ● 모양은 뾰족한 부분이 없
습니다. 따라서 바르게 말한 사람은 유미입니다.

12 6시 30분에 저녁 먹기, 7시 30분에 목욕하기, 9시에
책 읽기를 했습니다.

13 연수는 3시 30분, 정민이는 4시 30분, 상현이는 4시
30분에 간식을 먹었습니다.

14 강아지 모양은 ■, ● 모양을 이용했습니다. 잘못 설
명한 사람은 하진입니다.

15 ■ 모양 4개, ▲ 모양 2개, ● 모양 6개를 이용하여
꾸몄습니다. 따라서 가장 적게 이용한 모양은 ▲ 모양
입니다.

16 몇 시 30분은 긴바늘이 6을 가리키게 그리고, 몇 시
는 긴바늘이 12를 가리키게 그립니다.

17 ■ 모양 5개, ▲ 모양 2개, ● 모양 3개를 이용하여
꾸몄습니다. 5-2=3이므로 ■ 모양은 ▲ 모양보다
3개 더 많이 이용했습니다.

18 ■ 모양과 ▲ 모양만으로 주어진 모양을 꾸밀 수 있도
록 나누어 봅니다.

서술형
19 예 뾰족한 부분이 없고 둥근 부분이 있는 모양은 ● 모
양입니다. 따라서 ● 모양은 모두 3개입니다.

평가 기준	배점
어떤 모양을 찾는지 알았나요?	2점
찾는 모양은 몇 개인지 구했나요?	3점

서술형
20 예 지수는 7시 30분에 일어났고, 윤후는 7시에 일어
났습니다. 따라서 더 늦게 일어난 사람은 지수입니다.

평가 기준	배점
지수와 윤후가 일어난 시각을 구했나요?	3점
더 늦게 일어난 사람을 찾았나요?	2점

4 덧셈과 뺄셈(2)

덧셈과 뺄셈에서 가장 중요한 받아올림과 받아내림을 학습합니다. (몇)+(몇)=(십몇)의 덧셈과 (십몇)-(몇)=(몇)의 뺄셈은 더 큰 수의 덧셈과 뺄셈의 형식화에 기초가 되며, 이러한 덧셈과 뺄셈은 동수누가나 동수누감과 같은 상황에서 곱셈과 나눗셈으로 확장하게 됩니다. 따라서 첨가, 합병, 제거, 비교 등의 다양한 상황 속에서 덧셈과 뺄셈에 관련된 정보를 찾아 적절한 연산을 선택하고, 수의 분해와 합성, 수계열이나 수 관계, 교환법칙을 이용한 방법 등 여러 가지 전략으로 문제를 해결할 수 있도록 합니다.

교과서 개념 이해 1 덧셈은 이어 세거나 그림을 그려 계산할 수 있어. 86쪽

1 11, 12, 13 / 13

2 예 ○○○○○ △△△ / 13
○○○△△ □□

1 7에서 6만큼 이어 세면 8, 9, 10, 11, 12, 13입니다.
➡ $7+6=13$

2 △ 2개를 그려 10을 만들고 남은 3개를 더 그리면 13이 됩니다.
➡ $8+5=13$

교과서 개념 이해 2 수를 가르기한 후 10을 만들어 덧셈을 하자. 87~88쪽

1 (1) 5 / 15 (2) 1 / 15

2 (계산 순서대로) (1) 3, 16 (2) 2, 13

3 (계산 순서대로) 4, 14 / 4, 14 / 3, 1, 14

4 (1) 13 (2) 14 (3) 17 (4) 18

1 (1) 6과 더해서 10이 되는 수는 4이므로 9를 4와 5로 가르기합니다. 6과 4를 더해 10을 만들고 남은 5를 더하면 15가 됩니다.
➡ $6+9=15$

(2) 9와 더해서 10이 되는 수는 1이므로 6을 5와 1로 가르기합니다. 9와 1을 더해 10을 만들고 남은 5를 더하면 15가 됩니다.
➡ $6+9=15$

2 (1) 7과 더해서 10이 되는 수는 3이므로 9를 3과 6으로 가르기합니다. 7과 3을 더해 10을 만들고 남은 6을 더합니다.
➡ $7+9=16$

(2) 8과 더해서 10이 되는 수는 2이므로 5를 3과 2로 가르기합니다. 8과 2를 더해 10을 만들고 남은 3을 더합니다.
➡ $5+8=13$

3 • 6을 2와 4로 가르기하여 8과 2를 더해 10을 만들고 남은 4를 더합니다.
• 8을 4와 4로 가르기하여 6과 4를 더해 10을 만들고 남은 4를 더합니다.
• 8을 5와 3으로, 6을 5와 1로 각각 가르기하여 5와 5를 더해 10을 만들고 남은 3과 1을 더합니다.
➡ $8+6=14$

4 (1) $7+6=13$ (2) $6+8=14$
      3 3   4 2
(3) $8+9=17$ (4) $9+9=18$
    7 1   5 4 5 4

교과서 개념 이해 3 덧셈에서 여러 가지 규칙을 찾자. 89쪽

1 (1) 10, 11, 12, 13 (2) 16, 15, 14, 13
(3) 17, 17

2 (1) 12, 14 (2) 14, 12 (3) 11, 13 (4) 16, 14

1 (1) 같은 수에 1씩 커지는 수를 더하면 합도 1씩 커집니다.
(2) 1씩 작아지는 수에 같은 수를 더하면 합도 1씩 작아집니다.
(3) 두 수를 서로 바꾸어 더해도 합은 같습니다.

2 (1), (3) (몇)+(몇)에서 한 수가 ●만큼 커지면 합도 ●만큼 커집니다.
(2), (4) (몇)+(몇)에서 한 수가 ●만큼 작아지면 합도 ●만큼 작아집니다.

🖐 개념 적용 1 덧셈 알아보기

1 9, 10, 11 / 11

2 ⑩

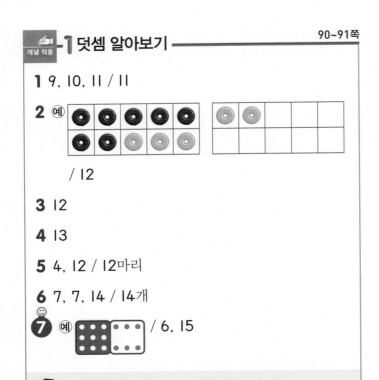

/ 12

3 12

4 13

5 4, 12 / 12마리

6 7, 7, 14 / 14개

7 ⑩

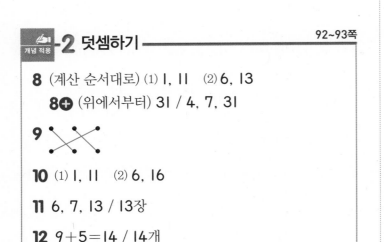

/ 6, 15

🎓 11, 12, 13, 14, 15, 16 / 16

3 9에서 3만큼 이어 세면 10, 11, 12입니다. 따라서 빈 병은 모두 12개입니다.

4 오렌지주스병은 5개, 딸기주스병은 8개입니다.
오렌지주스병의 수만큼 ○ 5개를 그리고 딸기주스병의 수만큼 △ 8개를 이어 그립니다.

○	○	○	○	○	△	△	△	△	△
△	△	△							

따라서 주스병은 모두 13개입니다.

5 연못 안의 오리의 수 8에서 연못 밖의 오리의 수 4만큼 이어 세면 9, 10, 11, 12입니다.
➡ 8+4=12(마리)

🖐 개념 적용 2 덧셈하기

8 (계산 순서대로) (1) 1, 11 (2) 6, 13

8➕ (위에서부터) 31 / 4, 7, 31

9

10 (1) 1, 11 (2) 6, 16

11 6, 7, 13 / 13장

12 9+5=14 / 14개

---

13 ⑩

🎓 같습니다에 ○표

8 (1) 6과 더해서 10이 되는 수는 4이므로 5를 4와 1로 가르기합니다. 6과 4를 더해 10을 만들고 남은 1을 더합니다. ➡ 6+5=11

(2) 4와 더해서 10이 되는 수는 6이므로 9를 3과 6으로 가르기합니다. 4와 6을 더해 10을 만들고 남은 3을 더합니다. ➡ 9+4=13

➕ 4와 7을 더하면 11이므로 20+11=31입니다.

9 ・8+6: 8과 더해서 10이 되는 수는 2이므로 6을 2와 4로 가르기합니다.
➡ 8+6=8+2+4

・5+7: 7과 더해서 10이 되는 수는 3이므로 5를 2와 3으로 가르기합니다.
➡ 5+7=2+3+7

・9+6: 9와 더해서 10이 되는 수는 1이므로 6을 1과 5로 가르기합니다.
➡ 9+6=9+1+5

10 (1) 8+3=8+2+1=10+1=11
                    2 1

(2) 7+9=6+1+9=6+10=16
              6 1

11 6+7=13
        3 3

12 9+5=14
        1 4

😊 내가 만드는 문제
13 8+3=11, 8+5=13 등도 만들 수 있습니다.

🖐 개념 적용 3 여러 가지 덧셈하기

14 (1) 12, 13, 14 (2) 16, 15, 14

15 (1) 9 (2) 11 / 7

16

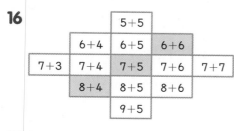

		5+5		
	6+4	6+5	6+6	
7+3	7+4	7+5	7+6	7+7
	8+4	8+5	8+6	
		9+5		

17 (1) =, >　(2) =, <

18

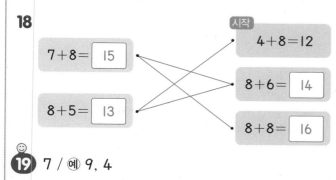

7+8= 15　　8+5= 13

시작
4+8=12
8+6= 14
8+8= 16

☺ **19** 7 / ⑩ 9, 4

🐟 6, 7, 8, 9

14 (1) 같은 수에 1씩 커지는 수를 더하면 합도 1씩 커집니다. 6+5=11이므로 6+6=12, 6+7=13, 6+8=14입니다.

(2) 1씩 작아지는 수에 같은 수를 더하면 합도 1씩 작아집니다. 9+8=17이므로 8+8=16, 7+8=15, 6+8=14입니다.

15 (1) 같은 수를 더하여 합이 2만큼 더 커졌으므로 □는 7보다 2만큼 더 큰 수인 9입니다.

(2) 7+4=11이고 두 수를 바꾸어 더해도 합은 같으므로 4+7=11입니다.

16 1씩 커지는 수에 1씩 작아지는 수를 더하면 합이 같으므로 ╱ 방향에 놓인 식끼리 합이 같습니다.
따라서 합이 12인 식은 6+6, 7+5, 8+4입니다.

17 (1) 9+7=16이고, 9+8은 9+7보다 더하는 수가 크므로 9+8>16입니다.

(2) 7+6=13이고, 7+5는 7+6보다 더하는 수가 작으므로 7+5<13입니다.

18 시작 4+8=12 → 8+5=13 → 8+6=14
→ 7+8=15 → 8+8=16

☺내가 만드는 문제
19 (몇)+(몇)이 13이 되는 경우는 4+9, 5+8, 6+7 등이 있습니다.

교과서 개념 이해 **4 뺄셈은 거꾸로 세거나 연결 모형에서 빼서 계산할 수 있어.**　96쪽

1 7, 8, 9, 10 / 7

2 9

3 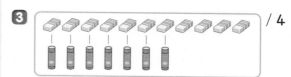 / 4

교과서 개념 이해 **5 수를 가르기한 후 10을 만들어 뺄셈을 하자.**　97~98쪽

1 (1) 2 / 8　(2) 4 / 8

2 3 / 10

3 (계산 순서대로) (1) 7, 8　(2) 10, 9

4 (계산 순서대로) 4, 6 / 6, 9

5 (1) 8　(2) 7　(3) 5　(4) 9

1 (1) 6을 4와 2로 가르기한 후 14에서 4를 빼서 10을 만들고 10에서 2를 더 빼면 8이 됩니다.
➡ 14−6=8

(2) 14를 10과 4로 가르기한 후 10에서 6을 빼고, 남은 4를 더하면 8이 됩니다. ➡ 14−6=8

3 (1) 9를 7과 2로 가르기하여 17에서 7을 먼저 빼고 10에서 2를 더 뺍니다.

(2) 15를 10과 5로 가르기하여 10에서 6을 빼고, 남은 5를 더합니다.

4 • 9를 5와 4로 가르기하여 15에서 5를 먼저 빼고 4를 더 뺍니다.
$$15-9=15-5-4=10-4=6$$
　　　　　　5　4

• 16을 10과 6으로 가르기하여 10에서 7을 빼고, 남은 6을 더합니다.
$$16-7=10-7+6=3+6=9$$
10　6

5 (1) $15-7=8$ (2) $16-9=7$
　　　　5　2　　　　　　6　3

　　(3) $13-8=5$ (4) $18-9=9$
　　　　10　3　　　　　　10　8

교과서 개념 이해 **6 뺄셈에서 여러 가지 규칙을 찾자.** 99쪽

1 (1) 9, 8, 7, 6 (2) 7, 7, 7, 7

2 (1) 8, 9 (2) 3, 2 (3) 8, 7 (4) 9, 9

---

1 (1) 같은 수에서 1씩 커지는 수를 빼면 차는 1씩 작아집니다.
　(2) 1씩 커지는 수에서 1씩 커지는 수를 빼면 차는 같습니다.

2 (1) (십몇)−(몇)에서 앞의 수가 ●만큼 커지면 차도 ●만큼 커집니다.
　(2) (십몇)−(몇)에서 뒤의 수가 ●만큼 커지면 차는 ●만큼 작아집니다.
　(3) (십몇)−(몇)에서 앞의 수가 ●만큼 작아지면 차도 ●만큼 작아집니다.
　(4) (십몇)−(몇)에서 앞의 수와 뒤의 수가 모두 ●만큼 커지면 차는 같습니다.

개념 적용 **4 뺄셈 알아보기** 100~101쪽

1 8, 9, 10, 11 / 8

2 (예) 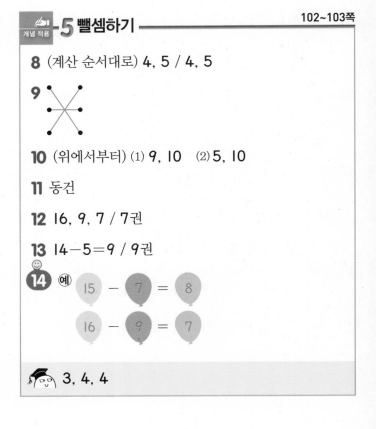 / 3

3 9

4 굴 ●●●●●●●●●●●● / 6
　키위 ●●●●●●

5 9, 9 / 9개

6 11, 3, 8 / 8개

7 (예)

🎓 $12-5=7$에 ○표

---

2 ● 12개 중 9개를 /을 그려 지우면 3개가 남습니다.
　➡ $12-9=3$

4 굴 13개와 키위 7개를 하나씩 짝을 지으면 굴이 6개 남으므로 굴이 6개 더 많습니다.
　➡ $13-7=6$

5 초코우유가 18개, 딸기우유가 9개입니다. 초코우유와 딸기우유를 하나씩 짝을 지으면 초코우유가 9개 남습니다.
　따라서 초코우유는 딸기우유보다 $18-9=9$(개) 더 많습니다.

6 전체 병 11개에서 분리배출할 병 3개를 빼면 8개가 남습니다.
　따라서 남는 병은 $11-3=8$(개)입니다.

😊 내가 만드는 문제
7 전체 구슬의 수는 15개이므로 15개에서 /을 그려 지운 수만큼 빼고 남은 구슬의 수를 구합니다.

개념 적용 **5 뺄셈하기** 102~103쪽

8 (계산 순서대로) 4, 5 / 4, 5

9

10 (위에서부터) (1) 9, 10 (2) 5, 10

11 동건

12 16, 9, 7 / 7권

13 $14-5=9$ / 9권

14 (예)
　　15 − 7 = 8
　　16 − 9 = 7

🎓 3, 4, 4

---

8 • 9를 4와 5로 가르기한 후 14에서 4를 빼서 10을 만들고 10에서 5를 더 뺍니다.

$14-9=14-4-5=10-5=5$
         4 5

• 14를 10과 4로 가르기한 후 10에서 9를 빼고, 남은 4를 더합니다.

$14-9=10-9+4=1+4=5$
    10 4

9 • $11-5=6$ • $16-9=7$ • $13-4=9$
      1 4   10 6   3 1

10 (1) 8을 7과 1로 가르기하여 차례로 뺍니다.
(2) 7을 2와 5로 가르기하여 차례로 뺍니다.

11 윤지: $17-9=10-2=8$
            7 2

12 $16-9=7$
         6 3

13 $14-5=9$
      10 4

😊 내가 만드는 문제
14 $13-7=6$, $15-8=7$, $16-8=8$, $14-5=9$ 등도 만들 수 있습니다.

104~105쪽

개념 적용 6 여러 가지 뺄셈하기

15 (1) 6, 7, 8   (2) 6, 7, 8

16 (1) 17   (2) 7, 5   (3) 8   (4) 7, 7

17

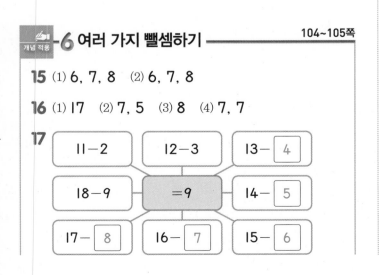

18

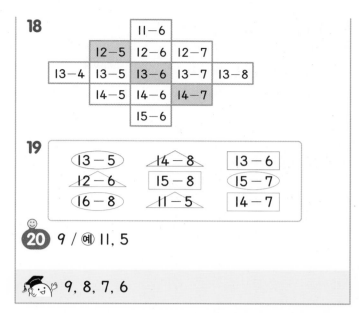

19

13 − 5   14 − 8   13 − 6
12 − 6   15 − 8   15 − 7
16 − 8   11 − 5   14 − 7

😊
20 9 / 예 11, 5

🎓 9, 8, 7, 6

15 (1) 같은 수에서 1씩 작아지는 수를 빼면 차는 1씩 커집니다.
$14-9=5$이므로 $14-8=6$, $14-7=7$, $14-6=8$입니다.
(2) 1씩 커지는 수에서 같은 수를 빼면 차도 1씩 커집니다.
$13-8=5$이므로 $14-8=6$, $15-8=7$, $16-8=8$입니다.

16 (1) (십몇)−(몇)에서 앞의 수가 ●만큼 커지면 차도 ●만큼 커집니다.
(2) (십몇)−(몇)에서 앞의 수가 ●만큼 작아지면 차도 ●만큼 작아집니다.
(3) (십몇)−(몇)에서 뒤의 수가 ●만큼 커지면 차는 ●만큼 작아집니다.
(4) (십몇)−(몇)에서 앞의 수와 뒤의 수가 모두 ●만큼 작아지면 차는 같습니다.

17 1씩 커지는 수에서 1씩 커지는 수를 빼면 차는 같습니다.
$11-2=9$, $12-3=9$이므로 차가 9인 식은 $13-4$, $14-5$, $15-6$, $16-7$, $17-8$, $18-9$입니다.

18 1씩 커지는 수에서 1씩 커지는 수를 빼면 차가 같으므로 ↘ 방향에 놓인 식끼리 차가 같습니다.
따라서 차가 7인 식은 $12-5$, $13-6$, $14-7$입니다.

19 $13-5=8$, $14-8=6$, $13-6=7$입니다.
$12-6=6$, $15-8=7$, $15-7=8$
$16-8=8$, $11-5=6$, $14-7=7$

😊 내가 만드는 문제
20 (십몇)−(몇)이 6이 되는 경우는 $15-9$, $14-8$, $13-7$, $12-6$, $11-5$가 있습니다.

발전 문제
106~108쪽

1 (위에서부터) 7+6 / 8+5 / 9+7

1⁺ (위에서부터) 12−7 / 13−5 / 14−7

2 8, 7, 15 또는 7, 8, 15

2⁺ 5, 6, 11 또는 6, 5, 11

3 15, 6, 9   **3⁺** 13, 8, 5

4 11, 12에 ○표   **4⁺** 16, 17에 ○표

5 8   **5⁺** 7

6 14   **6⁺** 3

1 오른쪽으로 갈수록 더하는 수가 1씩 커지고 아래로 갈수록 더해지는 수가 1씩 커집니다.

1⁺ 오른쪽으로 갈수록 빼는 수가 1씩 커지고 아래로 갈수록 빼지는 수가 1씩 커집니다.

2 합이 가장 크려면 가장 큰 수 8과 둘째로 큰 수 7을 더해야 합니다. ➡ 8+7=15 (또는 7+8=15)

2⁺ 합이 가장 작으려면 가장 작은 수 5와 둘째로 작은 수 6을 더해야 합니다. ➡ 5+6=11 (또는 6+5=11)

3 차가 가장 크려면 파란색 카드 중 더 큰 수 15에서 주황색 카드 중 더 작은 수 6을 빼야 합니다.
➡ 15−6=9

3⁺ 차가 가장 작으려면 파란색 카드 중 더 작은 수 13에서 주황색 카드 중 더 큰 수 8을 빼야 합니다.
➡ 13−8=5

4 7+6=13이므로 13>□입니다.
따라서 □ 안에 들어갈 수 있는 수는 13보다 작은 수이므로 11, 12입니다.

4⁺ 8+7=15이므로 □>15입니다.
따라서 □ 안에 들어갈 수 있는 수는 15보다 큰 수이므로 16, 17입니다.

5 7+9=□+8에서 더하는 수가 9에서 8로 1만큼 더 작아졌으므로 더해지는 수는 1만큼 더 커져야 합니다.
따라서 □ 안에 알맞은 수는 7보다 1만큼 더 큰 수인 8입니다.

5⁺ 15−9=13−□에서 빼지는 수가 15에서 13으로 2만

큼 더 작아졌으므로 빼는 수도 2만큼 더 작아져야 합니다.
따라서 □ 안에 알맞은 수는 9보다 2만큼 더 작은 수인 7입니다.

6 5를 넣었을 때 나온 수가 11로 커졌으므로 덧셈입니다.
5+□=11이고 5+6=11이므로 넣은 수에 6을 더합니다.
따라서 상자에 8을 넣으면 8+6=14가 나옵니다.

6⁺ 15를 넣었을 때 나온 수가 6으로 작아졌으므로 뺄셈입니다.
15−□=6이고 15−9=6이므로 넣은 수에서 9를 뺍니다.
따라서 상자에 12를 넣으면 12−9=3이 나옵니다.

4단원 단원 평가
109~111쪽

1 13

2
/ (계산 순서대로) 4, 7

3 (그림)

4 (계산 순서대로) (1) 2, 5   (2) 10, 8

5 17, 16, 15   **6** 9, 8, 7

7 (   )(○)

8 (위에서부터) (1) 11, 10   (2) 14, 10

9 13, 9   **10** 14, 13, 12

11 ㉢, ㉠, ㉡   **12** 9, 4에 ○표

13 16, 7, 9 / 16, 9, 7

14

14−7	14−8	14−9
15−7	15−8	15−9
16−7	16−8	16−9

15 (1) $=$, $>$ (2) $=$, $<$

16 9, 7, 16 또는 7, 9, 16

17 9살 **18** 9

19 배 **20** $15-7=8$

1 앞의 수를 10으로 만들기 위해 뒤의 수를 가르기하여 계산하면 $8+5=8+2+3=10+3=13$입니다.

2 7을 4와 3으로 가르기하여 4개를 먼저 지우고 3개를 더 지우면 7개가 남습니다.

3 앞의 수를 10으로 만들기 위해 뒤의 수를 가르기하거나 뒤의 수를 10으로 만들기 위해 앞의 수를 가르기합니다.

· $9+6=9+1+5$ · $4+8=2+2+8$

· $6+5=6+4+1$

4 (1) $12-7=5$ (2) $16-8=8$

5 같은 수에 1씩 작아지는 수를 더하면 합도 1씩 작아집니다.

6 어떤 수에서 절반만큼을 빼면 차는 빼는 수와 같습니다.

7 $9+4=13$, $7+8=15$
따라서 합이 더 큰 것은 $7+8$입니다.

8 (1) 4를 3과 1로 가르기하여 차례로 더합니다.
(2) 6을 2와 4로 가르기하여 차례로 더합니다.

9 $7+6=13 \Rightarrow 13-4=9$

10 초록색 구슬: $9+5=14$
주황색 구슬: $6+7=13$
보라색 구슬: $8+4=12$

11 ㉠ $11-5=6$ ㉡ $13-8=5$ ㉢ $16-9=7$
따라서 차가 큰 것부터 차례로 기호를 쓰면 ㉢, ㉠, ㉡입니다.

12 $6+5=11$, $8+6=14$, $9+4=13$이므로 합이 13인 두 수는 9와 4입니다.

13 가장 큰 수인 16을 빼지는 수에 놓습니다.
$\Rightarrow 16-7=9$, $16-9=7$

14 1씩 커지는 수에서 1씩 커지는 수를 빼면 차가 같으므로 ↘ 방향으로 차가 같습니다.
따라서 차가 7인 식은 $14-7$, $15-8$, $16-9$입니다.

15 (1) $8+5=13$이고, $8+6$은 $8+5$보다 더하는 수가 크므로 $8+6>13$입니다.
(2) $14-6=8$이고, $14-7$은 $14-6$보다 빼는 수가 크므로 $14-7<8$입니다.

16 수 카드에 적힌 수의 크기를 비교하면 $9>7>4>3$입니다. 더하는 두 수가 클수록 합이 크므로 가장 큰 수와 둘째로 큰 수를 더하면 $9+7=16$ (또는 $7+9=16$)입니다.

17 (형의 나이)$=8+5=13$(살)
(누나의 나이)$=13-4=9$(살)

18 $12-5=16-\square$에서 빼지는 수가 12에서 16으로 4만큼 더 커졌으므로 빼는 수도 4만큼 더 커져야 합니다.
따라서 $\square$ 안에 알맞은 수는 5보다 4만큼 더 큰 수인 9입니다.

서술형
19 예 (사과의 수)
$=$(처음에 있던 사과의 수)$+$(더 산 사과의 수)
$=6+7=13$(개)
$13<14$이므로 더 많은 것은 배입니다.

평가 기준	배점
사과의 수를 구했나요?	3점
사과와 배 중 어느 것이 더 많은지 구했나요?	2점

서술형
20 예 차가 가장 크려면 가장 큰 수에서 가장 작은 수를 빼야 합니다. $15>12>9>7$이므로 가장 큰 수 15에서 가장 작은 수 7을 뺍니다. 따라서 차가 가장 큰 뺄셈식은 $15-7=8$입니다.

평가 기준	배점
차가 가장 큰 뺄셈식을 만드는 방법을 알았나요?	2점
차가 가장 큰 뺄셈식을 만들고 계산했나요?	3점

5 규칙 찾기

물체, 모양, 수 배열에서 규칙을 찾아 여러 가지 방법으로 표현해 보는 학습을 합니다. 또 자신의 규칙을 창의적으로 만들어 보고 다른 사람과 서로 만든 규칙에 대해 이야기할 수 있습니다. 규칙 찾기는 미래를 예상하고 추측하는 데 매우 중요한 역할을 하며, 중고등 과정에서 함수 개념의 기초가 되는 학습입니다. 따라서 규칙을 찾아 적용해 보고, 예측하는 활동을 해 봄으로써 일대일대응 및 함수 학습의 기초 개념을 다질 수 있도록 합니다.

교과서 개념 이해 1 어떤 모양이나 색이 반복되는지 찾아보자.
114쪽

1 (1) ▲ (2) 주황색

2 (1) ♥ ▲ ▲ ♥ ▲ ▲ ♥ ▲ ▲ ♥ ▲ ▲

(2) ■ ■ ■ ■ ■ ■ ■ ■ ■ ■ ■ ■

3 (1) ■ ◣ ■ ◣ ■ ◣ ■ ◣ ■ ◣ ■ ◣

(2) ▲ ★ ● ▲ ★ ● ▲ ★ ● ▲ ★ ●

2 (1) ♥, ▲, ▲가 반복됩니다.
(2) 파란색, 파란색, 노란색이 반복됩니다.

3 (1) ■와 ◣가 반복됩니다.
(2) ▲, ★, ●가 반복됩니다.

교과서 개념 이해 2 반복되게 놓아 규칙을 만들어 보자.
115쪽

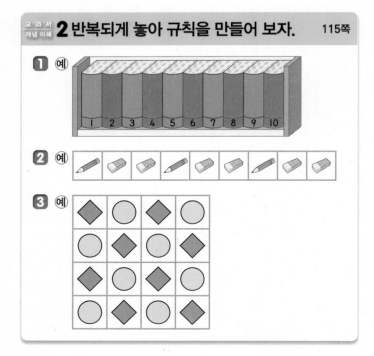

1 예

2 예

3 예

1 두 가지 색으로 반복되는 규칙을 만들어 색칠했으면 정답입니다.

2 연필과 지우개로 반복되는 규칙을 만들었으면 정답입니다.

3 첫째 줄, 셋째 줄은 초록색, 노란색이 반복되고, 둘째 줄, 넷째 줄은 노란색, 초록색이 반복되는 규칙을 만들었습니다.

개념 적용 1 규칙 찾기
116~117쪽

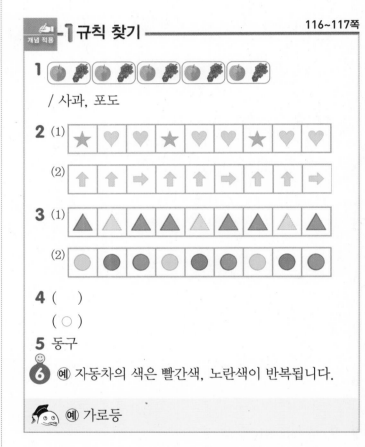

1 / 사과, 포도

2 (1) ★ ♥ ♥ ★ ♥ ♥ ★ ♥ ♥

(2) ↑ ↑ → ↑ ↑ → ↑ ↑ →

3 (1) ▲ ▲ ▲ ▲ ▲ ▲ ▲ ▲ ▲

(2) ● ● ● ● ● ● ● ● ●

4 ( )
(○)

5 동구

6 예 자동차의 색은 빨간색, 노란색이 반복됩니다.

예 가로등

2 (1) ★, ♥, ♥가 반복되므로 ★ 다음은 ♥, ♥입니다.
(2) ↑, ↑, →가 반복되므로 → 다음은 ↑, ↑입니다.

3 (1) 빨간색, 노란색, 빨간색이 반복되므로 빈칸에 노란색, 빨간색을 색칠합니다.
(2) 노란색, 파란색, 빨간색이 반복되므로 빈칸에 노란색, 파란색을 색칠합니다.

4 연결 모형의 색은 빨간색, 노란색, 노란색이 반복됩니다.

5 오이, 오이, 당근이 반복되므로 규칙을 잘못 말한 사람은 동구입니다.

😊 내가 만드는 문제

6 건물의 창문은 ■, ▲가 반복됩니다.

나무는 ↑, ↑, ↑가 반복됩니다.

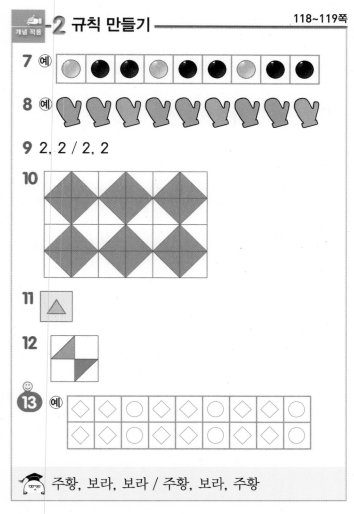

-2 규칙 만들기 ─────── 118~119쪽

7 예

8 예

9 2, 2 / 2, 2

10

11

12

😊 **13** 예

🎓 주황, 보라, 보라 / 주황, 보라, 주황

7 예) 흰색 바둑돌, 검은색 바둑돌, 검은색 바둑돌이 반복되는 규칙을 만들었습니다.

9 첫째 줄과 둘째 줄의 규칙을 찾아 씁니다.

10 첫째 줄은 ◸ 모양과 ◹ 모양이 반복되고, 둘째 줄은 ◺ 모양과 ◿ 모양이 반복됩니다.

11 ▲, ▲가 반복됩니다.

12 ◩ 가 반복됩니다.

😊 내가 만드는 문제

13 예) ◇, ◇, ○가 반복되는 규칙을 만들어 무늬를 꾸몄습니다.

3 수가 반복되거나 커지는 규칙을 찾아보자. 120쪽

1 (1) 8, 4 (2) 12, 2

2 (1) 20에 ○표 (2) 3에 ○표

3 (1) 25, 35 (2) 10, 4

2 (1) 10과 20이 반복되므로 10 다음에는 20이 옵니다.
(2) 1, 3, 5가 반복되므로 1 다음에는 3이 옵니다.

3 (1) 10부터 시작하여 5씩 커지므로 20 다음에는 25, 30 다음에는 35가 옵니다.
(2) 22부터 시작하여 3씩 작아지므로 13 다음에는 10, 7 다음에는 4가 옵니다.

4 수 배열표에서는 여러 방향으로 규칙을 찾을 수 있어. 121~122쪽

1 ○, ②

2 (1) 1 (2) 10 (3) 11 (4) 9

3

11	12	13	14	15	16	17	18	19	20
21	22	23	24	25	26	27	28	29	30
31	32	33	34	35	36	37	38	39	40
41	42	43	44	45	46	47	48	49	50

1 ○ 색칠한 수는 홀수(63, 69, 75, 81, 87), 짝수 (66, 72, 78, 84, 90) 모두 있습니다.

3 12부터 시작하여 2씩 커지므로 규칙에 따라 색칠합니다.

5 규칙을 모양이나 수로 나타내 보자. 123쪽

1 (1) 병아리, 병아리, 닭
(2)

△	△	○	△	△	○	△	△	○

2 (1)

□	□	○	□	□	○	□	□	○

(2)

2	3	3	2	3	3	2	3	3

1 (2) 병아리를 △로, 닭을 ○로 나타내면 △, △, ○가 반복됩니다.

2 (1) 단추 모양이 ■, ●, ●가 반복됩니다. ■를 □로, ●를 ○로 나타내면 □, ○, ○가 반복됩니다.

(2) 단추 구멍이 2개, 3개, 3개가 반복됩니다. 단추 구멍 2개를 2로, 3개를 3으로 나타내면 2, 3, 3이 반복됩니다.

---

^{개념 적용} 3 수 배열에서 규칙 찾기 124~125쪽

1 (1) 3, 5 (2) 6 (3) 17, 20 (4) 28, 26

2 (1) 4에 ×표 (2) 20에 ×표

3

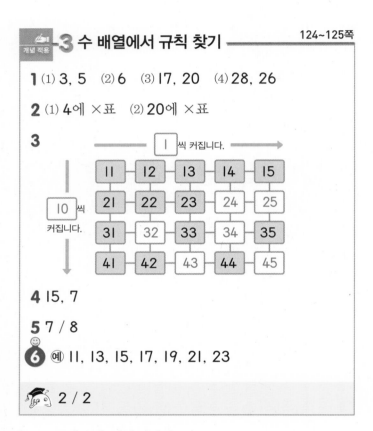

4 15, 7

5 7 / 8

6 예 11, 13, 15, 17, 19, 21, 23

🎓 2 / 2

---

1 (1) 3과 5가 반복됩니다.
(2) 6, 10, 5가 반복됩니다.
(3) 2부터 시작하여 3씩 커집니다.
(4) 34부터 시작하여 2씩 작아집니다.

2 (1) 10부터 시작하여 1씩 작아집니다. 8 다음에는 7이 옵니다.
(2) 50부터 시작하여 5씩 작아집니다. 35 다음에는 30이 옵니다.

3 오른쪽으로 갈수록 1씩 커지고 아래로 내려갈수록 10씩 커집니다.

5 1+2=3, 2+4=6이므로 양쪽의 수를 더한 수가 가운데 수가 됩니다.
➡ 3+4=7, 3+5=8

---

6 자유롭게 규칙을 정하고 규칙에 따라 수를 씁니다.
예 11부터 시작하여 2씩 커지는 규칙입니다.

---

^{개념 적용} 4 수 배열표에서 규칙 찾기 126~127쪽

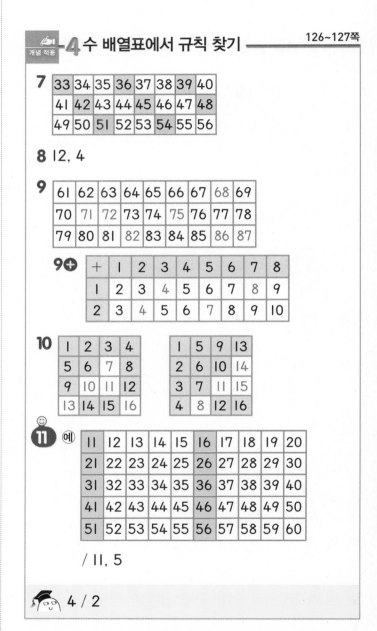

8 12, 4

🎓 4 / 2

7 33부터 시작하여 3씩 커지는 규칙으로 색칠하였으므로 45 다음에 48, 51, 54를 색칠합니다.

9 61부터 시작하여 오른쪽으로 갈수록 1씩 커지고 아래로 내려갈수록 9씩 커집니다.
➕ 가로줄과 세로줄이 만나는 칸에 두 수의 합을 씁니다.

10 • 왼쪽 수 배열표: 오른쪽으로 갈수록 1씩 커집니다.
• 오른쪽 수 배열표: 아래로 내려갈수록 1씩 커집니다.

12 (1)

14 ◯에 ○표, 0에 ○표

15 〈예〉

◯	✕	✕	◯	✕	✕	◯	✕	✕
1	2	2	1	2	2	1	2	2

16 〈예〉

14

모양	△	○	□	△	○	□	△	○
수	2	0	5	2	0	5	2	0

가위, 바위, 보가 반복되므로 ★에는 바위가 들어갑니다.

가위-△, 바위-○, 보-□로 나타냈으므로 ★에 알맞은 모양은 ○입니다.

가위-2, 바위-0, 보-5로 나타냈으므로 ★에 알맞은 수는 0입니다.

15 양팔로 ○표를 한 학생 한 명과 ✕표를 한 학생 두 명이 반복됩니다. 〈예〉 ○표-1, ✕표-2로 나타내면 1, 2, 2가 반복됩니다.

☺ 내가 만드는 문제

16 〈예〉 트럭, 오토바이, 오토바이가 반복되는 규칙을 만들 경우 ○ 안에 4, 2, 2가 반복되게 써넣습니다.

---

1 12	**1⁺** 14
2 14개, 14개	**2⁺** 10개, 18개
3 57, 61, 65	**3⁺** 46, 43, 40
4 ㉢	**4⁺** ㉡
5	**5⁺**
6 21번	**6⁺** 44번

1 ▦, ⌐이 반복됩니다.

연결 모형이 각각 8개, 4개이므로 ▦-8, ⌐-4로 나타내면 8, 4가 반복됩니다.

따라서 ㉠=8, ㉡=4이므로 ㉠+㉡=8+4=12입니다.

1⁺ ▦, ⌐이 반복됩니다.

연결 모형이 각각 10개, 4개이므로 ▦-10, ⌐-4로 나타내면 10, 4가 반복됩니다.

따라서 ㉠=4, ㉡=10이므로 ㉠+㉡=4+10=14입니다.

---

12 (1) 교통 안전 표지판의 모양이 ◯, ●, ■ 모양으로 반복됩니다.

● - ○로, ■ - □로 나타냅니다.

(2) ◰, ▯, ◰ 모양이 반복됩니다.

◰ - □로, ▯ - ○로 나타냅니다.

13 (1) 강아지 다리는 4개, 참새 다리는 2개이므로 강아지-4, 참새-2로 나타냅니다.

강아지, 참새, 참새가 반복되므로 4, 2, 2가 반복됩니다.

(2) ▥는 4개, ▥는 1개, ▥는 3개이므로 ▥-4, ▥-1, ▥-3으로 나타냅니다.

▥, ▥, ▥이 반복되므로 4, 1, 3이 반복됩니다.

2 첫째 줄과 셋째 줄은 ◇, ☾, ◇가 반복되고
둘째 줄과 넷째 줄은 ☾, ◇, ☾가 반복됩니다.

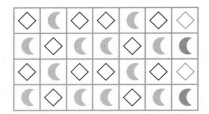

규칙에 따라 무늬를 완성했을 때 ◇는 14개, ☾는
14개입니다.

2⁺ 첫째 줄과 셋째 줄은 ☆, ♡, ♡가 반복되고
둘째 줄과 넷째 줄은 ♡, ♡, ☆이 반복됩니다.

규칙에 따라 무늬를 완성했을 때 ☆은 10개, ♡는 18
개입니다.

3 보기 는 31부터 시작하여 4씩 커집니다.
따라서 53부터 시작하여 4씩 커지는 수를 씁니다.

3⁺ 보기 는 80부터 시작하여 3씩 작아집니다.
따라서 49부터 시작하여 3씩 작아지는 수를 씁니다.

4 ⓒ 11부터 시작하여 ← 방향으로 11, 9, 7, 5이므로 2
씩 작아집니다.
따라서 옳지 않은 것은 ⓒ입니다.

4⁺ ⓒ 1부터 시작하여 ↘ 방향으로 1, 5, 9, 13이므로 4
씩 커집니다.
따라서 옳지 않은 것은 ⓒ입니다.

5 시계가 나타내는 시각은 4시 30분 ➡ 5시 30분 ➡
6시 30분이므로 넷째 시계가 나타내는 시각은 7시
30분입니다.

5⁺ 시계가 나타내는 시각은 10시 30분 ➡ 11시 ➡ 11시
30분이므로 넷째 시계가 나타내는 시각은 12시입니다.

6 같은 열에서 → 방향으로 번호가 1씩 커집니다.
다열 첫째 좌석이 19번이므로 다열 셋째 좌석은 21번
입니다.

다른 풀이 | 각 자리에서 ↓ 방향으로 번호가 9씩 커집니다.
3부터 시작하여 9씩 커지는 수는 3, 12, 21이므로 다열 셋째 좌석은
21번입니다.

6⁺ 각 자리에서 ↓ 방향으로 번호가 5씩 커집니다.
34부터 시작하여 5씩 커지는 수는 34, 39, 44이므
로 다열 넷째 좌석은 44번입니다

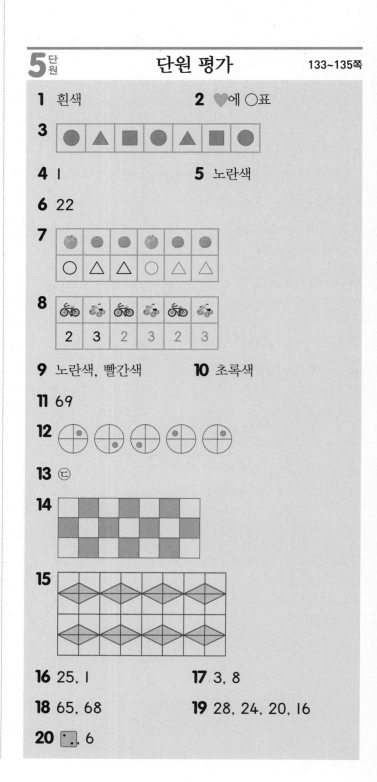

1 흰색 바둑돌과 검은색 바둑돌이 반복됩니다.

2 주황색, 주황색, 초록색이 반복됩니다.

3 ●, ▲, ■가 반복되므로 빈칸에 알맞은 모양은 ●입니다.

4 1, 3, 5가 반복되므로 5 다음에 올 수는 1입니다.

5 빨간색, 노란색, 노란색이 반복되므로 빈칸에 노란색을 칠해야 합니다.

6 2부터 시작하여 4씩 커지므로 빈칸에 알맞은 수는 18보다 4만큼 더 큰 수인 22입니다.

7 사과, 귤, 귤이 반복됩니다. 사과－○, 귤－△로 나타내면 ○, △, △가 반복됩니다.

8 두발자전거와 세발자전거가 반복됩니다.
두발자전거－2, 세발자전거－3으로 나타내면 2와 3이 반복됩니다.

10 신호등의 색이 빨간색과 초록색이 반복되므로 여덟째에 켜지는 신호등의 색은 빨간색 다음인 초록색입니다.

11 33부터 시작하여 6씩 커집니다. 따라서 33, 39, 45, 51, 57, 63, 69이므로 ㉠에 알맞은 수는 69입니다.

12 ●가 시계 방향으로 한 칸씩 움직입니다.

13 ㉠ ■와 ▲가 반복됩니다.
㉡ 배드민턴공, 테니스공, 테니스공이 반복됩니다.
㉢ 규칙을 찾을 수 없습니다.
따라서 규칙에 따라 놓지 않은 것은 ㉢입니다.

14 색을 칠하지 않은 칸과 칠한 칸이 반복됩니다.

15 첫째 줄과 셋째 줄은 ◢ 모양과 ◣ 모양이 반복됩니다. 둘째 줄과 넷째 줄은 ◥ 모양과 ◤ 모양이 반복됩니다.

16 25부터 32까지 수를 순서대로 놓은 것으로 1씩 커집니다.

17 ■씩 뛰어 센 수는 ■씩 커집니다.

18 50부터 시작하여 3씩 커집니다.
따라서 ♥에 알맞은 수는 62보다 3만큼 더 큰 수인 65이고 ★에 알맞은 수는 65보다 3만큼 더 큰 수인 68입니다.

서술형
19 예 보기 는 23부터 시작하여 4씩 작아집니다.
따라서 32부터 시작하여 4씩 작아지는 수는 32, 28, 24, 20, 16입니다.

평가 기준	배점
보기 의 규칙을 찾았나요?	2점
빈칸에 알맞은 수를 써넣었나요?	3점

서술형
20 예 ⚁, ⚅, ⚅가 반복되므로 빈칸에 알맞은 주사위는 ⚁입니다.
주사위의 눈의 수에 따라 ⚁－2, ⚅－6, ⚅－6으로 나타냈으므로 ㉠에 알맞은 수는 6입니다.

평가 기준	배점
주사위의 규칙을 찾아 빈칸에 알맞은 주사위를 그렸나요?	3점
㉠에 알맞은 수를 구했나요?	2점

6 덧셈과 뺄셈(3)

받아올림이 없는 두 자리 수의 덧셈과 받아내림이 없는 두 자리 수의 뺄셈을 학습합니다. 받아올림과 받아내림을 학습하기 이전에 세로 형식의 계산 기능을 익혀서 같은 자리 수끼리 계산할 수 있도록 합니다. 같은 자리 수끼리 계산하는 이유는 같은 숫자라도 자리에 따라 나타내는 값이 다르기 때문입니다. 받아올림과 받아내림이 없는 단계에서 자리별 계산 원리를 충분히 이해하고 숙지하여 더 큰 수의 덧셈과 뺄셈의 기초를 다지도록 합니다.

교과서 개념 이해 **1** 일 모형의 수끼리 줄을 맞추어 더하자. 138쪽

❶ (1) 5, 6   (2) 3, 9

❷ (1) 49   (2) 86   (3) 68   (4) 79

교과서 개념 이해 **2** 일 모형은 일 모형끼리, 십 모형은 십 모형끼리 더하자. 139쪽

❶ (1) 7, 0   (2) 7, 6

❷ (1) 63   (2) 78   (3) 85   (4) 98

개념 적용 **-1** (몇십몇)+(몇) 140~141쪽

1 37

2 (1) 68   (2) 47   (3) 79   (4) 56

3 8, 39 / 39개

4
$$\begin{array}{r} 2\,5 \\ +\ \ 3 \\ \hline 2\,8 \end{array}$$

5 42+3=45 / 45쪽

6 19개

☺ **7** (예) 42, 6, 48

🎓 7, 8

---

2 (몇십몇)+(몇)은 낱개의 수끼리 더하여 낱개의 자리에 쓰고 10개씩 묶음의 수를 그대로 내려씁니다.

3 (딸기우유와 바나나우유의 수)
=(딸기우유의 수)+(바나나우유의 수)
=31+8=39(개)

4 낱개의 수끼리 더해야 하므로 25+3에서 3은 5와 줄을 맞추어 쓰고 더해야 합니다.

5 (오늘 읽은 동화책 쪽수)
=(어제 읽은 동화책 쪽수)+3
=42+3=45(쪽)

6 빨간색 타일은 12개, 노란색 타일은 7개입니다. 따라서 빨간색 타일과 노란색 타일은 모두 12+7=19(개)입니다.

☺ 내가 만드는 문제
7 (예) 보라색 상자에서 꺼낸 공: 42, 초록색 상자에서 꺼낸 공: 6
➡ 42+6=48

개념 적용 **-2** (몇십몇)+(몇십몇) 142~143쪽

8 45

9 (1) 75   (2) 67   (3) 80   (4) 58

9➕ (1) 3, 5, 7   (2) 3, 6, 3

10   **11** 34, 68 / 68개

12 46, 32, 78 또는 32, 46, 78 /
20, 37, 57 또는 37, 20, 57 /
51, 45, 96 또는 45, 51, 96

☺ ⓭ (예) 25, 41, 66

🎓 89 / 89

---

10 54+25=79, 40+32=72, 60+18=78
21+51=72, 17+61=78, 36+43=79

11 34+34=68이므로 두 상자에 들어 있는 사과는 모두 68개입니다.

12 ■ 모양은 공책과 전자계산기이므로 $46+32=78$
(또는 $32+46=78$)입니다.
▲ 모양은 삼각자와 교통안전 표지판이므로
$20+37=57$(또는 $37+20=57$)입니다.
● 모양은 시계와 거울이므로 $51+45=96$(또는
$45+51=96$)입니다.

😊 내가 만드는 문제
13 예 방 청소하기와 책 3권 읽기를 실천했을 때 받을 수 있는 칭찬 붙임딱지는 모두 $25+41=66$(장)입니다.

교과서 개념 이해
3 일 모형의 수끼리 줄을 맞추어 빼자. 144쪽

1 (1) 3, 1 (2) 5, 3

2 (1) 23 (2) 34 (3) 42 (4) 55

교과서 개념 이해
4 일 모형은 일 모형끼리, 십 모형은 십 모형끼리 빼자. 145쪽

1 (1) 1, 0 (2) 4, 3

2 (1) 28 (2) 42 (3) 50 (4) 64

교과서 개념 이해
5 그림을 보고 덧셈식과 뺄셈식을 만들 수 있어. 146~147쪽

1 (1) 31, 13, 44 또는 13, 31, 44
(2) 20, 29, 49 또는 29, 20, 49
(3) 31, 20, 11 (4) 29, 13, 16

2 (1) 38, 48, 58, 68 (2) 69, 69

3 (1) 42, 32, 22, 12 (2) 38, 37, 36, 35

4 (1) >, =, < (2) >, =, <

5 (1) 48 (2) 43

1 (1) 🐰 의 수와 🚗 의 수를 더합니다.
➡ $31+13=44$ 또는 $13+31=44$
(2) 🐻 의 수와 🤖 의 수를 더합니다.
➡ $20+29=49$ 또는 $29+20=49$

---

(3) 🐰 의 수에서 🐻 의 수를 뺍니다.
➡ $31-20=11$
(4) 🤖 의 수에서 🚗 의 수를 뺍니다.
➡ $29-13=16$

4 (1) $32+26=58$, $32+25=57$, $32+24=56$
(2) $37-13=24$, $37-14=23$, $37-15=22$

다른 풀이 |
(1) $32+25=57$이므로 $32+26>57$, $32+24<57$입니다.
(2) $37-14=23$이므로 $37-13>23$, $37-15<23$입니다.

5 (1) $36+12=48$
(2) $58-15=43$

개념 적용
-3 (몇십몇)−(몇) 148~149쪽

1 33

2 (1) 53 (2) 81 (3) 24 (4) 46

3 45, 23 / 23개

4
$$\begin{array}{r} 9\ 5 \\ -\ \ \ 2 \\ \hline 9\ 3 \end{array}$$

5 $45-5=40$ / 40개

6 55, 36, 73 / 고, 양, 이

😊 **7** 예 49, 4, 45

🎓 7, 4

---

2 (몇십몇)−(몇)은 낱개의 수끼리 빼서 낱개의 자리에 쓰고 10개씩 묶음의 수를 그대로 내려씁니다.

3 (남은 참외의 수)
=(처음에 있던 참외의 수)−(판 참외의 수)
=$68-45=23$(개)

4 낱개의 수끼리 빼야 하므로 $95-2$에서 2는 5와 줄을 맞추어 쓰고 빼야 합니다.

5 (이서가 선우보다 더 많이 가지고 있는 공깃돌의 수)
=(이서가 가지고 있는 공깃돌의 수)
　−(선우가 가지고 있는 공깃돌의 수)
=$45-5=40$(개)

6 59−4=55, 37−1=36, 76−3=73
73>55>36이므로 차가 큰 순서대로 글자를 쓰면
고, 양, 이입니다.

😊 내가 만드는 문제
7 ㉣ 빨간색 수 카드에서 49, 파란색 수 카드에서 4를
골랐다면 두 수의 차는 49−4=45입니다.

---

4 (몇십몇)−(몇십몇) 150~151쪽

8 20

9 (1) 25 (2) 53 (3) 22 (4) 54
9⊕ (1) 1, 1, 3 (2) 3, 1, 6

10 (그림)

11 47−14   59−27

12 45−21=24 / 24명

13

11	12	13	14	15	16	/ 13
21	22	◆23	24	25	26	
31	32	33	34	35	♥36	

😊 내가 만드는 문제
14 ㉣ 지우, 26

🎓 11

---

10 57−30=27, 90−60=30, 78−15=63
60−30=30, 49−22=27, 83−20=63

11 47−14=33, 59−27=32이고 33>32이므로
47−14가 더 큽니다.

12 (더 탈 수 있는 사람 수)
=(탈 수 있는 사람 수)−(타고 있는 사람 수)
=45−21=24(명)

13 규칙에 따라 빈칸을 채우면 ◆는 23, ♥는 36입니다.
따라서 ♥−◆=36−23=13입니다.

😊 내가 만드는 문제
14 ㉣ 서아: 12장, 지우: 38장 ➡ 38−12=26
따라서 지우는 서아보다 26장 더 많이 가지고 있습니다.

---

5 덧셈과 뺄셈하기 152~153쪽

15 (1) 37, 20, 57 또는 20, 37, 57
    (2) 25, 14, 11

16 (1) 25, 35, 45, 55   (2) 79, 79, 79, 79

17 (1) 34, 24, 14, 4   (2) 53, 53, 53, 53

18 (1) 45, 55   (2) 62, 61

19 (1) 97개   (2) 노란색 구슬, 33개

😊
20 ㉣ 45, 21, 66 / 45, 21, 24

🎓 75

---

15 (1) 연필: 37개, 색종이: 20개
    ➡ 37+20=57 또는 20+37=57
(2) 지우개: 25개, 풀: 14개 ➡ 25−14=11

16 (1) 10씩 커지는 수에 같은 수를 더하면 합도 10씩 커집니다.
(2) 10씩 작아지는 수에 10씩 커지는 수를 더하면 합은 같습니다.

17 (1) 같은 수에서 10씩 커지는 수를 빼면 차는 10씩 작아집니다.
(2) 10씩 커지는 수에서 10씩 커지는 수를 빼면 차는 같습니다.

18 (1) 10씩 커지는 수에 같은 수를 더하면 합도 10씩 커집니다.
    24+11=35, 34+11=45, 44+11=55
(2) 1씩 작아지는 수에서 같은 수를 빼면 차도 1씩 작아집니다.
    78−15=63, 77−15=62, 76−15=61

19 (2) 65>32이므로 노란색 구슬이 초록색 구슬보다
    65−32=33(개) 더 많습니다.

😊 내가 만드는 문제
20 ㉣ 45, 21 을 고르면 덧셈식: 45+21=66,
뺄셈식: 45−21=24입니다.

1 72개	**1⁺** 76개
2 1, 2, 3	**2⁺** 5, 6, 7, 8, 9
3 60	**3⁺** 40
4 20, 40, 80	**4⁺** 20, 30, 50
5 64, 2, 62	**5⁺** 75, 3, 72
6 1, 5	**6⁺** 7, 4

1 (형욱이가 딴 귤의 수)=30+12=42(개)
(인영이와 형욱이가 딴 귤의 수)
=30+42=72(개)

1⁺ (정아가 접은 종이학의 수)=45-14=31(개)
(수지와 정아가 접은 종이학의 수)
=45+31=76(개)

2 43+□<47에서 <를 =로 생각하여 □를 구하면
43+□=47, □=4
43+□가 47보다 작으려면 □는 4보다 작아야 합니다.
따라서 □ 안에 들어갈 수 있는 수는 1, 2, 3입니다.

2⁺ 57-□<53에서 <를 =로 생각하여 □를 구하면
57-□=53, □=4
57-□가 53보다 작으려면 □는 4보다 커야 합니다.
따라서 □ 안에 들어갈 수 있는 수는 5, 6, 7, 8, 9입니다.

3 75-3=72이고, "="는 양쪽이 같다는 뜻이므로
□+12=72입니다.
60+12=72이므로 □ 안에 알맞은 수는 60입니다.

3⁺ 51+4=55이고, "="는 양쪽이 같다는 뜻이므로
95-□=55입니다.
95-40=55이므로 □ 안에 알맞은 수는 40입니다.

4 ·10+10=20이므로 🍎=20입니다.
·🍎=20이고, 20+20=40이므로 🍌=40입니다.
·🍌=40이고, 40+40=80이므로 🍩=80입니다.

4⁺ ·20+20=40이므로 🏀=20입니다.
·🏀=20이고, 10+20=30이므로 ⚪=30입니다.
·⚪=30이고, 30+20=50이므로 🥏=50입니다.

5 차가 가장 크려면 가장 큰 몇십몇에서 빼야 합니다. 수의 크기를 비교하면 6>4>2이므로 가장 큰 몇십몇은 10개씩 묶음이 6개, 낱개가 4개인 64입니다.
따라서 차가 가장 큰 뺄셈식은 64-2=62입니다.

5⁺ 차가 가장 크려면 가장 큰 몇십몇에서 빼야 합니다. 수의 크기를 비교하면 7>5>3이므로 가장 큰 몇십몇은 10개씩 묶음이 7개, 낱개가 5개인 75입니다.
따라서 차가 가장 큰 뺄셈식은 75-3=72입니다.

6
```
  ㉠ 2
+ 4 ㉡
─────
  5 7
```
낱개의 수: 2+㉡=7이므로 ㉡=5
10개씩 묶음의 수: ㉠+4=5이므로
㉠=1

6⁺
```
  2 ㉠
+ ㉡ 1
─────
  6 8
```
낱개의 수: ㉠+1=8이므로 ㉠=7
10개씩 묶음의 수: 2+㉡=6이므로
㉡=4

1 5, 32

2 (1) 39 (2) 52 (3) 89 (4) 25

3 50, 0   **4** 98, 14

5 (1) <   (2) =

6 ⃟ 3은 낱개의 수이므로 62의 낱개의 수인 2와 줄을 맞추어 더해야 하는데 10개씩 묶음의 수인 6과 더했으므로 잘못 계산하였습니다.
```
/   6 2
  +   3
  ─────
    6 5
```

7 56, 66, 76   **8** (1) 16 (2) 46

9 61, 85   **10**

11 12명

12 46, 12, 58 또는 12, 46, 58

13 46, 12, 34   **14** 54

15 (위에서부터) (1) 4, 2   (2) 8, 0

16 42살   **17** 1, 2, 3, 4

18 10, 20, 50   **19** 77개

20 63

1 딸기 37개 중 5개를 빼면 32개가 남으므로 뺄셈식으로 나타내면 37−5=32입니다.

2 (3)
$$\begin{array}{r} 5\ 3 \\ +\ 3\ 6 \\ \hline 8\ 9 \end{array}$$
(4)
$$\begin{array}{r} 5\ 8 \\ -\ 3\ 3 \\ \hline 2\ 5 \end{array}$$

3 90에서 40을 뺀 수에서 다시 50을 뺍니다.
90−40=50 ➡ 50−50=0

4 합:
$$\begin{array}{r} 5\ 6 \\ +\ 4\ 2 \\ \hline 9\ 8 \end{array}$$
차:
$$\begin{array}{r} 5\ 6 \\ -\ 4\ 2 \\ \hline 1\ 4 \end{array}$$

5 (1) 30+40=70, 94−20=74 ➡ 70<74
(2) 66−21=45, 12+33=45 ➡ 45=45

6 (몇십몇)+(몇)의 세로셈은 낱개의 수끼리 줄을 맞추어 쓰고 낱개의 수끼리 더하여 낱개의 자리에 써야 합니다.

7 10씩 커지는 수에 같은 수를 더하면 합도 10씩 커집니다.

8 (1) 차가 10만큼 더 커졌으므로 빼는 수는 10만큼 더 작아집니다.
(2) 차가 20만큼 더 작아졌으므로 빼는 수는 20만큼 더 커집니다.

9 73보다 12만큼 더 큰 수는 73+12=85입니다.
73보다 12만큼 더 작은 수는 73−12=61입니다.

10 17+21=38   98−32=66
12+43=55   59−21=38
34+32=66   77−22=55

11 (놀이터에 남아 있는 어린이 수)
=(처음에 있던 어린이 수)−(집으로 간 어린이 수)
=18−6=12(명)

12 올챙이의 수와 개구리의 수를 더하는 덧셈식을 만들어 봅니다.
➡ 46+12=58 또는 12+46=58

13 올챙이의 수에서 개구리의 수를 빼는 뺄셈식을 만들어 봅니다.
➡ 46−12=34

14 32+47=79이므로 25+□=79입니다.
25+54=79이므로 □ 안에 알맞은 수는 54입니다.

15 (1) 낱개의 수: □+4=8이므로 □=4
10개씩 묶음의 수: 5+□=7이므로 □=2
(2) 낱개의 수: 7−□=7이므로 □=0
10개씩 묶음의 수: □−3=5이므로 □=8

16 (아버지의 나이)=(주현이의 나이)+35
=10+35=45(살)
(어머니의 나이)=(아버지의 나이)−3
=45−3=42(살)

17 57−5=52이므로 57−□가 52보다 크려면 □ 안에 5보다 작은 수가 들어가야 합니다.
따라서 □ 안에 들어갈 수 있는 수는 1, 2, 3, 4입니다.

18 5+5=10이므로 ♥=10입니다.
♥=10이고, 10+10=20이므로 ◆=20입니다.
◆=20이고, 20+30=50이므로 ★=50입니다.

서술형
19 ⓔ (기영이가 딴 복숭아 수)
=(연주가 딴 복숭아 수)+13
=32+13=45(개)
따라서 연주와 기영이가 딴 복숭아는 모두
32+45=77(개)입니다.

평가 기준	배점
기영이가 딴 복숭아는 몇 개인지 구했나요?	2점
연주와 기영이가 딴 복숭아는 모두 몇 개인지 구했나요?	3점

서술형
20 ⓔ 합이 가장 크려면 가장 큰 수와 둘째로 큰 수를 더해야 합니다. 수의 크기를 비교하면
43>20>15>9이므로 가장 큰 수는 43이고 둘째로 큰 수는 20입니다.
따라서 가장 큰 합은 43+20=63입니다.

평가 기준	배점
합이 가장 큰 덧셈식을 만드는 방법을 알았나요?	2점
가장 큰 합을 구했나요?	3점

💡 **사고력이 반짝**   160쪽

4개

1 100까지의 수

➕ 개념 적용 　　　　　　　　　2쪽

1 나타내는 수가 다른 하나에 ○표 하세요.

| 90 | 구십 | 일흔 | 아흔 |

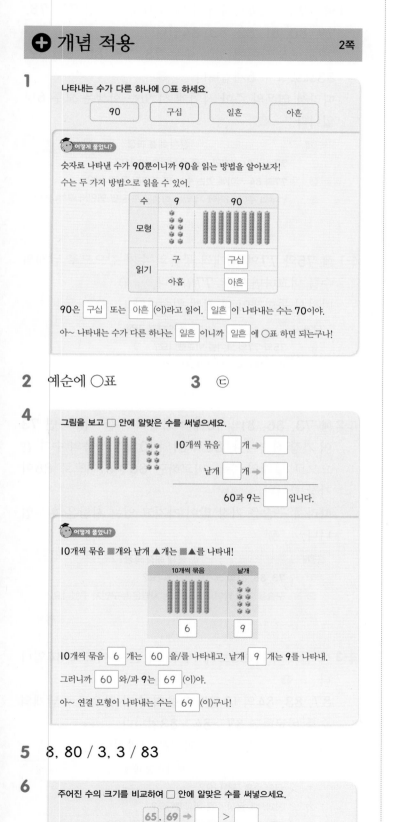

🙂 **어떻게 풀었니?**

숫자로 나타낸 수가 90뿐이니까 90을 읽는 방법을 알아보자!
수는 두 가지 방법으로 읽을 수 있어.

수	9	90
모형		
읽기	구	구십
	아홉	아흔

90은 구십 또는 아흔 (이)라고 읽어. 일흔 이 나타내는 수는 70이야.

아~ 나타내는 수가 다른 하나는 일흔 이니까 일흔 에 ○표 하면 되는구나!

2 예순에 ○표　　　　　　**3** ㉢

4 그림을 보고 □ 안에 알맞은 수를 써넣으세요.

10개씩 묶음 □ 개 ➡ □
낱개 □ 개 ➡ □
60과 9는 □ 입니다.

🙂 **어떻게 풀었니?**

10개씩 묶음 ■개와 낱개 ▲개는 ■▲를 나타내!

10개씩 묶음	낱개
6	9

10개씩 묶음 6 개는 60 을/를 나타내고, 낱개 9 개는 9를 나타내.

그러니까 60 와/과 9는 69 (이)야.

아~ 연결 모형이 나타내는 수는 69 (이)구나!

5 8, 80 / 3, 3 / 83

6 주어진 수의 크기를 비교하여 □ 안에 알맞은 수를 써넣으세요.

65 , 69 ➡ □ > □

🙂 **어떻게 풀었니?**

10개씩 묶음의 수와 낱개의 수를 차례로 비교해 보자!

65 ➡ 60과 5
69 ➡ 60 와/과 9

65와 69의 10개씩 묶음의 수는 6 (으)로 같고, 낱개의 수는 5 와/과
9 (이)니까 69 가 65 보다 커.

부등호는 수가 큰 쪽으로 벌어지게 그려야 해.

아~ 부등호가 벌어진 쪽에 큰 수를 쓰면 69 > 65 구나!

7 82, 78　　　　　　　　**8** 91, 96

9 짝수만 모여 있는 것을 찾아 ○표 하세요.

| 6 11 29 | 20 15 32 | 28 14 34 |
| ( ) | ( ) | ( ) |

🙂 **어떻게 풀었니?**

짝수에 대해 알아보자!
짝수는 둘씩 짝을 지을 때 남는 것이 없는 수야.
10개씩 묶음의 수, 즉 20, 30, 40, ...은 둘씩 짝을 지어 남는 것이 없으므로
낱개의 수만 보면 그 수가 짝수인지, 홀수인지 알 수 있어.
낱개의 수가 0, 2 , 4 , 6 , 8 인 수는 둘씩 짝을 지을 때 남는 것이
없으니까 짝수, 낱개의 수가 1, 3 , 5 , 7 , 9 인 수는 둘씩 짝을
지을 때 남는 것이 있으니까 홀수야.
따라서 낱개의 수가 짝수인 수에 △표 하면

| △6 11 29 | 20 15 32△ | 28 14 34 |

야.

아~ 짝수만 모여 있는 것을 찾아 ○표 하면 ( ) ( ) (○)이구나!

10 ( ) (○) ( )

---

2 80은 팔십 또는 여든이라고 읽습니다.
예순이 나타내는 수는 60입니다.

3 10개씩 묶음 6개를 60이라고 합니다. 60은 육십 또는 예순이라고 읽습니다.
칠십이 나타내는 수는 70입니다.

5 10개씩 묶음 8개와 낱개 3개는 83입니다.

7 10개씩 묶음의 수가 7, 8이므로 10개씩 묶음의 수가 더 큰 82가 78보다 큽니다. ➡ 82>78

8 10개씩 묶음의 수가 9로 같고, 낱개의 수가 1과 6이므로 낱개의 수가 더 큰 96이 91보다 큽니다.
➡ 91<96

10 맨 왼쪽에서 18, 4는 짝수이고, 맨 오른쪽에서 32는 짝수입니다. 가운데는 모두 홀수입니다.

📝 쓰기 쉬운 서술형

6쪽

1 6, 60, 10, 6 / 6상자

1-1 8봉지

2 6, 4, 64, 64, 육십사, 예순넷 /
   64, 육십사, 예순넷

2-1 82, 팔십이, 여든둘

3 70, 71, 72, 70, 71, 72 / 70, 71, 72

3-1 55, 56, 57, 58   3-2 2개

3-3 6명

4 >, 은주 / 은주   4-1 동화책

4-2 현우   4-3 사과

1-1 📕 80은 10개씩 묶음이 8개입니다. ----- ❶
따라서 사탕을 8봉지 사야 합니다. ----- ❷

단계	문제 해결 과정
①	80은 10개씩 묶음이 몇 개인지 구했나요?
②	사탕을 몇 봉지 사야 하는지 구했나요?

2-1 📕 낱개 12개는 10개씩 묶음 1개와 낱개 2개와 같습니다.
수수깡은 10개씩 묶음 8개와 낱개 2개이므로 82개입니다. ----- ❶
수수깡의 수를 쓰면 82이고, 팔십이 또는 여든둘이라고 읽습니다. ----- ❷

단계	문제 해결 과정
①	수수깡은 몇 개인지 구했나요?
②	수수깡의 수를 쓰고 두 가지 방법으로 읽었나요?

3-1 📕 54부터 59까지의 수를 순서대로 쓰면 54, 55, 56, 57, 58, 59입니다. ----- ❶
따라서 54와 59 사이에 있는 수는 55, 56, 57, 58입니다. ----- ❷

단계	문제 해결 과정
①	54부터 59까지의 수를 순서대로 썼나요?
②	54와 59 사이에 있는 수를 모두 구했나요?

3-2 📕 82부터 86까지의 수를 순서대로 쓰면 82, 83, 84, 85, 86입니다. ----- ❶
따라서 82와 86 사이에 있는 수는 83, 84, 85이고 홀수는 83, 85로 모두 2개입니다. ----- ❷

단계	문제 해결 과정
①	82부터 86까지의 수를 순서대로 썼나요?
②	82와 86 사이에 있는 홀수는 모두 몇 개인지 구했나요?

3-3 📕 77부터 84까지의 수를 순서대로 쓰면 77, 78, 79, 80, 81, 82, 83, 84입니다. ----- ❶
77과 84 사이에 있는 수는 78, 79, 80, 81, 82, 83으로 모두 6개입니다. ----- ❷
따라서 연우와 주아 사이에 서 있는 학생은 모두 6명입니다. ----- ❸

단계	문제 해결 과정
①	77부터 84까지의 수를 순서대로 썼나요?
②	77과 84 사이에 있는 수는 몇 개인지 구했나요?
③	연우와 주아 사이에 서 있는 학생은 모두 몇 명인지 구했나요?

4-1 📕 75와 77의 10개씩 묶음의 수가 같으므로 낱개의 수를 비교하면 75<77입니다. ----- ❶
따라서 동화책이 더 적게 있습니다. ----- ❷

단계	문제 해결 과정
①	75와 77의 크기를 비교했나요?
②	어느 책이 더 적게 있는지 구했나요?

4-2 📕 73, 86, 81의 10개씩 묶음의 수를 비교하면 73이 가장 작습니다. 86과 81의 10개씩 묶음의 수가 같으므로 낱개의 수를 비교하면 86>81이므로 86이 가장 큽니다. ----- ❶
따라서 구슬을 가장 많이 가지고 있는 사람은 현우입니다. ----- ❷

단계	문제 해결 과정
①	73, 86, 81의 크기를 비교했나요?
②	구슬을 가장 많이 가지고 있는 사람은 누구인지 구했나요?

4-3 📕 귤의 수는 83보다 1만큼 더 큰 수이므로 84입니다. ----- ❶
87, 83, 84의 10개씩 묶음의 수가 같으므로 낱개의 수를 비교하면 87>84>83입니다. ----- ❷
따라서 가장 많이 있는 과일은 사과입니다. ----- ❸

단계	문제 해결 과정
①	귤의 수를 구했나요?
②	사과, 배, 귤의 수를 비교했나요?
③	가장 많이 있는 과일은 무엇인지 구했나요?

1 7, 70	**2** 8, 3
3 100, 백	**4** ④
5 70, 71, 72, 74	**6** (1) < (2) >
7 16, 34, 40에 ○표	**8** 88에 ○표, 69에 △표
9 4개	**10** 혜주, 도윤, 민하

1 10개씩 묶음 7개를 70이라 쓰고 칠십 또는 일흔이라고 읽습니다.

2 83은 10개씩 묶음 8개와 낱개 3개입니다.

3 99보다 1만큼 더 큰 수를 100이라 쓰고 백이라고 읽습니다.

4 ④ 83 ➡ 팔십삼 또는 여든셋

5 68부터 수를 순서대로 쓰면 68, 69, 70, 71, 72, 73, 74입니다.

6 (1) 10개씩 묶음의 수를 비교하면 88<91입니다.
(2) 10개씩 묶음의 수가 같으므로 낱개의 수를 비교하면 65>63입니다.

7 짝수는 낱개의 수가 0, 2, 4, 6, 8인 수입니다. 낱개의 수가 0, 2, 4, 6, 8인 수를 찾으면 16, 34, 40입니다.

8 10개씩 묶음의 수를 비교하면 69가 가장 작습니다. 10개씩 묶음의 수가 가장 큰 수는 88과 85이고, 낱개의 수를 비교하면 88>85이므로 88이 가장 큽니다.

9 58보다 크고 63보다 작은 수는 59, 60, 61, 62로 모두 4개입니다.

서술형
10 예) 10개씩 묶음의 수를 비교하면 48이 가장 작습니다. 10개씩 묶음의 수가 같은 52와 55의 낱개의 수를 비교하면 52<55이므로 크기가 큰 순서대로 쓰면 55, 52, 48입니다. 따라서 딸기를 많이 딴 순서대로 이름을 쓰면 혜주, 도윤, 민하입니다.

평가 기준	배점
52, 48, 55의 크기를 비교했나요?	5점
딸기를 많이 딴 순서대로 이름을 썼나요?	5점

2 덧셈과 뺄셈 (1)

➕ 개념 적용

14쪽

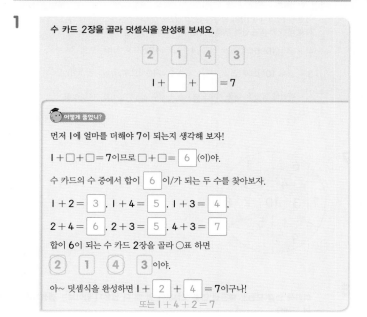

1
수 카드 2장을 골라 덧셈식을 완성해 보세요.

2 1 4 3

1 + ☐ + ☐ = 7

어떻게 풀었니?

먼저 1에 얼마를 더해야 7이 되는지 생각해 보자!

1 + ☐ + ☐ = 7이므로 ☐ + ☐ = 6 (이)야.

수 카드의 수 중에서 합이 6 이/가 되는 두 수를 찾아보자.

1 + 2 = 3 , 1 + 4 = 5 , 1 + 3 = 4 ,

2 + 4 = 6 , 2 + 3 = 5 , 4 + 3 = 7

합이 6이 되는 수 카드 2장을 골라 ○표 하면

② 1 ④ 3 이야.

아~ 덧셈식을 완성하면 1 + 2 + 4 = 7이구나!
또는 1 + 4 + 2 = 7

2 2, 5 또는 5, 2

3
계산 결과를 비교하여 ○ 안에 >, =, <를 알맞게 써넣으세요.

8 - 1 - 5 ◯ 6 - 5

어떻게 풀었니?

왼쪽 식과 오른쪽 식을 각각 계산하여 결과를 비교해 보자!

세 수의 뺄셈은 앞에서부터 순서대로 계산해야 해.

먼저 왼쪽 식을 순서대로 빼보자.

8 - 1 = 7

7 - 5 = 2

그 다음 오른쪽 식을 계산해 보면 6 - 5 = 1 (이)야.

왼쪽 식을 계산하면 2 이고, 오른쪽 식을 계산하면 1 이므로 2 > 1 (이)야.

아~ 계산 결과를 비교하면 8 - 1 - 5 > 6 - 5구나!

4 (1) < (2) =

5 ( )(○)( )

6
두 수를 더해서 10이 되도록 빈칸에 알맞은 수를 써넣으세요.

2 1
8 ②
4 ① 10 5 5
2 ③
④ 3

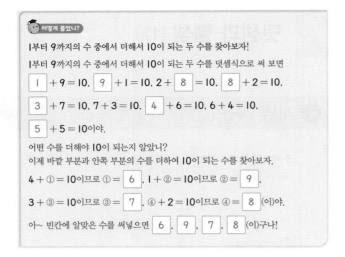

어떻게 풀었니?

1부터 9까지의 수 중에서 더해서 10이 되는 두 수를 찾아보자!

1부터 9까지의 수 중에서 더해서 10이 되는 두 수를 덧셈식으로 써 보면

$\boxed{1}+9=10$, $\boxed{9}+1=10$, $2+\boxed{8}=10$, $\boxed{8}+2=10$,

$\boxed{3}+7=10$, $7+3=10$, $\boxed{4}+6=10$, $6+4=10$,

$\boxed{5}+5=10$이야.

어떤 수를 더해야 10이 되는지 알았니?

이제 바깥 부분과 안쪽 부분의 수를 더하여 10이 되는 수를 찾아보자.

$4+①=10$이므로 $①=\boxed{6}$, $1+②=10$이므로 $②=\boxed{9}$,

$3+③=10$이므로 $③=\boxed{7}$, $④+2=10$이므로 $④=\boxed{8}$ (이)야.

아~ 빈칸에 알맞은 수를 써넣으면 $\boxed{6}$, $\boxed{9}$, $\boxed{7}$, $\boxed{8}$ (이)구나!

7

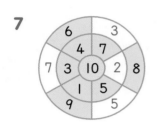

8

파란색 연결 모형은 빨간색 연결 모형보다 몇 개 더 많은지 알아보는 뺄셈식을 써 보세요.

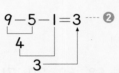

$10-\boxed{}=\boxed{}$

어떻게 풀었니?

어느 것이 얼마나 더 많은지 비교하는 그림은 뺄셈식으로 나타낼 수 있어.

파란색 연결 모형은 10개, 빨간색 연결 모형은 $\boxed{7}$ 개니까

파란색 연결 모형의 수에서 빨간색 연결 모형의 수를 빼는 뺄셈식을 만들어서 계산하면 돼.

→ (파란색 연결 모형의 수) − (빨간색 연결 모형의 수) $= 10-\boxed{7}=\boxed{3}$

아~ 그럼 구하는 뺄셈식은 $10-\boxed{7}=\boxed{3}$ (이)구나!

9 2, 8

10 6, 4

2 1에 7을 더해야 8이 됩니다. 따라서 합이 7이 되는 두 수는 2와 5이므로 2와 5를 더한 후 1을 더합니다.

➡ $2+5+1=8$ 또는 $5+2+1=8$

4 (1) $9-4-2=5-2=3$, $7-3=4$ ➡ $3<4$

(2) $7-1-4=6-4=2$, $8-6=2$ ➡ $2=2$

5 $9-3-5=6-5=1$, $7-1-2=6-2=4$,

$8-2-3=6-3=3$ ➡ $1<3<4$

따라서 계산 결과가 가장 큰 것은 $7-1-2$입니다.

7 $3+7=10$, $8+2=10$, $5+5=10$, $7+3=10$

9 파란색 연결 모형의 수에서 빨간색 연결 모형의 수를 빼는 뺄셈식을 만들어서 계산합니다.

10 전체 볼링핀의 수 10에서 쓰러진 볼링핀의 수 6을 빼는 뺄셈식을 만들어서 계산합니다.

● 쓰기 쉬운 서술형   18쪽

1 앞, 뒤 / $7-3-2=2$

1-1 (예) 세 수의 뺄셈은 앞에서부터 순서대로 계산해야 하는데 뒤의 두 수를 먼저 계산해서 틀렸습니다. ---- ❶

$9-5-1=3$ ---- ❷

2 4, 2, 3, 9, 9 / 9개

2-1 8명   **2-2** 2개

2-3 3권

3 3, 3, 5, 5, 3, 5, 8 / 8

3-1 4

4 2, 8, 2, 8, 3 / $2+8+3=13$

4-1 $6+4+7=17$

5 4, 4, 작은, 3 / 3   **5-1** 4

1-1

단계	문제 해결 과정
①	계산이 잘못된 까닭을 썼나요?
②	바르게 계산했나요?

2-1 (예) (지금 버스에 타고 있는 사람의 수)

= (처음에 타고 있던 사람의 수)

   + (첫째 정류장에서 탄 사람의 수)

   + (둘째 정류장에서 탄 사람의 수) ---- ❶

= $3+2+3=8$(명)

따라서 지금 버스에 타고 있는 사람은 모두 8명입니다.

---- ❷

단계	문제 해결 과정
①	지금 버스에 타고 있는 사람의 수를 구하는 과정을 썼나요?
②	지금 버스에 타고 있는 사람의 수를 구했나요?

2-2 예 (남은 찹쌀떡의 수)
　　＝(처음에 있던 찹쌀떡의 수)
　　　－(유성이가 먹은 찹쌀떡의 수)
　　　－(언니가 먹은 찹쌀떡의 수) ···· ❶
　　＝8－2－4＝2(개)
따라서 남은 찹쌀떡은 2개입니다. ···· ❷

단계	문제 해결 과정
①	남은 찹쌀떡의 수를 구하는 과정을 썼나요?
②	남은 찹쌀떡의 수를 구했나요?

2-3 예 (남은 공책의 수)
　　＝(처음에 있던 공책의 수)
　　　－(지호에게 준 공책의 수)
　　　－(재우에게 준 공책의 수) ···· ❶
　　＝7－2－2＝3(권)
따라서 현우에게 남은 공책은 3권입니다. ···· ❷

단계	문제 해결 과정
①	남은 공책의 수를 구하는 과정을 썼나요?
②	남은 공책의 수를 구했나요?

3-1 예 8＋2＝10이므로 ㉠＝8이고, 10－4＝6이므로
㉡＝4입니다. ···· ❶
따라서 ㉠과 ㉡에 알맞은 수의 차는 8－4＝4입니다.
　　　　　　　　　　　　　　　　　　　···· ❷

단계	문제 해결 과정
①	㉠과 ㉡에 알맞은 수를 각각 구했나요?
②	㉠과 ㉡에 알맞은 수의 차를 구했나요?

4 2, 8, 3의 순서가 바뀌어도 모두 정답입니다.

4-1 예 수 카드의 수 중에서 합이 10이 되는 두 수는 6과
4입니다. ···· ❶
따라서 합이 17이 되는 덧셈식은 6＋4＋7＝17입니다. ···· ❷

단계	문제 해결 과정
①	합이 10이 되는 두 수를 구했나요?
②	합이 17이 되는 덧셈식을 만들었나요?

참고 | 6, 4, 7의 순서가 바뀌어도 모두 정답입니다.

5-1 예 1＋2＋□＝3＋□이므로 3＋□＞6입니다. ···· ❶
3＋3＝6이므로 3＋□가 6보다 크려면 □ 안에는 3
보다 큰 수가 들어가야 합니다. ···· ❷
따라서 □ 안에 들어갈 수 있는 수 중 가장 작은 수는
4입니다. ···· ❸

단계	문제 해결 과정
①	1＋2＋□를 간단히 했나요?
②	□의 범위를 구했나요?
③	□ 안에 들어갈 수 있는 수 중 가장 작은 수를 구했나요?

2단원 수행 평가 24~25쪽

1 (1) 9　(2) 2		**2** 8, 14	
3 ＞		**4** 3개	
5 (1) 3　(2) 6		**6** 3장	
7 4		**8** 1, 2, 3	
9 ㉠, ㉢, ㉡		**10** 8권	

1 (1) 3＋5＋1＝8＋1＝9
　　(2) 9－4－3＝5－3＝2

2 2와 더해서 10이 되는 수는 8이므로
4＋8＋2＝4＋10＝14입니다.

3 8＋2＋7＝10＋7＝17
4＋5＋6＝10＋5＝15
➡ 17＞15

4 8－3－2＝5－2＝3(개)

5 두 수를 바꾸어 더해도 합은 같습니다.

6 (남은 색종이 수)
＝(처음에 있던 색종이 수)－(사용한 색종이 수)
＝10－7＝3(장)

7 어떤 수를 □라고 하면 □＋6＝10입니다.
4＋6＝10이므로 □＝4입니다.

8 9－1－□＞4 ➡ 8－□＞4에서 8－4＝4이므로 □
안에는 4보다 작은 1, 2, 3이 들어갈 수 있습니다.

9 ㉠ 10－3＝7, □＝7
㉡ 10－4＝6, □＝4
㉢ 5＋5＝10, □＝5
➡ 7＞5＞4

서술형
10 예 (지후가 읽은 책의 수)
 =(읽은 동화책의 수)+(읽은 위인전의 수)
  +(읽은 과학책의 수)
 =2+3+3=8(권)

평가 기준	배점
지후가 이번 달에 읽은 책의 수를 구하는 과정을 썼나요?	5점
지후가 이번 달에 읽은 책은 모두 몇 권인지 구했나요?	5점

3 모양과 시각

➕ 개념 적용   26쪽

1

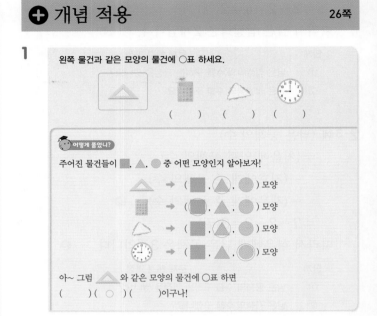

2 (   )(   )(○)

3

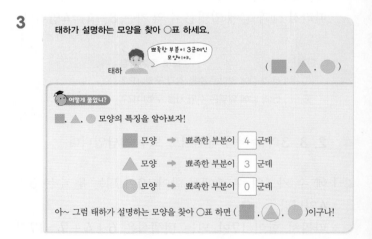

4 (▇ , △ , ●)

5 (▇ , △ , ●)

6 모양을 꾸미는 데 가장 많이 이용한 모양에 ○표 하세요.

(▇ . △ . ●)

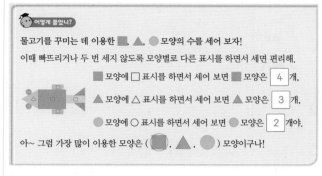

물고기를 꾸미는 데 이용한 ■, ▲, ● 모양의 수를 세어 보자!

이때 빠뜨리거나 두 번 세지 않도록 모양별로 다른 표시를 하면서 세면 편리해.

■ 모양에 □ 표시를 하면서 세어 보면 ■ 모양은 ⬚4⬚ 개,

▲ 모양에 △ 표시를 하면서 세어 보면 ▲ 모양은 ⬚3⬚ 개,

● 모양에 ○ 표시를 하면서 세어 보면 ● 모양은 ⬚2⬚ 개야.

아~ 그럼 가장 많이 이용한 모양은 (■, ▲, ●) 모양이구나!

7 (■, ▲, ⓞ)

8

12시 30분을 나타내는 시계를 모두 찾아 ○표 하세요.

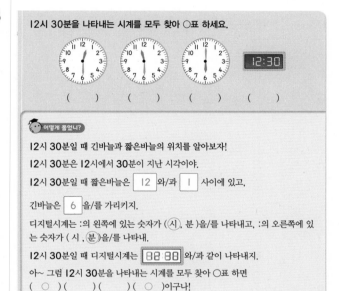

( ) ( ) ( ) ( )

12시 30분일 때 긴바늘과 짧은바늘의 위치를 알아보자!

12시 30분은 12시에서 30분이 지난 시각이야.

12시 30분일 때 짧은바늘은 ⬚12⬚ 와/과 ⬚1⬚ 사이에 있고,

긴바늘은 ⬚6⬚ 을/를 가리키지.

디지털시계는 :의 왼쪽에 있는 숫자가 ((시), 분) 을/를 나타내고, :의 오른쪽에 있는 숫자가 (시, (분)) 을/를 나타내.

12시 30분일 때 디지털시계는 ⬚ ⬚ 와/과 같이 나타내지.

아~ 그럼 12시 30분을 나타내는 시계를 모두 찾아 ○표 하면
(○) ( ) ( ) (○)이구나!

9 ( ) (○) ( ) (○)

---

2  ➡ ■ 모양

 ➡ ▲ 모양, 🕐 ➡ ● 모양, 📋 ➡ ■ 모양

4 ■ 모양은 뾰족한 부분이 4군데, ▲ 모양은 뾰족한 부분이 3군데, ● 모양은 뾰족한 부분이 하나도 없습니다.

5 ■ 모양과 ▲ 모양은 곧은 선도 있고, 뾰족한 부분도 있습니다.
● 모양은 곧은 선도 없고, 뾰족한 부분도 없습니다.

7 ■ 모양 4개, ▲ 모양 3개, ● 모양 5개로 꾸민 모양입니다.
따라서 가장 많이 이용한 모양은 ● 모양입니다.

9 3시 30분은 짧은바늘이 3과 4 사이에 있고 긴바늘이 6을 가리킵니다.

디지털시계에서 3시 30분은 :의 왼쪽은 3, :의 오른쪽은 30을 나타냅니다.

🗒 쓰기 쉬운 서술형　　　30쪽

1 ▲, ■, ●, ㉡ / ㉡　　**1-1** 3개

1-2 1개　　　　　　　　**1-3** ■ 모양

2 곧습니다 / 4, 3

2-1 예 ■ 모양과 ▲ 모양은 뾰족한 부분이 있고, ● 모양은 뾰족한 부분이 없습니다. ⋯❶
뾰족한 부분이 있는 물건과 뾰족한 부분이 없는 물건으로 분류하였습니다. ⋯❷

3 6, 3, 4, ■ / ■ 모양

3-1 9개

4 7, 30, 8, 수민 / 수민

4-1 선희

5 2, 3, 30, 3, 피아노 연습 / 피아노 연습

5-1 보드 게임

1-1 예 ▲ 모양은 ㉠, ㉢, ㉥입니다. ⋯❶
따라서 ▲ 모양의 물건은 3개입니다. ⋯❷

단계	문제 해결 과정
①	▲ 모양의 물건을 찾았나요?
②	▲ 모양의 물건은 몇 개인지 구했나요?

1-2 예 ● 모양은 ㉠, ㉢, ㉤으로 3개이고, ▲ 모양은 ㉡, ㉥으로 2개입니다. ⋯❶
따라서 ● 모양의 물건은 ▲ 모양의 물건보다
3−2=1(개) 더 많습니다. ⋯❷

단계	문제 해결 과정
①	● 모양과 ▲ 모양 물건의 수를 각각 구했나요?
②	● 모양의 물건은 ▲ 모양의 물건보다 몇 개 더 많은지 구했나요?

1-3 예 ■ 모양: ㉠, ㉢, ㉥, ㉦ ➡ 4개,
▲ 모양: ㉣ ➡ 1개, ● 모양: ㉡, ㉤, ㉧ ➡ 3개 ⋯❶
따라서 ■, ▲, ● 모양 중 가장 많은 모양은 ■ 모양입니다. ⋯❷

단계	문제 해결 과정
①	■, ▲, ● 모양 물건의 수를 각각 구했나요?
②	가장 많은 모양을 찾았나요?

2-1

단계	문제 해결 과정
①	분류한 물건의 특징을 알았나요?
②	분류한 기준을 바르게 설명했나요?

3-1 예 ㉠을 꾸미는 데 이용한 ■ 모양은 4개이고, ㉡을 꾸미는 데 이용한 ■ 모양은 5개입니다. ⋯ ❶
따라서 두 모양을 꾸미는 데 이용한 ■ 모양은 모두 4+5=9(개)입니다. ⋯ ❷

단계	문제 해결 과정
①	■ 모양의 수를 각각 구했나요?
②	두 모양을 꾸미는 데 이용한 ■ 모양은 모두 몇 개인지 구했나요?

4-1 예 선희가 운동을 끝낸 시각은 3시 30분, 소진이가 운동을 끝낸 시각은 4시입니다. ⋯ ❶
따라서 운동을 더 먼저 끝낸 사람은 선희입니다. ⋯ ❷

단계	문제 해결 과정
①	운동을 끝낸 시각을 각각 구했나요?
②	운동을 더 먼저 끝낸 사람은 누구인지 구했나요?

5-1 예 보드 게임은 10시 30분, 간식 먹기는 10시, 아침 체조는 9시 30분에 했습니다. ⋯ ❶
따라서 은정이가 10시 30분에 한 일은 보드 게임입니다. ⋯ ❷

단계	문제 해결 과정
①	각각의 일을 한 시각을 구했나요?
②	은정이가 10시 30분에 한 일은 무엇인지 찾았나요?

3단원 수행 평가

36~37쪽

1 ⚠️에 ○표   **2** 8시

3 3개

4

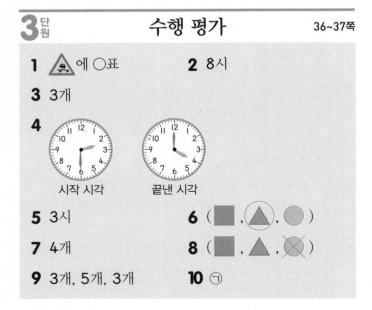

시작 시각 / 끝낸 시각

5 3시   **6** (■ , ▲ , ○)

7 4개   **8** (■ , ▲ , ⊗)

9 3개, 5개, 3개   **10** ㉠

---

1 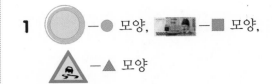 ● 모양, 📷 — ■ 모양, ⚠️ — ▲ 모양

2 짧은바늘이 8, 긴바늘이 12를 가리키므로 8시입니다.

3 ■ 모양의 물건은 📱, 🦁🦁, 🖼 로 모두 3개입니다.

4 2시 30분: 짧은바늘이 2와 3 사이에 있고, 긴바늘이 6을 가리키도록 그립니다.
4시: 짧은바늘이 4, 긴바늘이 12를 가리키도록 그립니다.

5 긴바늘이 12를 가리키는 시각은 1시, 2시, 3시, 4시, …입니다. 이 중에서 2시와 4시 사이의 시각은 3시입니다.

6 곧은 선이 있는 모양은 ■ 모양과 ▲ 모양입니다.
■ 모양은 뾰족한 부분이 4군데, ▲ 모양은 뾰족한 부분이 3군데 있습니다.

7 색종이를 점선을 따라 자르면 ■ 모양이 3개, ▲ 모양이 4개 생깁니다.

8 ■ 모양 4개, ▲ 모양 3개로 꾸민 모양입니다.

9 빠뜨리거나 두 번 세지 않도록 모양별로 다른 표시를 하며 세어 봅니다.

서술형
10 예 몇 시 30분이므로 짧은바늘은 숫자와 숫자 사이에 있어야 합니다. 따라서 7시 30분을 바르게 나타낸 시계는 ㉠입니다.

평가 기준	배점
긴바늘이 6에 있을 때 짧은바늘은 숫자와 숫자 사이를 가리킨다는 것을 알았나요?	5점
7시 30분을 바르게 나타낸 시계를 찾았나요?	5점

4 **덧셈과 뺄셈** (2)

➕ 개념 적용

38쪽

1

□ 안에 알맞은 수를 써넣으세요.

$$8 + 3 = 10 + \boxed{} = \boxed{}$$

> 👦 어떻게 풀었니?
>
> 수를 가르기한 후 10을 만들어 덧셈을 해 보자!
>
> $8 + 3$에서 앞의 수 8을 10으로 만들기 위해 뒤의 수 3을 가르기하여 덧셈을 하면 돼.
>
> $$8 + 3 = \boxed{11}$$
> $$\underset{\boxed{2} \quad 1}{\diagdown}$$
>
> ➡ $8 + 3 = 8 + \boxed{2} + 1 = 10 + \boxed{1} = \boxed{11}$
>
> 아~ 그럼 문제의 □ 안에 알맞은 수를 써넣으면
>
> $8 + 3 = 10 + \boxed{1} = \boxed{11}$ (이)구나!

2 3, 13

3 (1) 3, 13　(2) 1, 11

4

합이 12인 식에 모두 색칠해 보세요.

	5+5	
6+4	6+5	6+6
7+3 7+4	7+5 7+6	7+7
8+4	8+5	8+6
	9+5	

> 👦 어떻게 풀었니?
>
> 위에서부터 차례로 덧셈을 해서 처음으로 합이 12가 되는 식을 찾아보자!
>
> $5 + 5 = \boxed{10}$, $6 + 4 = \boxed{10}$, $6 + 5 = \boxed{11}$, $6 + 6 = \boxed{12}$, …
>
> 처음으로 합이 12가 되는 식은 $\boxed{6} + \boxed{6}$ (이)야.
>
> 덧셈에서 더해지는 수를 1씩 크게, 더하는 수를 1씩 작게 하면 합이 같은 식이 돼.
>
> $$6 + 6$$
> $$\underset{+1}{\downarrow} \quad \underset{-1}{\downarrow}$$
> $$\boxed{7} + \boxed{5}$$
> $$\underset{+1}{\downarrow} \quad \underset{-1}{\downarrow}$$
> $$\boxed{8} + \boxed{4}$$
>
> 아~ 그럼 $\boxed{6} + \boxed{6}$, $\boxed{7} + \boxed{5}$, $\boxed{8} + \boxed{4}$ 에 색칠하면 되는구나!

5

		5+7		
	6+6	6+7	6+8	
7+5	7+6	7+7	7+8	7+9
	8+6	8+7	8+8	
		9+7		

6

바르게 계산한 사람은 누구일까요?

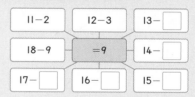

> 👦 어떻게 풀었니?
>
> 앞의 수를 10으로 만들기 위해 뒤의 수를 가르기를 하거나 10에서 뺄 수 있도록 앞의 수를 가르기하여 뺄셈을 해 보자!
>
> **윤지** 17에서 빼서 10을 만들기 위해 9를 7과 2로 가르기했어. 17에서 9를 빼는 것은 7을 뺀 다음 2를 (더하는 , (빼는)) 것과 같아.
> $$17 - 9 = 10 - \boxed{2} = 8$$
> $$\underset{7 \quad 2}{\diagdown}$$
>
> **동건** 10에서 뺄 수 있도록 17을 10과 7로 가르기했어. 17에서 9를 빼는 것은 10에서 9를 뺀 다음 7을 ((더하는), 빼는) 것과 같아.
> $$17 - 9 = 1 + \boxed{7} = \boxed{8}$$
> $$\underset{10 \quad 7}{\diagdown}$$
>
> 아~ 그럼 바르게 계산한 사람은 동건 (이)구나!

7 (1) ㉡　(2) 예 $13 - 4 = 10 - 1 = 9$
$$\underset{3 \quad 1}{\diagdown}$$

8

차가 9가 되도록 □ 안에 알맞은 수를 써넣으세요.

11−2	12−3	13−□
18−9	=9	14−□
17−□	16−□	15−□

> 👦 어떻게 풀었니?
>
> 1씩 커지는 수에서 1씩 커지는 수를 빼면 차는 같아!
>
> 11 − 2부터 차례로 계산해 보면
>
> $11 - 2 = \boxed{9}$, $12 - 3 = \boxed{9}$ (이)야.
>
> 뺄셈에서 빼지는 수를 1씩 크게, 빼는 수도 1씩 크게 하면 차가 같은 뺄셈식이 돼.
>
> $$12 - 3 = 9$$
> $$\underset{+1}{\downarrow} \qquad \underset{+1}{\downarrow}$$
> $$13 - 4 = \boxed{9}$$
> $$\underset{+1}{\downarrow} \qquad \underset{+1}{\downarrow}$$
> $$14 - 5 = \boxed{9}$$
>
> 아~ 차가 9가 되는 식은 $13 - \boxed{4}$, $14 - \boxed{5}$, $15 - \boxed{6}$, $16 - \boxed{7}$, $17 - \boxed{8}$ (이)구나!

9

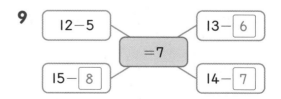

12−5		13−6
	=7	
15−8		14−7

---

2 $9 + 4 = 9 + 1 + 3 = 10 + 3 = 13$
$$\underset{1 \quad 3}{\diagdown}$$

3 (1) $7 + 6 = 7 + 3 + 3 = 10 + 3 = 13$
$$\underset{3 \quad 3}{\diagdown}$$

(2) $4+7=1+3+7=1+10=11$

5 1씩 커지는 수에 1씩 작아지는 수를 더하면 합이 같으므로 ╱ 방향에 놓인 덧셈식끼리 합이 같습니다.
따라서 합이 14인 덧셈식은 $6+8$, $7+7$, $8+6$입니다.

7 (2) $13-4=6+3=9$도 정답입니다.

9 1씩 커지는 수에서 1씩 커지는 수를 빼면 차가 같으므로 $13-6=7$, $14-7=7$, $15-8=7$입니다.

⬛ 쓰기 쉬운 서술형   42쪽

1 11, 12, 13, 14, 1

1-1 예) $12-5=7$, $12-6=6$, $12-7=5$,
$12-8=4$ ⋯ ❶
같은 수에서 1씩 커지는 수를 빼면 차는 1씩 작아집니다. ⋯ ❷

2 9, 6, 15, 15 / 15송이

2-1 12살

3 14, 6, 8, 8 / 8개   **3-1** 9장

3-2 4개   **3-3** 크림빵, 7개

4 13, 13, 4, 13, 4 / 4

4-1 7

5 9, 7, 9, 7, 16 / 16

5-1 8

1-1

단계	문제 해결 과정
①	뺄셈을 바르게 했나요?
②	뺄셈을 하면서 알게 된 점을 썼나요?

2-1 예) (언니의 나이)=(민주의 나이)+4 ⋯ ❶
                =$8+4=12$(살)
따라서 언니는 12살입니다. ⋯ ❷

단계	문제 해결 과정
①	언니의 나이를 구하는 과정을 썼나요?
②	언니는 몇 살인지 구했나요?

3-1 예) (주하가 모은 칭찬 붙임딱지의 수)
    =(윤성이가 모은 칭찬 붙임딱지의 수)−7 ⋯ ❶
    =$16-7=9$(장)
따라서 주하가 모은 칭찬 붙임딱지는 9장입니다.
                              ⋯ ❷

단계	문제 해결 과정
①	주하가 모은 칭찬 붙임딱지의 수를 구하는 과정을 썼나요?
②	주하가 모은 칭찬 붙임딱지는 몇 장인지 구했나요?

3-2 예) (더 필요한 상자의 수)
    =(비누의 수)−(가지고 있는 상자의 수) ⋯ ❶
    =$13-9=4$(개)
따라서 더 필요한 상자는 4개입니다. ⋯ ❷

단계	문제 해결 과정
①	더 필요한 상자의 수를 구하는 과정을 썼나요?
②	더 필요한 상자는 몇 개인지 구했나요?

3-3 예) $8<15$이므로 크림빵이 더 많습니다. ⋯ ❶
(크림빵의 수)−(도넛의 수) ⋯ ❷
=$15-8=7$(개)
따라서 크림빵이 7개 더 많습니다. ⋯ ❸

단계	문제 해결 과정
①	도넛과 크림빵의 수를 비교했나요?
②	어느 빵이 몇 개 더 많은지 구하는 과정을 썼나요?
③	어느 빵이 몇 개 더 많은지 구했나요?

4-1 예) $13-4=9$이므로 $16-\square=9$입니다. ⋯ ❶
따라서 $16-7=9$이므로 $\square$ 안에 알맞은 수는 7입니다. ⋯ ❷

단계	문제 해결 과정
①	$13-4$를 계산했나요?
②	$\square$ 안에 알맞은 수를 구했나요?

5-1 예) 주어진 수의 크기를 비교하면 $14>12>7>6$입니다.
차가 가장 크게 되려면 가장 큰 수에서 가장 작은 수를 빼야 하므로 14에서 6을 빼야 합니다. ⋯ ❶
따라서 차가 가장 클 때의 차는 $14-6=8$입니다.
                              ⋯ ❷

단계	문제 해결 과정
①	차가 가장 크게 되는 두 수를 구했나요?
②	차가 가장 클 때의 차를 구했나요?

수행 평가

48~49쪽

1 (계산 순서대로) (1) 2, 15　(2) 10, 9

2 17, 17　　　　　**3** (1) 8　(2) 9

4 10, 11, 12, 13, 14

5

14−7	14−8	14−9
15−7	15−8	15−9
16−7	16−8	16−9

6 (1) =, >　(2) =, <　**7** 지수

8 13권　　　　　**9** 8

10 8개

---

1 (1) 더해서 10이 되도록 뒤의 수를 가르기합니다.
(2) 10에서 뺄 수 있도록 앞의 수를 가르기합니다.

2 덧셈은 두 수를 바꾸어 더해도 합이 같습니다.

3 빼서 10이 되도록 뒤의 수를 가르기하거나 10에서 뺄 수 있도록 앞의 수를 가르기합니다.
(1) $16-8=10-2=8$
     6　2
(2) $12-3=7+2=9$
    10　2

4 같은 수에 1씩 커지는 수를 더하면 합도 1씩 커집니다.
$$5+5=10$$
$$5+6=11$$
$$5+7=12$$
$$5+8=13$$
$$5+9=14$$

5 1씩 커지는 수에서 1씩 커지는 수를 빼면 차가 같으므로 ＼ 방향에 놓인 뺄셈식끼리 차가 같습니다.
$$14-7=7$$
$$15-8=7$$
$$16-9=7$$

6 (1) 4+8은 4+7보다 하나 더 더한 것이므로 4+7보다 큽니다.

---

(2) 17−9는 17−8보다 하나 더 뺀 것이므로 17−8보다 작습니다.

7 $13-7=6$, $14-9=5$이므로 바르게 계산한 사람은 지수입니다.

8 (주아가 빌린 책의 수)
＝(빌린 동화책의 수)＋(빌린 위인전의 수)
＝$6+7=13$(권)

9 $5+7=12$이므로 □＋4＝12입니다.
따라서 $8+4=12$이므로 □ 안에 알맞은 수는 8입니다.

10 ^{서술형} 예 (저금통에 남아 있는 500원짜리 동전의 수)
＝(처음에 들어 있던 500원짜리 동전의 수)
　−(꺼낸 500원짜리 동전의 수)
＝$13-5=8$(개)

평가 기준	배점
저금통에 남아 있는 500원짜리 동전의 수를 구하는 과정을 썼나요?	5점
저금통에 남아 있는 500원짜리 동전은 몇 개인지 구했나요?	5점

5 규칙 찾기

➕ 개념 적용
50쪽

1 규칙에 따라 빈칸에 알맞은 모양을 그리고 색칠해 보세요.

> 🔵 어떻게 풀었니?
>
> 모양과 색깔이 어떻게 바뀌는지 알아보자!
>
> 모양은 모두 △ 모양이니까 빈칸에 알맞은 모양은 △ 모양이야.
>
> 색깔은 빨간색, 노란색, 빨간색, 빨간색, 노란색, 빨간색, ...이니까
>
> 빨간색 , 노란색 , 빨간색 이 반복돼.
>
> 아~ 그럼 문제의 빈칸에 알맞은 모양을 그리고 색칠하면
>
> 이구나!

2

3

4 규칙에 따라 알맞게 색칠해 보세요.

> 🔵 어떻게 풀었니?
>
> 어떤 규칙으로 도형이 반복되는지 알아보자!
>
> 반복되는 부분을 찾아 ◯표 해볼까?
>
> ◯표 한 부분을 살펴보면
>
> □는 노란 색, △는 빨간 색인 도형과 □는 빨간 색, △는 노란 색인 도형 이 반복돼.
>
> 아~ 규칙에 따라 색칠하면 이구나!

5

6

7 규칙에 따라 빈칸에 알맞은 수를 써넣으세요.

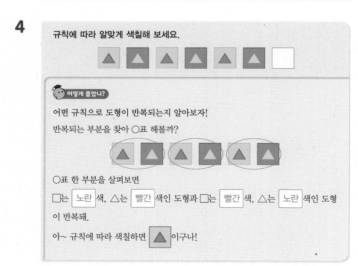

> 🔵 어떻게 풀었니?
>
> 가운데 동그라미의 색깔이 양쪽 동그라미 색깔이랑 다르다는 걸 알았니?
>
> 양쪽의 수에 따라 가운데 수가 정해지는 건 아닐까?
>
> 양쪽의 수를 어떻게 하면 가운데 수가 되는지 규칙을 찾아보자.
>
> 1과 2는 3이 되었고, 2와 4는 6이 되었어.
>
> $$1 + 2 = \boxed{3} \,,\, 2 + 4 = \boxed{6}$$
>
> 양쪽의 수를 더한 수가 가운데 수가 되는 규칙이야.
>
> 양쪽의 수가 3과 4일 때는 $3 + 4 = \boxed{7}$, 3과 5일 때는 $3 + 5 = \boxed{8}$ (이)지.
>
> 아~ 그럼 문제의 빈칸에 알맞은 수를 써넣으면
>
> ③-⑦-④ ③-⑧-⑤ 구나!

8 2, 4

9 7

10 규칙에 따라 빈칸에 알맞은 수를 써넣으세요.

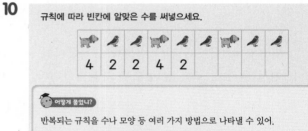

> 🔵 어떻게 풀었니?
>
> 반복되는 규칙을 수나 모양 등 여러 가지 방법으로 나타낼 수 있어.
>
> 이 문제에서는 강아지와 참새를 놓은 규칙을 수로 나타낸 거야.
>
> 먼저 규칙을 찾아보면 강아지 , 참새 , 참새 가 반복돼.
>
> 강아지를 4 로, 참새를 2 로 나타냈으므로 4, 2, 2가 반복돼.
>
> 아~ 규칙에 따라 빈칸에 알맞은 수를 써넣으면
>
> | 🐕 | 🐦 | 🐦 | 🐕 | 🐦 | 🐦 | 🐕 | 🐦 | 🐦 |
> |---|---|---|---|---|---|---|---|---|
> | 4 | 2 | 2 | 4 | 2 | 2 | 4 | 2 | 2 |
>
> (이)구나!

11

△	◯	□	△	◯	□	△	◯	□
3	0	4	3	0	4	3	0	4

12 지호

---

2 노란색, 초록색, 파란색이 반복됩니다.

3 빨간색, 빨간색, 초록색이 반복됩니다.

5 , 가 반복됩니다.

6 , 가 반복됩니다.

8 왼쪽 수에서 오른쪽 수를 뺀 수가 가운데 수가 되는 규칙입니다.

9 양쪽의 수를 더한 수보다 1만큼 더 큰 수가 가운데 수가 되는 규칙입니다.

11 △, ○, □가 반복되므로 △를 3으로, ○를 0으로, □를 4로 하여 나타내면 3, 0, 4가 반복됩니다.

12 ✎, ✎, ✎가 반복되므로 ✎를 2로, ✎를 5로 나타내면 2, 5, 2가 반복됩니다.

✍ 쓰기 쉬운 서술형　　54쪽

1 오이, 무, 무 / 무

1-1 🔴　　　　　　　　　　**1-2** 노란색

1-3  /
야구 글러브

2 예 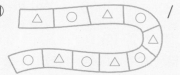 /

빨간색, 초록색

2-1 예

△와 ○가 반복되게 무늬를 꾸몄습니다. ----❶
△와 ○가 반복됩니다. ----❷

3 3, 3, 11, 14, 17, 17 / 17

3-1 21, 15　　　　　　　　**3-2** 8

3-3 23

4

4	8	4	8	4	8
⊥	□	⊥	□	⊥	□

4-1

5	7	5	7	5	7
ㄱ	ㄷ	ㄱ	ㄷ	ㄱ	ㄷ

1-1 예 🔴, 🔴, 🟦가 반복됩니다. ----❶
따라서 빈칸에 알맞은 모양은 🔴입니다. ----❷

단계	문제 해결 과정
①	규칙을 찾았나요?
②	빈칸에 알맞은 모양을 그렸나요?

1-2 예 빨간색, 노란색, 노란색이 반복됩니다. ----❶
따라서 10째 구슬은 빨간색, 11째 구슬은 노란색입니다. ----❷

단계	문제 해결 과정
①	규칙을 찾았나요?
②	11째에 놓아야 하는 구슬의 색을 구했나요?

1-3 예 야구공, 야구 글러브, 야구 모자가 반복됩니다. ----❶

따라서 야구공 다음은 야구 글러브이므로 마지막에 야구 모자를 잘못 놓았고, 야구 글러브를 놓아야 합니다. ----❷

단계	문제 해결 과정
①	규칙을 찾았나요?
②	잘못 놓은 물건을 찾고, 알맞은 물건을 구했나요?

2 규칙에 따라 색칠했으면 정답으로 인정합니다.

2-1

단계	문제 해결 과정
①	규칙을 만들어 무늬를 꾸몄나요?
②	규칙을 설명했나요?

3-1 예 30부터 시작하여 3씩 작아집니다. ----❶
30부터 시작하여 3씩 작아지도록 수를 쓰면
30−27−24−21−18−15입니다.
따라서 빈칸에 알맞은 수는 각각 21, 15입니다. ----❷

단계	문제 해결 과정
①	규칙을 찾았나요?
②	빈칸에 알맞은 수를 각각 구했나요?

3-2 예 28부터 시작하여 4씩 작아집니다. ----❶
20부터 시작하여 4씩 작아지도록 수를 쓰면
20−16−12−8입니다.
따라서 ㉠에 알맞은 수는 8입니다. ----❷

단계	문제 해결 과정
①	규칙을 찾았나요?
②	㉠에 알맞은 수를 구했나요?

3-3 예 보기 의 규칙은 15부터 시작하여 5씩 커집니다. ----❶

3부터 시작하여 5씩 커지도록 수를 쓰면
3−8−13−18−23입니다.
따라서 ㉠에 알맞은 수는 23입니다. ----❷

단계	문제 해결 과정
①	보기 의 규칙을 찾았나요?
②	㉠에 알맞은 수를 구했나요?

4-1 ⓔ 연결 모형의 규칙을 수로 나타내면 5, 7, 5, 7, 5, 7입니다. ····· ❶

연결 모형의 규칙을 모양으로 나타내면 ㄱ, ㄷ, ㄱ, ㄷ, ㄱ, ㄷ입니다. ····· ❷

단계	문제 해결 과정
①	연결 모형의 규칙을 수로 나타내 빈칸을 완성했나요?
②	연결 모형의 규칙을 모양으로 나타내 빈칸을 완성했나요?

5단원 수행 평가

60~61쪽

1 ⓔ

2 ■●■■●■■

3 ⓔ 딸기, 딸기, 귤이 반복됩니다.

4 민수

5

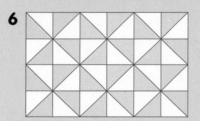

0	5	5	0	5	5

6

7 33, 35

8

○	△	○	○	△	○
0	3	0	0	3	0

9

51	52	53	54	55	56	57	58
59	60	61	62	63	64	65	66
67	68	69	70	71	72	73	74

ⓔ 51부터 시작하여 3씩 커집니다.

10 11

---

1 두 가지 색이 반복되게 만든 규칙이면 모두 정답으로 인정합니다.

2 ■, ●, ■가 반복되므로 빈칸에 알맞은 모양은 ■입니다.

4 ●, ♥, ♥가 반복되므로 바르게 말한 사람은 민수입니다.

5 바위, 보, 보가 반복되므로 바위를 0, 보를 5로 나타내면 0, 5, 5가 반복됩니다.

6 첫째 줄은 ◣과 ◥이 반복되고, 둘째 줄은 ◤과 ◢이 반복됩니다.

7 27부터 시작하여 2씩 커집니다.

8 교통 안전 표지판의 모양이 ●, △, ●가 반복됩니다. ●를 ○로, △를 △로 나타내면 ○, △, ○가 반복됩니다.

●를 0, △를 3으로 나타내면 0, 3, 0이 반복됩니다.

서술형
10 ⓔ → 방향으로 1씩 커집니다.

따라서 ♥에 알맞은 수는 10보다 1만큼 더 큰 수인 11입니다.

평가 기준	배점
규칙을 찾았나요?	5점
♥에 알맞은 수를 구했나요?	5점

6 덧셈과 뺄셈 (3)

➕ 개념 적용

62쪽

1 계산에서 잘못된 곳을 찾아 바르게 계산해 보세요.

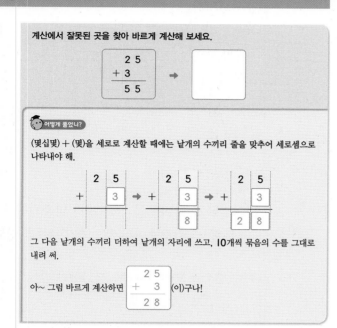

```
  2 5
+   3
─────
  5 5
```

🧑 **어떻게 풀었니?**

(몇십몇) + (몇)을 세로로 계산할 때에는 낱개의 수끼리 줄을 맞추어 세로셈으로 나타내야 해.

그 다음 낱개의 수끼리 더하여 낱개의 자리에 쓰고, 10개씩 묶음의 수를 그대로 내려 써.

아~ 그럼 바르게 계산하면
```
  2 5
+   3
─────
  2 8
```
(이)구나!

2 📄 낱개의 수끼리 더하지 않고 10개씩 묶음 / 의 수와 낱개의 수를 더해서 틀렸습니다.

```
  5 4
+   2
─────
  5 6
```

3 같은 모양에 적힌 수의 합을 구해 보세요.

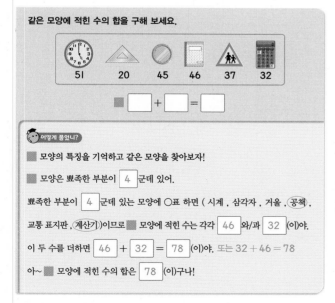

| 51 | 20 | 45 | 46 | 37 | 32 |

■ [　] + [　] = [　]

🧑 **어떻게 풀었니?**

■ 모양의 특징을 기억하고 같은 모양을 찾아보자!

■ 모양은 뾰족한 부분이 [4] 군데 있어.

뾰족한 부분이 [4] 군데 있는 모양에 ○표 하면 (시계 , 삼각자 , 거울 , 공책 , 교통 표지판 , 계산기)이므로 ■ 모양에 적힌 수는 각각 [46] 와/과 [32] (이)야.

이 두 수를 더하면 [46] + [32] = [78] (이)야. 또는 32 + 46 = 78

아~ ■ 모양에 적힌 수의 합은 [78] (이)구나!

4 31, 52, 83 또는 52, 31, 83 /
15, 63, 78 또는 63, 15, 78 /
24, 45, 69 또는 45, 24, 69

---

5 규칙에 따라 빈칸을 채우고 ♥ − ◆ 를 구해 보세요.

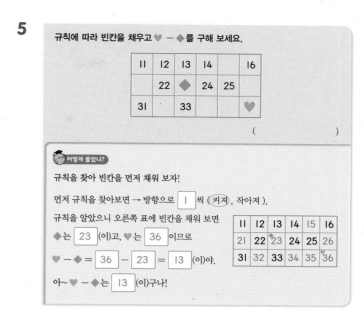

11	12	13	14		16
	22	◆	24	25	
31		33			♥

(　　　　　)

🧑 **어떻게 풀었니?**

규칙을 찾아 빈칸을 먼저 채워 보자!

먼저 규칙을 찾아보면 → 방향으로 [1] 씩 (커져 , 작아져).

규칙을 알았으니 오른쪽 표에 빈칸을 채워 보면

◆ 는 [23] (이)고 ♥ 는 [36] 이므로

♥ − ◆ = [36] − [23] = [13] (이)야.

11	12	13	14	15	16
21	22	23	24	25	26
31	32	33	34	35	36

아~ ♥ − ◆ 는 [13] (이)구나!

6

23	24	25	26	27	28
33	34	35	36	37	38
43	44	45	46	47	48

/ 14

7 그림을 보고 같은 색 카드에 알맞은 수를 써넣으세요.

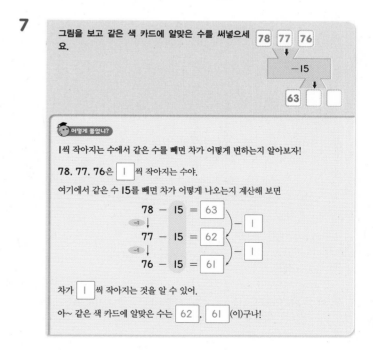

🧑 **어떻게 풀었니?**

1씩 작아지는 수에서 같은 수를 빼면 차가 어떻게 변하는지 알아보자!

78, 77, 76은 [1] 씩 작아지는 수야.

여기에서 같은 수 15를 빼면 차가 어떻게 나오는지 계산해 보면

```
78 − 15 = 63  ⎫
   ↓ −1        ⎬ − 1
77 − 15 = 62  ⎭
   ↓ −1        ⎫
76 − 15 = 61  ⎬ − 1
```

차가 [1] 씩 작아지는 것을 알 수 있어.

아~ 같은 색 카드에 알맞은 수는 [62] , [61] (이)구나!

8 46, 45, 44

---

4 ■ 모양에 적힌 수: 31, 52
➡ 31 + 52 = 83 또는 52 + 31 = 83
▲ 모양에 적힌 수: 15, 63
➡ 15 + 63 = 78 또는 63 + 15 = 78
● 모양에 적힌 수: 24, 45
➡ 24 + 45 = 69 또는 45 + 24 = 69

6 → 방향으로는 1씩 커지는 규칙입니다.

●는 33보다 1만큼 더 큰 수인 34이고, ■는 47보다 1만큼 더 큰 수인 48입니다.

➡ ■-●=48-34=14

8 1씩 작아지는 수에서 같은 수를 빼면 차도 1씩 작아집니다.

➡ 69-23=46, 68-23=45, 67-23=44

📄 쓰기 쉬운 서술형　　　　　　66쪽

1 52, 45, 97, 97 / 97명

1-1 79번　　　　　　　**1-2** 78송이

1-3 선우

2 <, 닭, 47, 34, 13, 닭, 13 / 닭, 13마리

2-1 24마리　　　　　　**2-2** 12권

2-3 유나

3 작은, 1, 2, 3, 4 / 1, 2, 3, 4

3-1 5개

4 64, 23, 64, 23, 87 / 87

4-1 71

1-1 예 (유하가 오늘 한 줄넘기의 수)
= (아침에 한 줄넘기의 수)
　+ (저녁에 한 줄넘기의 수) ···· ❶
= 36+43=79(번)
따라서 유하는 오늘 줄넘기를 모두 79번 했습니다.
　　　　　　　　　　　　　　　···· ❷

단계	문제 해결 과정
①	유하가 오늘 한 줄넘기의 수를 구하는 과정을 썼나요?
②	유하가 오늘 줄넘기를 모두 몇 번 했는지 구했나요?

1-2 예 (꽃집에 있는 튤립의 수)=(장미의 수)+13 ···· ❶
　　　　　　　　　　　=65+13=78(송이)
따라서 꽃집에 있는 튤립은 78송이입니다. ···· ❷

단계	문제 해결 과정
①	꽃집에 있는 튤립의 수를 구하는 과정을 썼나요?
②	꽃집에 있는 튤립은 몇 송이인지 구했나요?

1-3 예 (지우가 가지고 있는 색종이의 수)
= (파란색 색종이의 수)+(노란색 색종이의 수)
= 15+21=36(장) ···· ❶
(선우가 가지고 있는 색종이의 수)
= (파란색 색종이의 수)+(노란색 색종이의 수)
= 12+26=38(장) ···· ❷
따라서 36<38이므로 색종이를 더 많이 가지고 있는 사람은 선우입니다. ···· ❸

단계	문제 해결 과정
①	지우가 가지고 있는 색종이의 수를 구했나요?
②	선우가 가지고 있는 색종이의 수를 구했나요?
③	색종이를 더 많이 가지고 있는 사람은 누구인지 구했나요?

2-1 예 (수족관에 있는 금붕어의 수)
= (열대어의 수)-14 ···· ❶
= 38-14=24(마리)
따라서 수족관에 있는 금붕어는 24마리입니다. ···· ❷

단계	문제 해결 과정
①	수족관에 있는 금붕어의 수를 구하는 과정을 썼나요?
②	수족관에 있는 금붕어는 몇 마리인지 구했나요?

2-2 예 (친구에게 준 공책의 수)
= (처음에 있던 공책의 수)-(남은 공책의 수)
　　　　　　　　　　　　　　　···· ❶
= 29-17=12(권)
따라서 친구에게 준 공책은 12권입니다. ···· ❷

단계	문제 해결 과정
①	친구에게 준 공책의 수를 구하는 과정을 썼나요?
②	친구에게 준 공책은 몇 권인지 구했나요?

2-3 예 (유나에게 남은 초콜릿의 수)
= (처음에 있던 초콜릿의 수)-(먹은 초콜릿의 수)
= 43-21=22(개) ···· ❶
(태오에게 남은 초콜릿의 수)
= (처음에 있던 초콜릿의 수)-(먹은 초콜릿의 수)
= 36-15=21(개) ···· ❷
따라서 22>21이므로 남은 초콜릿이 더 많은 사람은 유나입니다. ···· ❸

단계	문제 해결 과정
①	유나에게 남은 초콜릿의 수를 구했나요?
②	태오에게 남은 초콜릿의 수를 구했나요?
③	남은 초콜릿이 더 많은 사람은 누구인지 구했나요?

3-1 예 61+6=67이므로 61+□가 67보다 작으려면
□ 안에는 6보다 작은 수가 들어가야 합니다. ···· ❶

따라서 □ 안에 들어갈 수 있는 수는 1, 2, 3, 4, 5로 모두 5개입니다. ···· ❷

단계	문제 해결 과정
①	□의 범위를 구했나요?
②	□ 안에 들어갈 수 있는 수는 모두 몇 개인지 구했나요?

4-1 예 8>5>4>1이므로 만들 수 있는 가장 큰 수는 85이고, 가장 작은 수는 14입니다. ···· ❶
따라서 만들 수 있는 가장 큰 수와 가장 작은 수의 차는 85−14=71입니다. ···· ❷

단계	문제 해결 과정
①	만들 수 있는 가장 큰 수와 가장 작은 수를 구했나요?
②	만들 수 있는 가장 큰 수와 가장 작은 수의 차를 구했나요?

6단원 수행 평가 72~73쪽

1 30, 70

2 (1) 58 (2) 71

3 예 낱개의 수끼리 더하지 않고 10개씩 / 묶음의 수와 낱개의 수를 더해서 틀렸습니다.

$$\begin{array}{r} 4\ 1 \\ +\quad 5 \\ \hline 4\ 6 \end{array}$$

4 <

5 23, 23, 23, 23

6 (○)(   )(   )

7 63

8 77쪽

9 (위에서부터) (1) 8, 7 (2) 4, 2

10 현수, 15장

---

1 왼쪽 연결 모형의 수는 40이고 오른쪽 연결 모형의 수는 30이므로 덧셈식으로 나타내면 40+30=70입니다.

3 (몇십몇)+(몇)의 세로셈은 낱개의 수끼리 더하여 낱개의 자리에 쓰고 10개씩 묶음의 수는 그대로 내려써야 합니다.

4 84−20=64, 35+33=68
➡ 64<68

5 1씩 커지는 수에서 1씩 커지는 수를 빼면 차가 같습니다.

6 13+55=68, 35+34=69, 42+27=69이므로 합이 다른 하나는 13+55입니다.

7 가장 큰 수: 84, 가장 작은 수: 21
➡ 84−21=63

8 (어제와 오늘 읽은 동화책의 쪽수)
=45+32=77(쪽)

9 (1) 낱개의 자리: 1+□=9, □=8
10개씩 묶음의 자리: 5+2=□, □=7
(2) 낱개의 자리: 6−4=□, □=2
10개씩 묶음의 자리: 9−□=5, □=4

서술형
10 예 69>54이므로 현수가 더 많이 모았습니다.
(현수가 모은 칭찬 붙임딱지의 수)
−(태윤이가 모은 칭찬 붙임딱지의 수)
=69−54=15(장)
따라서 현수가 칭찬 붙임딱지를 15장 더 많이 모았습니다.

평가 기준	배점
69와 54의 크기를 비교했나요?	3점
칭찬 붙임딱지를 누가 몇 장 더 많이 모았는지 구하는 과정을 썼나요?	3점
칭찬 붙임딱지를 누가 몇 장 더 많이 모았는지 구했나요?	4점

1~6 단원 총괄 평가 74~77쪽

1 (1) 칠십오, 일흔다섯 (2) 92, 구십이

2 100

3 (1) 5시 (2) 9시 30분

4 (계산 순서대로) (1) 4, 15 (2) 2, 4

5 (1) 79 (2) 53

6 준서

7 ㉡, ㉢, ㉠

8 $8-4-1=3$
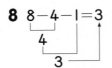

9 (■, ▲, ●)

10 3개, 3개, 5개

11 (1) 4 (2) 3

12

13 8

14 9마리

15 27개

16 52, 57

17 8

18 혜리

19 15마리

20 72

---

2 수를 순서대로 쓰면 $96-97-98-99-100$입니다.
따라서 ㉠에 알맞은 수는 100입니다.

3 (1) 짧은바늘이 5, 긴바늘이 12를 가리키므로 5시입니다.
(2) 짧은바늘이 9와 10 사이에 있고, 긴바늘이 6을 가리키므로 9시 30분입니다.

4 (1) 더해서 10이 되도록 앞의 수를 가르기합니다.
(2) 빼서 10이 되도록 뒤의 수를 가르기합니다.

6 준서가 모은 물건은 ● 모양과 ■ 모양입니다.

7 10개씩 묶음의 수를 비교하면 83이 가장 큽니다.
76과 79의 10개씩 묶음의 수가 같으므로 낱개의 수를 비교하면 $76<79$입니다.
따라서 큰 수부터 차례로 기호를 쓰면 ㉡, ㉢, ㉠입니다.

8 세 수의 뺄셈은 앞에서부터 차례로 계산합니다.

---

9 곧은 선이 있는 모양은 ■ 모양과 ▲ 모양이고, 뾰족한 부분이 4군데 있는 모양은 ■ 모양입니다.

11 (1) 6과 더해서 10이 되는 수는 4입니다.
(2) 10에서 빼서 7이 되는 수는 3입니다.

13 가장 큰 수: 15, 가장 작은 수: 7
➡ $15-7=8$

14 (동물원에 있는 사자, 호랑이, 하마의 수)
=(사자의 수)+(호랑이의 수)+(하마의 수)
=$4+3+2=9$(마리)

15 (바구니에 있는 포도 맛 사탕의 수)
=(바구니에 있는 딸기 맛 사탕의 수)+4
=$23+4=27$(개)

16 37부터 시작하여 5씩 커집니다.
37부터 시작하여 5씩 커지도록 수를 쓰면
$37-42-47-52-57$입니다.

17 $5+9=14$이므로 $6+□=14$입니다.
따라서 $6+8=14$이므로 □ 안에 알맞은 수는 8입니다.

18 소미가 잠이 든 시각은 10시, 혜리가 잠이 든 시각은 9시 30분이므로 혜리가 먼저 잠이 들었습니다.

19 ⓐ (농장에 있는 닭과 오리의 수)
=(닭의 수)+(오리의 수)
=$7+8=15$(마리)

평가 기준	배점
농장에 있는 닭과 오리는 모두 몇 마리인지 구하는 과정을 썼나요?	2점
농장에 있는 닭과 오리는 모두 몇 마리인지 구했나요?	3점

20 ⓐ $9>7>5>2$이므로 만들 수 있는 가장 큰 수는 97이고, 가장 작은 수는 25입니다.
따라서 만들 수 있는 가장 큰 수와 가장 작은 수의 차는 $97-25=72$입니다.

평가 기준	배점
만들 수 있는 가장 큰 수와 가장 작은 수를 구했나요?	2점
만들 수 있는 가장 큰 수와 가장 작은 수의 차를 구했나요?	3점

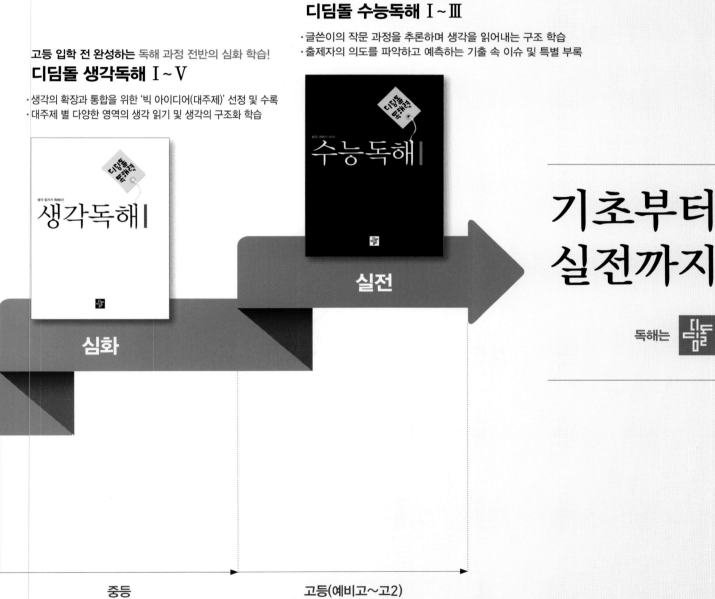

수능국어 실전대비 독해 학습의 완성!
디딤돌 수능독해 Ⅰ~Ⅲ
·글쓴이의 작문 과정을 추론하며 생각을 읽어내는 구조 학습
·출제자의 의도를 파악하고 예측하는 기출 속 이슈 및 특별 부록

고등 입학 전 완성하는 독해 과정 전반의 심화 학습!
디딤돌 생각독해 Ⅰ~Ⅴ
·생각의 확장과 통합을 위한 '빅 아이디어(대주제)' 선정 및 수록
·대주제 별 다양한 영역의 생각 읽기 및 생각의 구조화 학습

기초부터 실전까지

독해는 디딤돌

심화

실전

중등

고등(예비고~고2)

다음에는 뭐 풀지?

최상위로 가는
'맞춤 학습 플랜'

STEP
4
Book

다음에 공부할 책을 고르기 어려우시다면, 현재 성취도를 먼저 체크해 보세요.
최상위로 가는 맞춤 학습 플랜만 있다면 내 실력에 꼭 맞는 교재를 선택할 수 있어요!
단계에 따라 내 실력을 진단해 보고, 다음 학습도 야무지게 준비해 봐요!

첫 번째, 단원평가의 맞힌 문제 수 또는 점수를 모두 더해 보세요.

단원	맞힌 문제 수	OR	점수 (문항당 5점)
1단원			
2단원			
3단원			
4단원			
5단원			
6단원			
합계			

※ 단원평가는 각 단원의 마지막 코너에 있는 20문항 문제지입니다.